典型金属构件先进成型技术数值建模与仿真

田亮　赵健　樊立龙　安路明　著

北　京
冶金工业出版社
2023

内 容 提 要

本书系统地介绍了典型金属构件先进成型技术的数值建模与仿真方法，内容涵盖增材制造、硬面堆焊和环件轧制成型三大领域。本书共分5章，包括绪论、金属构件微尺度铸轧无模直接成型技术、大型磨辊类耐磨结构件硬面堆焊数值仿真、基于软计算的智能算法在焊接领域的数值建模、双沟截面环件冷辗成型理论与数值仿真。本书旨在建立定量化的数值模型，实现典型金属构件成型过程的精确化和最优化，以科学高效地指导工程生产实践。

本书可供力学、土木、材料、船舶等专业领域的科研人员及相关工程技术人员阅读，也可作为高等院校相关专业师生的参考书。

图书在版编目(CIP)数据

典型金属构件先进成型技术数值建模与仿真/田亮等著. —北京：冶金工业出版社，2023.6

ISBN 978-7-5024-9499-5

Ⅰ.①典… Ⅱ.①田… Ⅲ.①金属结构—结构构件—成型加工—系统建模 ②金属结构—结构构件—成型加工—系统仿真 Ⅳ.①TG14

中国国家版本馆 CIP 数据核字(2023)第 080348 号

典型金属构件先进成型技术数值建模与仿真

出版发行 冶金工业出版社		**电　话**	(010)64027926
地　　址 北京市东城区嵩祝院北巷 39 号		**邮　编**	100009
网　　址 www.mip1953.com		**电子信箱**	service@mip1953.com

责任编辑　刘林烨　美术编辑　燕展疆　版式设计　郑小利
责任校对　梁江凤　责任印制　禹　蕊
北京捷迅佳彩印刷有限公司印刷
2023 年 6 月第 1 版，2023 年 6 月第 1 次印刷
710mm×1000mm 1/16；20.5 印张；402 千字；320 页
定价 109.00 元

投稿电话　(010)64027932　投稿信箱　tougao@cnmip.com.cn
营销中心电话　(010)64044283
冶金工业出版社天猫旗舰店　yjgycbs.tmall.com
(本书如有印装质量问题，本社营销中心负责退换)

前　言

现代工程结构和工业产品对金属构件的先进成型和性能提出了更高的要求，这需要对金属构件成型过程进行精确控制才能实现。但由于不同的金属构件成型工艺复杂且各具特点，解决方法也具有其专业性和特殊性，这给建立准确高效的材料性能预测模型带来了困难。数值计算技术为建立定量化的研究模型提供了有力的工具，大力发展典型金属构件先进成型技术的数值建模与仿真方法，成为突破相关技术瓶颈的必由之路。

数值计算方法有效实现典型金属构件成型技术研究走向定量化和精确化。本书主要采用基于计算固体力学的有限元法、基于计算流体力学的有限体积法及基于软计算的智能建模算法，并结合金属凝固传热、焊接、塑性加工等学科领域的基本理论，围绕金属构件微尺度无模直接成型、大型磨辊硬面堆焊及双沟异形截面环件冷辗扩这三种分别涉及增材制造、焊接和环轧的典型金属构件成型技术，开展数值计算方法研究。同时，将人工神经网络、遗传算法和支持向量机等智能算法用于焊接领域若干重要问题的数值建模。通过建立定量化的数值计算模型，探索工艺实施过程中的物理力学机制和参数影响规律，促进典型金属构件成型技术由"经验化"向"科学化"的提升。

全书涵盖增材制造、焊接和环件轧制三大领域。绪论引出本书的主题，介绍了几种典型金属构件成型技术的概念及其国内外研究现状，并给出了对应的文献调研结论，总结阐述了全书主要研究内容及构成。第1章针对金属构件微尺度铸轧成型技术开展了基础性研究，从理论分析、数值计算和物理试验等角度对微尺度铸轧成型所涉及的若干关键力学问题进行了探讨。建立了相对应的理论解析模型和数值计算模型，并搭建了试验平台，开展了金属上构件微尺度铸轧成型工艺试验，验证了该新型金属构件无模直接制造技术的可行性。第2章围绕大型磨辊类结构件，以 SYSWELD/MPA 多道焊模块为软件平台，通过对小型平板试件堆焊的热弹塑性有限元计算，得到了合理的平均热循环曲线，以此作为大型磨辊各对应耐磨层的热载荷，并考虑硬面合金材料体系和堆焊工艺参数的差异性，对磨辊堆焊再制造及复合制造的全过程开展了数值仿真研究。第 3 章讨论了基于软计算的智能建模技术在焊缝尺寸及焊接变形等领域的应用，以人工神经网络、遗传算法和支持向量机算法为研究工具，结合数值仿真及焊接实验，分别建立了 GA 优化 BP 神经网络的焊缝尺寸预测模型，平板堆焊焊接变形的人工神经网络模型以及基于支持向量机的 T 形接头固有变形预测模型。采用作者自主开发的焊接变形计算软件 Weld-STA，结合焊接固有变形的智能建模输出，对 4800TEU 集装箱船双层底分段以及广州明珠湾大桥正交异性钢桥面板结构的焊接变形进行了高效预测。第 4 章在矩形截面环件冷辗成型的研究基础上，将研究对象推广到双沟异形截面环件，提出了一种适合双沟截面环件冷辗成型的理论分析+数值仿真的联合研究方法，并进行了 4206 型双沟轴承外圈试制，证明采用该联合方法可以生产出合格的双沟截面环形零件，同时也可为研究其他异形截面环件提供借鉴。贯穿全书的主旨是采用数值计算方法实现典型金属构件成型技术的模型化和定量化，目的在于阐明力学机理，优化工艺过程，揭示科学规律，从而科学高效地指导工程实践。

　　本书的撰写得到了中国铁建大桥工程局集团有限公司、中铁建大桥工程局集团第四工程有限公司及天津城建大学土木工程学院的大力支持。特别感谢中国铁建大桥工程局集团有限公司总经理周冠南、科技信息部副部长付军恩、创新研究院院长汪本刚，上海交通大学罗宇教授、程斌教授，天津城建大学土木工程学院院长王海良教授及土木施工教研室全体教师的指导和支持。此外，感谢邢守航、徐正、赵雪敏、司志远、王宇宁、孟俊良、张诚至、刘磊等在文稿编辑、图表绘制等方面的协助。同时，本书参考了国内外相关文献，在此向文献作者一并致谢！

　　由于作者水平所限，书中不妥之处，敬请读者批评指正。

田　亮

2023 年 2 月于天津城建大学

目　　录

0 绪 论

不管是土木工程领域的各种工程结构（如桥梁、铁路、公路、房屋等），还是制造行业生产的各类工业产品（如汽车、高铁、飞机、轮船等），都大量涉及金属结构件。金属构件与人类的生产和生活活动密切相关，为提高人类生活水平、促进物质文明进步提供了重要的基础保障。因此，高质量高性能的金属构件是现代科学研究和工业技术不断追求的目标。

一般来说，金属构件是指具有特定使用功能的零部件产品，是通过一定的工艺方法由金属原材料制造而成的。金属构件的加工技术种类繁多且特点各异，属于包含了几何、物理和边界条件三重非线性的复杂过程。现代制造业的快速发展不仅要求人们深化对传统金属构件加工方法的科学认识（如焊接、铸造、塑性成型等冷/热加工技术），同时也需要大力研发以"3D打印"为代表的现代数字化增材制造技术[1,2]。在新型和传统的金属构件加工过程中均伴随着许多力学问题，这些问题对于工艺过程的优化设计和精确控制有重要的影响。因此，建立反映金属构件加工过程的定量化（模型化）和精确化（最优化）的数学模型，对于减少依赖经验处理问题的盲目性，增加科学预见性，提高金属构件加工的生产效率和产品质量具有重要的理论研究意义和工程实用价值。

金属构件加工是包含多物理场、多工步、多因素耦合的复杂物理过程，其中涉及的工艺力学问题研究难度较大，常用的研究方法主要有理论解析、实验研究和数值计算三种。理论解析需做较多的简化和假设，往往无法建立精确的描述整个加工过程的数学解析模型；实验研究则耗费较多的人力、物力和时间，成本高昂，而数值计算方法可以建立模拟复杂金属构件加工过程的数值模型，为预测与控制材料的变形、流动和零部件质量缺陷提供了可能。属于现代增材制造范畴的金属构件微尺度铸轧，以及属于传统金属构件加工范畴的磨辊硬面堆焊和异形环件冷轧，其所涉及的一系列工艺力学问题具有典型的非线性和多因素耦合等特点。采用单一的研究方法很难深入问题的本质，以数值计算方法为主导，结合理论解析和少量验证性试验，建立定量化的数值模型进行分析计算，以期望系统掌握典型金属构件加工过程中各因素影响规律，科学预见并处理各种工艺问题，同时达到指导优化工艺参数，提高金属零部件制造工艺水平的目的[3,4]。

0.1　典型金属构件加工技术介绍

本书主要采用基于计算固体力学的有限元法、基于计算流体力学的有限体积法及基于软计算的智能建模算法，并结合金属凝固传热、焊接、塑性加工等学科领域的基本理论，围绕金属构件微尺度无模直接成型、大型磨辊硬面堆焊及双沟异形截面环件冷辗扩，分别涉及增材制造、焊接和环轧的典型金属构件加工技术开展数值计算方法研究。该研究的目的在于实现金属构件加工过程的定量化（模型化）和精确化（最优化），推动数值计算技术在金属结构件制造加工中的应用，以更加科学有效的方式预见并解决金属构件加工过程中的各种工艺问题。

0.1.1　金属构件微尺度铸轧无模直接成型技术分析

传统金属构件加工技术以有模制造为主，即在加工过程中使用模具以限制零部件的几何形状和尺寸，并提高其力学性能，如铸造、锻压、塑性成型等金属构件加工工艺。有模制造存在诸多不足之处，如模具成本高、材料利用率低、成型内外形状复杂的零件困难。集合了信息技术、数控技术和材料技术于一体的无模直接制造技术可以有效地解决以上问题。无模直接制造是逐渐累积材料成型实体零件的技术，核心思想是基于离散-堆积原理。将待成型零件的复杂 3D 模型逐层切片为 2D 截面，然后沿高度方向逐层沉积材料，最终成型出三维实体结构。相比传统的有模制造，无模直接制造在成型高形状复杂度、高功能复杂度零件方面独具优势[5,6]，目前已经产生了十多种无模直接制造工艺，如选区激光烧结/熔化、激光近净成型、光固化成型及液滴喷射成型等。这些工艺方法均基于离散-堆积原理，且各具优势，但不可避免地存在制造成本高、材料类型限制严格、工艺流程复杂、尺寸精度低、层间界面力学性能差等问题[7]。以 3D 打印方式大规模地制造金属结构件尚存在很大困难。因此，在不断研究优化现有工艺的基础上，大力开发新型的金属构件无模制造技术，显得尤为必要。

针对现有金属无模直接制造工艺的局限性，中国科学院力学研究所陈光南[8]课题组提出了一种基于微尺度铸轧的金属构件无模直接制造构想。其基本工作原理是直接从熔炉中引出毫米或亚毫米尺度的金属熔体，以一定的压力和频率填充压铸头与基板之间厚度为亚毫米尺度、四周无约束的扁平空间。与此同时，作为结晶器的基板以一定的速度沿垂直于热流方向移动，熔体在基板冷却作用下定向凝固并剪断，形成对该区域内熔体的铸轧，并以该空间高度为限带出沉积在基板表面的凝固组织和部分熔体，在三维运动机构的控制下按照预定轨迹运动。这样便可以逐点涂覆和逐层堆积这种凝固组织，直至成型出所需的金属零部件。

金属构件微尺度铸轧成型工艺具有显而易见的优势。对金属材料形态没有特殊要求，无须金属制粉或制丝等工序，具备逐点逐层调控凝固组织和界面结构的能力。但该项技术目前尚处于实验室初期研究阶段，面临着一系列尚未解决的关键理论性和工艺性问题，如微尺度铸轧条件下金属熔体的流动、凝固和固液界面行为规律等。这些问题仅仅采用理论分析和实验观测等方法难以解决，因此需要建立此新型金属构件微尺度铸轧的数值计算模型，对于探索微尺度铸轧成型机理和影响因素，搭建相关实验设备，直至促使其工程实际应用具有重要的意义。

0.1.2 大型磨辊类耐磨结构件硬面堆焊数值仿真分析

硬面堆焊是一种通过焊接的方法把硬面金属材料熔敷到普通金属零件工作面上的表面强化技术，该技术可以显著地提高金属零部件表面的耐磨损、耐腐蚀和抗疲劳等性能[9]。在水泥和电力行业中，粉磨机的磨辊和磨盘等关键零部件常因恶劣的工作环境产生严重的磨损、腐蚀等问题，造成机械设备过早失效而退役。硬面堆焊以其操作方便、经济效益高等优势被广泛用于受损耐磨结构件的修复再制造，实现其再服役。同时，以具备足够韧性的铸钢为基体并预留堆焊尺寸，采用硬面多层堆焊直至达到耐磨结构件的设计尺寸，这样制备的耐磨件既具备较好的强度和韧性，其工作面也具有良好的抗磨损能力[10,11]。目前，硬面堆焊的研究大多是针对耐磨焊丝、堆焊层金相组织等方面的唯象学研究，而针对大型耐磨结构件硬面堆焊的定量化和模型化的研究却很少。这为精确控制硬面堆焊实施过程，合理选择堆焊工艺参数带来了困难，已经成为耐磨结构件硬面堆焊再制造及复合制造中亟待解决的重要技术难题。

硬面堆焊与常规的焊接工艺有所不同，属于典型的异质材料焊接和多层多道焊。堆焊母材较为特殊，比如磨辊多为高铬铸铁等脆性材料，焊接热应力极易导致磨辊在堆焊阶段断裂，施焊难度大。硬面堆焊时多道热循环的反复作用使辊面堆焊层的残余应力不断增加积累，在辊面承受高应力的工作状态时，堆焊层残余应力与工作应力相互叠加，经常在堆焊层产生裂纹。这些裂纹在磨辊工作时会不断向各个方向扩展，甚至延伸至基体，造成磨辊断裂和堆焊层大面积剥落，带来严重的经济损失[12]。虽然目前也存在许多关于多层多道焊接的数值仿真研究成果，但往往局限于小型的简单模型，针对性和实用性不强，所得结论很难用于指导特定行业（水泥或电力行业）和特定结构（大型磨辊类结构）的硬面堆焊生产。因此，开发表征大型磨辊类耐磨结构件硬面堆焊的数值计算方法，合理预测硬面堆焊过程中的温度场和应力场，对于科学预见并处理大型耐磨结构件硬面堆焊过程中的工艺问题十分必要。

0.1.3 基于软计算的智能算法在焊接领域的数值建模

焊接是一种高效率、高质量和低成本的传统金属构件热加工工艺，在飞机、船舶、工程机械和汽车制造等工业领域有广泛的应用。相关学者对焊接进行了大量的工程试验和解析或半解析性质的研究。然而焊接本身是一个涉及传热、电磁作用、金属熔化和凝固的复杂热物理过程，其高度非线性和多因素耦合的本质决定了其研究难度较大，迄今还未能建立统一的反映焊接真实过程的物理模型[13]。传统的研究方法多是开展工程试验进行回归分析，但这需要大量的人力和物力资源支持，对于一些大型焊接结构件则根本无法实施；而建立在大量简化假设条件上的解析数学模型往往与实际焊接结果的误差较大，为指导实际的焊接生产带来了困难[14]。因此，如何从焊接实验数据中挖掘并建立反映输入条件与输出结果之间的数值计算模型，探明各因素之间的耦合影响规律，成为一个重要的研究课题。

智能建模技术的飞速发展为促使焊接学科由"技艺"向"科学"的飞跃提供了重要契机。智能建模通常指神经网络、遗传算法、支持向量机等新型数值计算方法，适合处理焊接这类物理机制复杂且具有大量随机不确定因素的问题[15]。建立反映焊接过程的仿真模型，经少量验证性实验证明模型的正确性；然后合理设计工艺参数开展数值实验，得到大量的实验数据，以此为训练样本建立反映焊接输入和输出的非线性映射模型，进而进行工艺参数的选择和优化。以往对焊接的研究多是以单纯的实验或数值仿真为主，而结合了智能建模算法的研究相对较少。因此，将智能建模技术应用于焊接领域，并结合物理实验和数值仿真，建立预测焊接结果的数值模型，可以深化焊接问题的研究内涵，拓宽焊接领域的研究外延，这不仅具有一定的科学意义，同时对于快速有效地指导实际焊接生产具有重要的工程实用价值。

0.1.4 双沟截面环件冷辗成型理论与数值仿真分析

冷辗扩是一种生产精密无缝环件的塑性加工工艺。通过轧环机对环件毛坯进行连续局部加压，使其壁厚减小，直径扩大，直至形成截面轮廓。相比传统工艺，环件冷辗技术具有产品尺寸精确、组织致密和生产成本低等优势，被广泛用于加工轴承套圈、齿轮环、火车车轮和轮毂等各种环形机械零部件。然而，环件冷辗过程涉及芯辊进给运动、主辊旋转运动、导向辊导向运动及环件自身的旋转和直径扩大运动，具有三维塑性变形、连续非稳态成型及多道次辗扩等特点，其表现出高度的几何和物理非线性，给深入研究其物理力学机制带来了困难[16]。

目前针对矩形截面环件的冷辗成型已有众多研究成果，从几何学、静力学、运动学和动力学等角度建立了较为完备的理论体系，实际生产也比较成熟[16]。与矩形截面环件相比，异形截面环件在工业领域的应用更为广泛。但由于其截面形状各具特点，辗扩过程中的物理力学机制更为复杂，这对保证异形截面环件冷辗的顺利进行更具难度，导致异形截面环件冷辗成型技术一直停滞不前。目前大多数研究都是针对矩形截面环件，异形截面环件的研究无论从理论到工艺均相对滞后，这严重限制了异形截面环件冷辗技术的发展和应用。双沟环件属于异形截面环件，其轧制变形特点不同于常规的矩形截面环件。以双沟环件为研究对象，在理论分析的基础上建立弹塑性有限元数值模型，探索其冷辗成型中的金属材料变形及轧制力能规律，建立一套适合双沟环件冷辗成型的理论-仿真工艺设计方案，对于科学指导双沟环件冷辗加工的实际生产，进而促进异形截面环件冷辗成型技术的发展和应用具有重要的意义。

0.2 国内外研究现状

0.2.1 金属构件无模直接制造技术研究现状

金属构件无模直接制造将零部件的结构设计、材料制备、成型、加工一体化，实现了短流程及数字化操作，具有重要的应用前景。直接制造全密度、高强度的功能性金属结构件是无模制造的主要研究方向。下面针对各种金属无模直接制造技术的研究现状进行概述。

0.2.1.1 金属构件高能束直接制造技术

目前已经产生十多种无模直接制造工艺，按照施加能量的不同，可以分为基于高能束（激光、电子束和电弧等）的直接制造技术和非高能束的直接制造技术两大类。采用高能束流的直接制造主要有选区激光熔化/烧结成型法（SLM/SLS）、激光近净成型法（LENS）、电子束成型法（EBM）、等离子束熔积成型法（PDM），以及其他派生的技术。

A 选区激光烧结

选区激光烧结（SLS，Selected Laser Sintering）通过高能激光束逐点逐行辐照烧结预先铺就的金属粉末以成型金属构件[17]，现广泛应用于制造模具[18]、功能梯度材料[19]、EDM 电极[20]、不锈钢材质骨关节[21]及航空、航天等高性能关键金属构件[22]。SLS 工艺分为直接法和间接法两大类[23]，这两大类主要区别在于成型材料的不同。直接金属粉末激光烧结（DMLS）工艺的材料为熔点不同的金属混合粉末，烧结中依靠低熔点金属粉末熔化将高熔点粉体黏接起来[24]。这种工艺制备的金属构件致密度较高，比如铜基合金粉末和铁基合金粉末经 DMLS 处理后可达理论密度的 95.2%[25] 和 91%[26]，可以基本满足工业应用。然而，熔融态金属在表面张力作用下易产生"球化"现象[27]，这是由于表面张力梯度作用使液态金属凝固收缩为球状，如图 0-1 所示。"球化"会形成大量孔隙，降低成型件的密度和力学性能。间接 SLS 工艺的成型材料为金属粉末与热塑性有机黏合剂的混合粉体，金属粉末通过熔化的有机黏合剂实现粘接，烧结过程中金属粉末颗粒间的孔隙无法消除，构件的强度、硬度等力学性能指标较常规工艺构件较低，因此需要辅以脱脂、高温重熔或渗金属填补间隙等后处理工序[28]才能达到改善微观组织提高构件力学性能的目的。间接 SLS 工艺比较成熟、烧结速度快，但需要后处理工序、工艺周期长，在后处理时受到热应力的二次作用造成零部件收缩变形，尺寸和形状精度会降低[29]。从长远来看，直接 SLS 法较间接 SLS 法更具发展潜力。

图 0-1　典型激光烧结球化现象[27]

B　选区激光熔化

选区激光熔化（SLM，Selective Laser Melting）工艺的成型材料多为单一组分金属粉末[30]，采用高能量密度的激光器完全熔化金属粉体，经冷却凝固可制备几乎任意形状、完全冶金结合的金属结构件，致密度接近 100%，尺度精度达 20~50μm，表面粗糙度达 20~30μm[31]。SLM 技术在制造小批量生产零件方面独具优势，如个性化医学植入体[32-34]、薄壁结构件[35]、微机电镍钛合金结构件[36]等。

金属和金属合金粉末是研究最为广泛的 SLM 成型材料。研究人员对不同的金属粉末体系进行了广泛的研究，如 316 不锈钢[37]、工具钢[38]、Fe-Ni-C 合金[39]、Cu 基粉末[40]、钛基合金[41]等。研究内容涉及激光扫描速度、扫描间距、激光功率大小、金属粉末层厚等工艺参数[42-44]，以及这些参数对金属构件的受热变形[45]、残余应力[46]、微观组织[47]和力学性能[48-51]等的影响。在实际应用方面，SLM 技术可以直接制造各类结构复杂并具有良好生物相容性的医学植入体，如个性化股骨植入体[52]、个性化骨科手术导板[53]等，其分别如图 0-2 和图 0-3 所示。另外，SLM 技术在一次性成型免装配机构中也有应用，如图 0-4 所示的免组装万向节机构[54]。

图 0-2 SLM 成型的股骨植入体[52] 　　图 0-3 SLM 成型的个性化骨科手术导板[53]

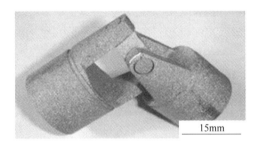

图 0-4 SLM 成型的免组装万向节机构[54]

C 激光近净成型制造技术

激光近净成型（LENS，Laser Engineered Net Shaping）是美国 Sandia 国家实验室与 UTPW 公司合作开发的一种先进的金属构件直接制造技术[55]。LENS 采用高能束激光形成局部熔化的熔池并快速移动，同时将金属粉末或丝材同步送入熔池，冷却后形成冶金结合的熔覆截面，这样逐层熔覆便可制备高致密度的金属构件。

美国 Sandia 国家实验室对不同金属材料的 LENS 成型技术进行了研究，制备了镍基超合金、H13 工具钢、不锈钢及钛合金等金属构件。LENS 成型零件相对锻造件在强度和塑性方面均有明显提高，尺寸加工精度可达 0.05mm，通过逐渐改变粉末成分，还可以实现功能梯度零件的直接制造[56, 57]。美国 Los Alamos 国家实验室也应用 LENS 对多种金属材料的直接成型进行了研究，材料范围涵盖 P20 工具钢、316/400 不锈钢、Inconel 625/690/718、Ti-6Al-4V、Al-Cu、Ag-Cu、W、Re 合计及 TiAl、NiAl 金属化合物，所制备的金属构件的力学性能与锻件相当[58, 59]。在实际应用方面，LENS 技术多用于高附加值的航空航天金属零部件的直接制造、修复及改型。这些结构通常形状复杂、用量较少，一般使用钛合金，采用传统方法难以加工。采用 LENS 技术可以有效地成型这些复杂结构零件。图 0-5 为 LENS 技术成型的 C-17 战机上的钛合金外挂腔壁[60]。LENS 还可用来制造具有共形冷却通道的金属模具[61]，如图 0-6 所示。在国内，王华明[62,63]团队采用 LENS 技术成型飞机钛合金大型主承力结构件，提出了"热应力离散控制"方法以解决构件成型过程中的"变形开裂"和"内部质量"等技术难题，取得了重要进展。此外，国内外广大学者还分别对 LENS 工艺成型 TiC/Ti 功能梯度材料[64]、微观组织及力学性能[65]、热力学行为[66, 67]及凝固行为[68]等方面进行了研究。

图 0-5 LENS 成型的钛合金结构件[60]

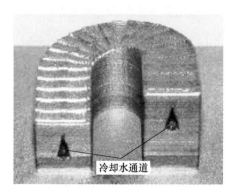

冷却水通道

图 0-6 LENS 成型的金属模具[61]

D PDM 等离子束成型法

等离子熔积成型（PDM，Direct Plasma Deposition Manufacturing）的基本原理是混合气体（如 Ar_2 和 N_2）在高压下电离形成高度压缩、集束性好的等离子射流，将同步输送的金属粉末熔化，在基板上按照一定的轨迹逐层堆积，最终成型出金属零件[69]。

PDM 工艺的金属材料选择范围广泛，如模具材料、不锈钢、梯度材料、金属基复合材料及高温合金等[70]。目前国外对 PDM 工艺的研究较少，国内华中科技大学的张海鸥团队对 PDM 直接成型金属制件进行了系统的研究，内容涵盖 PDM 成型的高温合金微观组织[71]、工艺参数影响规律[72]、成型过程数值仿真[73]等方面，并且提出了一种等离子熔积与铣削加工结合的复合制造技术（HPDM，Hybrid Plasma Deposition & Milling），可以很好地用于新型高温合金零件的制造[74,75]。通过改变不同金属粉料的配比，还可以通过 PDM 工艺制备梯度功能材料零件[76]。此外，PDM 工艺还用于成型各种金属模具[77]、复杂叶轮零件[78]、空间螺旋结构[79]等金属构件。

E EBM 电子束成型技术

电子束熔化成型技术（EBM，Electron Beam Melting）由瑞典 Chalmers 工业大学与 Arcam 公司合作开发，并申请了相关专利[80-82]。其工艺原理与选区激光烧结（SLS）类似，不同之处在于加热能量是电子束。电子束按照截面轮廓信息对金属粉末进行选择性轰击熔化，依靠熔化的金属粉末实现层层粘接，从而直接制成金属结构件。

国内外广大学者和研究机构对各种高性能金属材料的 EBM 制造工艺进行了广泛的研究。材料范围涵盖如 TiAl 基合金[83]、316L 不锈钢粉末[84]、模具钢H13[85]、钴铬合金 ASTM F75[86]、镍基合金 718[87] 等多种金属材料体系，可以制备致密度接近 100% 的金属零件。在设备研发方面，瑞典的 Arcam 公司推出了新一代的 EBM 成型设备 Arcam A1 和 A2，分别用于钛、钴基骨骼植入物[88]和国防用小批量金属零件[89]的直接制造。国内清华大学和上海交通大学也独立开发了各自的 EBM 电子束成型设备[90,91]，在应用方面，通过 EBM 制造的金属零件已被用于航空航天、汽车及医疗器械等领域。图 0-7 为采用 EBM 技术成型的钛合金多孔结构件[92]。与 EBM 技术原理类似，美国麻省理工学院的 J. E. Matz 开发了电子束实体自由成型技术（EBSFF, Electron Beam Solid Freeform Fabrication）。与 EBM 技术不同的是，EBFF 采用金属丝为成型材料[93]。NASA Langley Research Center 提出了电子束实体自由制造技术（EBFF, Electron-Beam Freeform Fabrication）用以制造航空航天用镁合金和钛合金结构件[94,95]。国内清

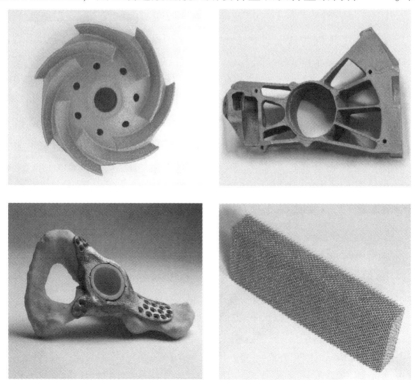

图 0-7　EBM 成型的钛合金多孔结构件（材料 Ti6Al4V）[92]

华大学开发的电子束选区熔化技术（EBSM，Electron Beam Selective Melting）也可用于金属零件的直接制造[96]。

F 三维焊接成型技术

三维焊接成型技术（3DWS，Three-Dimensional Welding Shaping）是先进快速制造技术与现有成熟焊接技术有机结合的产物，利用各种弧焊热源熔化金属并按照指定轨迹逐层堆焊，直至成型出三维金属构件[97]。三维焊接成型无须真空环境，通过惰性气体防止金属氧化，材料沉积速度可达 0.7kg/h，制造精度在 0.2～0.5mm[98]。

三维焊接成型技术按照成型系统使用的焊接工艺来分类，包括埋弧自动焊（SAW）、熔化极气体保护焊（GMAW）、非熔化极气体保护焊（GTAW）、激光焊（LAW）等。成型材料方面，采用的依然是常规焊接工艺所使用的各类金属焊丝，以结构钢焊材为主，包括 4043 铝合金[99]、316L 不锈钢[100]、镍基合金718[101]、SS308[102]等。设备研发方面，三维焊接成型系统大多是在常规焊接设备的基础上，加上可移动平台改装而成。美国的 Jandric 等[103]利用 6 自由度焊接机器人，设计了基于 GTAW 的焊接成型系统制造金属零件。韩国的 Song 和 Choi等[104,105]开发了可用于激光焊和弧焊的混合焊接成型系统，并集成了 CNC 加工系统。在国内，哈尔滨工业大学、西安交通大学和华中科技大学等单位的研究人员各自开发了基于不同焊接工艺的三维焊接成型系统[106-108]。实际应用方面，三维焊接成型技术可用于制造金属模具[109]、航空用发动机的 Ni 基和 Ti 基合金零件[110]、Trent800、Boeing777 发动机零部件[111]及各类微小金属零件[112-114]，但所制金属结构件的精度还需进一步提高。

0.2.1.2 非高能束金属构件直接制造技术

非高能束金属构件直接制造技术，是指在成型三维构件的过程中不采用高能束流作为能量源，而是通过熔融液态金属、化学粉剂粘接、等离子放电、化学气相沉积等方式成型金属结构件。主要包括：液态金属微滴沉积技术、3D 打印技术、熔融沉积成型（FDM，Fused Deposition Modeling）等技术。

A 金属熔滴沉积成型技术

金属熔滴沉积制造技术起源于 20 世纪 90 年代初，其工作原理是将微小金属熔滴进行选择性带电和偏转，使其按照一定的轨迹在基板上准确定位，逐点逐层堆积成型出复杂的三维结构[115]。

金属熔滴沉积成型方法仅需将金属材料加热成熔融态，相比激光等高能束成型方式，大大降低了制造成本。适用的金属材料范围也比较广泛，研究工作以低熔点合金材料为主，如铝合金 2024[116]、Sn-Pb 合金[117]、锌、铜合金[118, 119]等。但气压驱动装置往往不耐高温，因此对高熔点金属的熔滴沉积成型存在一定的困难。金属熔滴与基板的撞击形变及凝固过程对构件的成型精度有重要影响。

国内外广大学者采用理论分析、实验及数值仿真等手段进行了广泛的研究。Escure 等[120]从理论上分析了金属熔滴在预热基板上的铺展和凝固过程。Christoulis 等[121]研究了不锈钢基板温度和粗糙度对铜熔滴凝固结晶组织的影响。理论分析和实验研究无法精确掌握内部温度场和凝固层的变化，因此往往要借助数值仿真手段，并已成为研究主流。国内西北工业大学齐乐华团队对熔滴沉积成型过程中的温度场、流动场、固液界面变化等方面进行了较为详尽的研究[122-124]。实际应用方面，金属熔滴沉积成型技术适用于制造各类微小型金属构件。铝合金管件及微型薄壁六边形结构件如图 0-8 所示。此外，该工艺还用于打印微小电子电路的焊点[125]和电子封装[126]。

(a)   (b)

图 0-8　金属熔滴沉积成型件
(a) 柱状制件[116]；(b) 薄壁六边形结构件[117]

B　三维打印成型

20 世纪 90 年代，美国麻省理工学院的 Sachs 等[127]开发了三维打印成型（3DP，Three Dimensional Printing）技术。基于喷墨打印原理，由喷头逐点喷洒黏合剂，使粉体黏接在一起形成零件界面，逐层黏接便可制成三维实体零件。

3DP 技术成型材料由粉末和黏合剂组成，所用的粉末材料与 SLS/SLM 等激光成型工艺相同，黏合剂则不同。制件靠黏合剂黏接粉体成型，因此要求粉体材料与黏合剂具有良好的浸润性[128]。目前，采用金属粉末进行 3DP 成型的研究还较少，主要研究有 316 不锈钢[129]及 Co-Cr 合金粉末[130]成型带内冷却流道的金属模具、TiNiHf 形状记忆合金制备线宽 $300\mu m$ 的网状结构[131]、Ti-5Ag 合金制备医学植入件[132]。这样制备的金属件被称为"绿件"，一般含有 30%～75% 的粉末材料，10% 的黏合剂，其余为孔隙[133]。因此工件强度较低，需要进行高温烧结、金属浸渗或热等静压等后处理工序[134,135]以提高强度，但这会导致构件的收缩变形[136]。在设备研发方面，美国的 Z Corporation 公司[137]和 3D Systems 公司[138]均已研制出不同系列的三维打印设备。以色列 Objet Geometries 公司、德国 BMT 公司研制的 3DP 也已经商品化；国内清华大学、西安交通大学、上海大学也在积极研发此类设备[139, 140]。在应用方面，3DP 技术可用于制造金属模具[141]、钛合金医学植入件[142]、微型传感器[143]等金属构件，同时在生物医学工程、工业设计和微型机电制造等领域有广阔应用前景。

C　熔融沉积成型

熔融沉积成型（FDM，Fused Deposition Modeling）由美国学者 Crump[144]于 1988 年提出。在喷头中将热塑性丝材加热至熔融态，按照计算机给出的零件二维轮廓截面信息，热喷头进行选择性层层涂覆，最终完成三维实体零件的堆积成型[145]。

采用金属丝材加热，FDM 工艺便可制备金属构件。目前对金属材料的 FDM 成型研究较少。Finke[146]和 Rice 等[147]分别对呈半固态的 Pb-Sn 合金和 A356 铝合金进行了 FDM 成型实验，并观察了构件的微观组织。Masood 等[148-150]将铁粉混入尼龙 P301，开发了新型的金属基复合材料，可以满足 FDM 的成型要求，并制造了具有足够强度的注塑模具。Mostafa 等[151]还开发了铁基/ABS 复合材料用于 FDM 成型。在设备研发方面，美国 Stratasys 公司开发了多个 FDM 机型，分别适合制备不同尺寸规格和种类的零件[152]。国内清华大学和北京殷华公司推出了 FDM 制造设备 MEM250，华中科技大学、大连理工大学和四川大学等单位也在研发相应的 FDM 成型设备。在应用方面，FDM 技术可用于制造医学可植入支架[153]，电极、工业设计模型、金属基注塑模具等[154, 155]。

以上各类金属零件的无模直接制造工艺各具特色，优势互补，应用领域也不尽相同，共同组成了金属无模直接制造技术体系。除此以外，还有美国 Stanford 大学 RP 实验室研发的形状沉积制造工艺（SDM，Shape Deposition Manufacturing）[156]、等离子放电加热金属丝材的多相组织的沉积制造方法（SDMHS）[157]、高能量激光分解活性气体沉淀的气相沉积成型法（SALD，Selective Area Laser Deposition）[158]、射流电铸快速成型[159]、超声波固结成型技术[160]、叠层模板电沉积成型法[161]等，也可以用来直接制造各种不同功能和结构的金属构件。

0.2.1.3　金属构件无模制造技术调研结论

A　各类无模直接制造技术对比

目前，针对金属结构件，国内外已开发出多种无模直接制造技术。这些技术均是基于"离散-堆积"原理成型构件，但其采用的能量形式、材料类型、成型质量、应用领域和制造成本却不尽相同。表 0-1 为本章所阐述的几种金属构件无模直接制造技术的对比。

表 0-1 金属构件无模直接制造技术对比

名称	能量形式	机 理	实验条件	成型特点	常用材料
SLS	激光	低熔点金属或有机黏合剂黏接	激光器辐照	表面质量差、疏松多孔、易球化、后处理	热塑性材料、金属粉末、陶瓷粉末
SLM	激光	金属熔化凝固固结	激光器辐照	致密度高、表面质量好、层间结合力强	金属或合金粉末
LENS	激光	金属丝熔化凝固熔覆成型	激光器及送丝系统	致密度高、力学性能好、结合力强	各类金属丝材
PDM	等离子弧	金属粉末熔化凝固熔覆成型	等离子系统及送粉机构	设备简单、成本低、尺寸精度差、变形较大	高温金属合金粉末
EBM	电子束	金属粉末/丝材熔化凝固熔覆成型	电子束发生器及真空系统	成型速度快、致密度高、投资运行成本高	以钛合金为主
LOM	加热器	热熔胶黏接	激光切割	成本低、致密度低、结合力差、易收缩变形	纸张、金属箔材
3DWS	各种焊接电弧	金属焊丝熔化凝固熔覆成型	焊接设备	工艺成熟、成本较低、成型件精度较差	各类金属焊丝
微滴成型	加热器	金属熔滴凝固堆积成型	加热坩埚及喷射装置	设备投资成本低、材料适用性好、成型精度差	各类低熔点金属材料
3DP	黏合剂	化学黏合剂黏接	喷头系统及铺粉装置	表面精度差、强度低、需后处理	金属粉末、石膏等
FDM	加热器	材料凝固相变堆积成型	加热器及送丝系统	成本低、工艺简单、成型件强度较低	低熔点金属丝材、ABS塑料等

B 所面临的困难

由以上对比分析可知，各类无模直接制造技术均可以制备金属结构件，但又各具特点。以激光/电子束为热源的制造工艺可以直接成型形状结构复杂的金属结构件，经过热等静压等后处理可以达到主承力结构件的使用要求，并在航空航天等尖端支柱领域得到了应用[162, 163]；但成型装备需要配备造价高昂的激光器/电子束系统，且成型构件所需要的金属粉末也加大了其制造成本，这就限制了其应用范围。而以加热金属材料至熔融态的微滴成型工艺，其金属微滴的大小难以均一，且微滴的精确定位难以控制，因此在制造形状尺寸精度要求高和力学性能要求苛刻的构件方面存在困难。以化学黏合剂黏接金属粉末为代表的3DP工艺，避免了在制造过程中的高温加热系统，但这种方法要求金属粉末与黏合剂之间具有良好的浸润性，金属构件的成型材料选择范围有限，且需要较复杂的后处理工序才能提高构件的力学性能。

从研究手段上来看，以上金属构件直接制造技术的研究大多数是采用实验方法，通过搭建相应的设备平台直接成型金属构件，并对其微观组织结构和力学性能进行分析，以检验是否达到功能件的使用要求，而定量化模型化的研究却相对较少，因此发展高效合理的数值计算模型无疑将推动金属构件无模直接制造技术的发展。

0.2.2 面向再制造的硬面堆焊技术研究现状

硬面堆焊是实现退役机械零部件再制造的重要表面强化技术，国内外许多学者从不同角度对其进行了研究。从研究方法来看，主要采用实验、数值仿真和理论解析等方法；从研究内容来看，主要针对硬面堆焊层微观组织、力学性能、工艺参数、温度场和残余应力分布等。下面主要从实验、数值仿真和理论解析三个角度出发，介绍硬面堆焊技术不同方面的研究现状[164]。

0.2.2.1 硬面堆焊技术的实验研究

国内外广大学者采用不同的堆焊工艺和参数，对不同合金材料形成的硬面合金层的力学性能，微观组织和耐磨损耐腐蚀性能等方面进行了广泛的研究。

A 硬面堆焊工艺类型的影响

硬面堆焊是通过特定的堆焊工艺实现的，主要包括焊条电弧堆焊、气焊堆焊、埋弧堆焊、等离子弧堆焊、激光堆焊等众多方法。不同的堆焊工艺对所形成的硬面合金层的微观组织和力学性能有重要的影响。

Puli 等[165]采用两种不同的堆焊工艺（摩擦堆焊和焊条电弧堆焊）在低碳钢表面熔敷硬面合金层。微观组织观察显示摩擦堆焊层全部由马氏体组成，其耐磨和腐蚀性能与 410 合金材料相当，而手工电弧堆焊层则含有大量的 δ 铁素体相，各项力学性能指标低于摩擦堆焊层。Deng 等[166]采用等离子弧堆焊和氧乙炔堆焊工艺在耐热钢表面堆焊钴基硬面合金层。对试样进行了旋转弯曲疲劳实验，发现室温下氧乙炔堆焊试件的疲劳极限低于等离子弧堆焊试件；而在 500℃ 高温下，由于界面分层和金属延性增加，疲劳极限比室温要高。Amushahi 等[167]采用电弧喷涂和气体保护堆焊方法在 St52 钢表面形成富硼合金层。微观组织检测表明电弧喷涂层由均匀的薄片层结构组成，而气体保护堆焊层微观组织呈梯度变化，由 Fe_2B、α 相和 FeB 混合物组成。Buchanan 等[168]研究了灰口铸铁表面堆焊 Fe-Cr 基硬面合金层的耐磨性能，分别采用两种堆焊工艺（气体保护堆焊和电弧喷涂），耐磨实验显示两种堆焊工艺得到的堆焊层的耐磨性能基本相当，但电弧喷涂得到的耐磨层孔隙率较高且硬度较低。Gholipour 等[169]通过 TIG 堆焊工艺在 17-4 PH 不锈钢表面熔敷 Stellite 6 硬面合金层，研究了其微观组织和磨损行为；微观组织观察发现硬面层富钴固溶体中夹杂有碳化物颗粒，成树枝状分布，磨损实验表明分层是堆焊层主要的失效模式。Liyanage 等[170]研究了等离子弧堆焊 Ni-WC 硬面合金层的微观组织和磨损性能。微观组织观察显示 Ni-WC 堆焊层由 γ-Ni 树枝晶，枝晶间的 Ni 基共晶组织及硼化物和碳化物组成；磨损实验表明当堆焊层中含有的 WC 相较多，而脆性的二次碳化物相较少时，堆焊层的耐磨性能最好。Chen 等[171]采用等离子弧堆焊工艺在 AISI 304L 不锈钢基体表面堆焊镍基硬面合金层，堆焊层组织主要由富镍 γ 相、Cr_7C_3、CrB、Cr_3C_2、$M_{23}C_6$ 等成分组成；磨损实验验证表面堆焊镍基合金层可以大大提高耐磨性能，其磨损失效机理以及磨损时间和所施加的载荷有关。

B 硬面堆焊工艺条件的影响

硬面堆焊工艺条件包括工艺参数、热处理和时效处理等，这对堆焊合金层的各项性能有重要的影响。通过实验研究得到，各种工艺条件对硬面合金层性能的影响规律有助于制定合适的工艺参数，从而使再制造零部件达到所需的性能要求。

Badisch 等[172]研究了堆焊工艺参数对碳化物颗粒增强的 NiCrBSi 硬面合金层微观组织和耐磨性能的影响，发现堆焊电流和堆焊层数对于母材的稀释率和结合区域有重要影响，进而影响其微观组织结构和耐磨性。为了研究堆焊工艺参数（焊前预热、堆焊层数、过渡层）对高 Cr 高 C 型耐磨堆焊层性能的影响，Chatterjee 等[173]将几种不同铁基 Cr/C 比例的焊丝堆焊至灰口铸铁表面，研究发现采用高镍堆焊焊丝作为过渡层可以提高界面结合力，而低氢型焊丝也可以较低的成本达到与之相当的性能。Baldridge 等[174]通过合理的控制激光能量、熔敷速度、激光束交叠及预热温度，进行了激光堆焊修复热交换管的实验，有效地防止了冷裂纹的发生；SEM 显示熔覆层及母材层的结合良好，熔覆层硬度相比母材硬度提高 40%。Govardhan 等[175]在低碳钢表面摩擦堆焊奥氏体不锈钢，通过正交实验得到了最优力学性能（拉伸强度、剪切强度等）对应的工艺参数并进行了回归分析，采用优化的工艺参数可以大幅度提高硬面合金层的力学性能；为了提升装甲钢板的抗弹性能，需要在装甲表面堆焊硬面合金层。Balakrishnan 等[176]研究了堆焊层厚度对钢板抗弹道冲击性能的影响，发现当堆焊层厚度为母材厚度的 0.3 倍时抗弹道性能最好。Kesavan 等[177]采用等离子弧堆焊工艺，将镍基合金粉末熔敷到 316L 不锈钢基体表面，发现时效处理后的硬面合金层出现了粗大的枝状晶和析出 $Cr_{23}C_6$ 颗粒；时效处理前后的试样分别在室温和高温下（823K）进行磨损实验；发现在室温下，失效处理后的试样磨损量较大，而在高温下，两者磨损量相差不多。Lo 等[178]研究了热处理对 347 SS 堆焊层微观组织和耐腐蚀性能的影响，研究发现堆焊后 690℃热处理 8h，堆焊层组织由 δ 铁素体相转变为 σ 相；腐蚀实验表明金属间 σ 相的存在降低了 347 SS 堆焊层的耐腐蚀性能。

C　硬面合金材料体系和添加物的影响

硬面堆焊合金材料主要包括铁基硬面材料、镍基硬面材料、钴基硬面材料和碳化钨硬面材料等类型。通常向硬面合金中添加各类硬质颗粒等添加物也可以有效提高其耐磨耐蚀等性能。国内外广大学者对此进行了广泛的实验研究。

Zhou 等[179]研究了不同含量的二氧化铈添加物对于 Fe-Cr-C 硬面合金的微观组织和碳化物细化机制的影响。研究结果表明，当堆焊合金含有 2% 的二氧化铈时，初始碳化物 M_7C_3 颗粒尺寸最小，细化效果最好，并且耐磨性能也最好。Liu 等[180]制作了含有不同钛元素的铁基自保护药芯焊丝进行耐磨堆焊实验。研究发现钛元素可以提高硬面堆焊层的耐磨性能，使其获得更高的硬度和细化的微观组织；当铁钛合金含量为 24% 时磨损量最小。Zikin 等[181]研究了两种不同的陶瓷合金颗粒（TiC-NiMo 和 Cr_3C_2-Ni）在等离子弧堆焊工艺下所形成的硬面层的高温腐蚀、冲击及耐磨损性能。研究发现两种陶瓷金属颗粒增强的硬面层均表现出了较高的高温力学性能。Hou 等[182]采用等离子弧堆焊方法将含有和不含纳米 Al_2O_3 颗粒添加物的镍基合金粉末堆焊至 Q235A 低碳钢表面。研究发现加入 0.8% 的纳米 Al_2O_3 颗粒没有明显改变堆焊层的亚共晶结构，但可以细化晶粒并降低成分偏析，同时提高堆焊层的耐磨损性能。同时，Hou 等[183,184]采用同样的堆焊工艺将镍基硬面合金堆焊至 Q235 钢材表面，研究了钼元素含量对硬面合金层微观组织和耐磨性能的影响。研究发现，钼元素的加入并没有改变合金层的组成相，但当钼元素从 0 增加到 6% 时，$M_{23}C_6$ 型碳化物从 36% 增加至 45%，而 M_7C_3 型碳化物则相对减少，同时耐磨损性能提升而微观硬度则有所下降。Qi 等[185]研究了钒添加剂对高铬铸铁硬面堆焊合金的耐磨性能的影响。当加入钒添加剂时，析出二次碳化物 VC。随着钒添加剂的增加，初始碳化物尺寸显著减小，共晶和二次碳化物增加，这有助于硬面合金层耐磨损性能的提升。

D　硬面堆焊残余应力的实验测量

采用实验方法测量硬面堆焊的残余应力，往往需要昂贵的无损检测设备或需破坏原有结构，因此这方面的研究相对较少，大多是结合数值仿真来进行实验验证。

Wang 等[186]采用中子衍射法测量螺旋堆焊管道的残余应力，发现耐磨堆焊层和管道的热影响区均存在拉伸残余应力，最大拉伸残余应力位于堆焊层，可达 360MPa，约为堆焊层材质屈服极限的 75%。900℃退火处理 20min 可使残余应力基本消除，与有限元仿真结果进行了对比，有限元计算的周向应力高于实验数据。Woo 等[187]采用两种不同分辨率的中子衍射仪测量管道耐磨堆焊层沿厚度方向的残余应力，测量结果发现残余应力在堆焊层厚度方向分布很不均匀，由拉伸残余应力（300~400MPa）转变为压缩残余应力（约-600MPa），这与堆焊工艺以及堆焊层材料有重要关系。针对堆焊修复不锈钢圆筒，Edwards 等[188]采用中子衍射法测量了环形堆焊修复区域的三维残余应力分布。测量结果显示堆焊修复在热影响区和基体中引入了较大的拉伸残余应力（170~200MPa），堆焊修复区域附近轴向拉伸残余应力最大值可达基体屈服应力的60%。

0.2.2.2 硬面堆焊的数值仿真研究

数值仿真可以模拟堆焊全过程，得到动态应力应变、残余应力和变形等有效信息。但是如何建立准确反应硬面堆焊全物理过程的数值计算模型是关键。目前，针对硬面堆焊的数值仿真大部分集中于焊接残余应力的研究，也有部分学者对堆焊过程中的凝固裂纹和熔池流动特性进行了仿真研究。

A 硬面堆焊残余应力的数值仿真

由硬面堆焊残余应力实验测量的文献调研可以得到，实验研究需要较昂贵的检测设备，测量实施过程也比较复杂，因此广大学者转而采用数值仿真方法进行残余应力的预测，并分析了多种因素对硬面堆焊残余应力的影响规律。

Jiang 等[189]建立了不锈钢复合板堆焊修复的有限元模型，研究发现，热输入和堆焊层数对残余应力的分布有重要的影响，当热输入较高并且堆焊层数较多时，残余应力降低，为合理选择堆焊修复工艺参数提供了有价值的参考。同时，Jiang[190]还研究了堆焊修复焊缝长度对于残余应力分布的影响，发现当堆焊修复长度增加时，堆焊区和热影响区域的横向残余应力均减小，但是堆焊修复长度对纵向残余应力的影响很小。Liu 等[191]基于 ANSYS 有限元软件建立了 BWR 饲水管异质金属材料堆焊修复的仿真模型。饲水管材质为低合金 SA508-Class2，堆焊层材质为合金 Alloy-52M；通过有限元仿真发现饲水管内表面可以获得有益的残余压缩应力，有效地防止应力腐蚀开裂；仿真模型与公开的技术报告进行了对比以验证其有效性。Klobčar 等[192]建立了 GTA 堆焊修复热作模具的有限元模型，采用该模型分析了 GTA 堆焊修复复杂几何体的温度分布、变形和残余应力；通过实验测量关键点的温度变化并与有限元模型进行对比以修正热源参数。Taljat 等[193]基于 ABAQUS 软件开发了轴对称二维管道螺旋堆焊的仿真模型用以研究管道堆焊中的残余应力分布，发现在堆焊层和界面结合处存在较大的拉伸残余应力，而在管道内壁则转变为压缩残余应力。通过中子衍射仪测量的残余应力验证了仿真模型的正确性。Nady 等[194]采用等离子弧堆焊工艺将 Stellite 6 合金颗粒熔敷至普通钢表面形成耐磨层；基于 ABAQUS 软件建立了相应的仿真模型模拟材料基体和堆焊层的残余应力，发现在堆焊层近表面处呈拉伸状态而界面结合处呈压缩状态，实验测量结果和有限元仿真结果取得了很好的一致。Kim 等[195]建立了 SUS316L 钢板硬面堆焊的有限元仿真模型，并进行了堆焊实验，验证了有限元模型的准确性；研究发现有限元法可以在一定程度上替代实验方法用以预测平板堆焊层的残余应力。Wu 等[196]采用数值仿真的方法研究了碳钢表面堆焊 Stellite 硬面合金的残余应力，仿真结果发现硬面层残余应力受热传导系数、材料热膨胀系数、基体材料的厚度及预热温度等因素的影响；通过焊后局部热处理和堆焊过渡层等方法可以有效地降低拉伸残余应力。

B 硬面堆焊凝固裂纹和熔池流动的数值仿真

目前，硬面堆焊的数值仿真研究主要集中于残余应力、工艺参数等方面。而针对其他方面诸如表面凝固裂纹以释放残余应力、熔池流动对堆焊层与结合界面的影响的研究则较少。这些应该成为未来硬面堆焊数值模拟研究的重点。

硬面堆焊在凝固过程中往往会产生裂纹，这些裂纹可以释放一部分残余应力，但同时也对结构件的完整性造成了潜在的危害。Ma 等[197]基于 ANSYS 软件开发了铁基高铬耐磨层在堆焊过程中裂纹形成演化和残余应力分布的仿真模型，分析了堆焊工艺条件（堆焊前母材预热、堆焊层压力和厚度）对残余应力和凝固裂纹的影响；该模型基于最大主应力准则自动判断裂纹萌生，无须预先指定裂纹路径，有限元仿真得到的裂纹形状和分布与实验结果基本一致。Lv 等[198]通过数值仿真研究了在 35CrMnSiA 钢板表面堆焊一道 Hs201 铜合金焊缝的温度场和熔池液态金属流动情况；温度场模拟结果显示熔合界面附近的最高温度和冷却速度比远离结合面处的要高，这导致热循环曲线的显著变化；熔池模拟显示位于堆焊层边缘处的熔融金属的速度矢量指向第四象限，而堆焊层中部熔融金属的速度矢量则指向第二象限，这导致在堆焊层与基体材料的结合面附近聚集了较多的富 Fe 相。

0.2.2.3 硬面堆焊的理论解析研究

硬面堆焊的理论研究大部分是基于焊接传热学得到关于堆焊温度场的分布情况，专门针对硬面堆焊进行的理论研究也相对较少，波兰学者 Jerzy Winczek（以下简称 Winczek）在硬面堆焊的理论解析方面做了较多的研究。

Winczek[199]针对三种不同的圆柱形辊子堆焊修复过程，建立了用于计算堆焊过程中温度场的解析模型。圆柱辊被展开为平面以方便求解，温度计算考虑了当前堆焊加热和前一道焊缝冷却的影响。最后针对材质为 13CrMo4 的连铸辊堆焊修复的温度场进行了计算，并验证了解析模型，同时提出了一种用于计算钢柱体表面堆焊弹塑性应力状态的简化解析模型[200]。Winczek[201]还建立了半无限体中表面堆焊的温度场解析模型。在该模型中，温度升高由液态金属熔滴和移动电极的热辐射引起的。假设液态金属熔滴的截面形状为抛物线型，电弧热量呈高斯分布。基于以上假设计算了平板堆焊时的温度场，并与实验获得的焊接熔合线进行对比，验证了模型的精度。Winczek 等[202]采用呈高斯分布的移动体积热源，计算了当热源呈不同的倾斜角度时在半无限体中引起的温度场的分布，可以比较准确的评估堆焊时的温度变化。基于分布式热源，Fassani 等[203]开发了适合计算多道堆焊温度分布的解析模型，克服了在焊缝熔融区及其热影响区出现温度奇异值的现象。通过与点热源和高斯热源模型的温度场对比发现，这种解析模型具有更高的求解精度。

0.2.2.4 硬面堆焊文献调研结论

通过以上文献调研发现,在硬面堆焊领域,主要研究手段还是传统的实验方法,研究重点主要集中于硬面堆焊材料开发、堆焊工艺选择和熔敷合金层力学性能测试等方面。建立定量化数值计算模型的研究相对较少,研究还不够深入。因此有必要在开展实验研究的同时,加大硬面堆焊技术的数值计算研究,更好地促进该项技术在机械零部件再制造产业中的应用。

0.2.3 智能建模技术在焊接领域的研究现状

焊接的高度非线性和多因素耦合等特点,使得无论采用实验或理论解析的方法进行研究均存在一定的困难。而整合了神经网络、遗传算法、支持向量机及其组合算法的智能建模技术,也称为软计算技术,很适合处理焊接这种具有大量随机不确定性因素的过程[15,204]。下面主要介绍智能建模技术在焊接数学建模和优化领域的研究现状。

0.2.3.1 焊缝尺寸及接头力学性能的建模与优化

良好的焊缝几何尺寸有助于提高焊接接头的力学性能。近年来,智能建模技术越来越多地应用于焊缝几何尺寸和接头力学性能的预测和优化。

Sathiya 等[205]设计了激光焊接不锈钢的全因子试验,以激光功率、焊速和焦点位置为输入变量,熔深、焊宽和拉伸强度为输出变量构建了 BP 神经网络,结合 GA 算法优化焊接工艺参数,实验结果与 GA 预测结果吻合较好。为了提高接头拉伸强度,降低金属损耗,Sathiya 等[206]建立了摩擦焊接不锈钢的人工神经网络模型,采用遗传算法、模拟退火算法和粒子群算法寻找最优的工艺参数,指出软计算方法解决工程问题有巨大的潜力。对于激光透射焊接热塑性塑料,Acherjee 等[207]研究了输入量(激光束能量、焊速、靶距、夹持力)与输出量(拉伸剪切强度与焊宽)之间的非线性关系,将 ANN 模型与多元回归模型进行了对比,指出 ANN 模型可以准确地预测焊接结果。江苏大学王霄[208]采用遗传算法和人工神经网络进行了类似的研究。Park 等[209]将人工神经网络和遗传算法应用于激光焊接铝合金车身的建模和参数优化。建立了激光束功率、焊接速度、送丝速度和接头拉伸强度之间的神经网络模型;同时以焊接性能和焊接效率定义了适应度函数,采用优化的工艺参数,可以在较高焊速、较低送丝速度的条件下得到较好的接头强度。Okuyucu 等[210]采用人工神经网络模型,研究了铝合金薄板摩擦搅拌焊中,焊速和搅拌头转速对焊接试件的拉伸强度、屈服强度、延伸率、热影响区硬度等力学性能的影响。Pal 等[211]利用电弧信号作为网络输入参数,建立了脉冲 MIG 焊接头拉伸强度的人工神经网络模型,预测效果优于响应面模型。Katherasan 等[212]以送丝速率、电压、焊速、焊炬角度为网络输入,以焊宽、熔深和余高为网络输出，建立了药芯熔焊的人工神经网络模型，并采用粒子群算法优化输入参数，得到了最大的熔深、最小的焊宽和余高。Hamidinejad 等[213] 建立了车身镀锌板电阻点焊工艺参数（焊接电流、焊接时间、电极压力和保持时间）和焊接输出（拉剪强度）之间的 ANN 模型，采用遗传算法确定一组最优参数组合，经实验验证可得到最大的拉剪强度。

0.2.3.2 焊接残余应力、变形及缺陷的建模与优化

焊接残余应力、变形及其他缺陷的预测和防控一直是焊接领域的研究难点和重点。智能建模方法为解决该问题提供了一种选择。

残余应力大小和分布与焊接工艺参数有重要关系。Ahmadzadeh 等[214] 采用人工神经网络预测气体保护焊的最大残余应力，以板厚、电极直径、焊速、热输入为网络输入，最大残余应力作为网络输出，对比发现神经网络模型预测结果与有限元仿真结果吻合很好。Kumanan 等[215] 建立了人工神经网络和遗传算法的混合智能模型预测焊接残余应力，采用有限元仿真结果作为训练数据，可以简便有效地预测焊接残余应力。Lim 等[216] 对异质材料焊接进行了有限元仿真，建立了支持向量回归（SVR）模型、模糊神经网络（FNN）模型和 FNN+SVR 混合模型预测焊后残余应力。对比发现，FNN＋SVR 混合模型的预测性能最好，精度高于 96%。

采用有限元仿真得到的数据，Choobi 等[217] 建立了不同尺寸的薄板对接焊角变形的人工神经网络模型，实验验证该模型能准确预测单道焊引起的角变形。Yang 等[218] 采用人工神经网络，并结合弹性网络理论和遗传算法，确定了实现最小焊接变形时的机器人焊接路径，提高了焊接质量和效率。Lightfoot 等[219] 研究了两种不同等级钢板的焊接变形影响因素，对其进行了灵敏度分析，并构建了人工神经网络模型作为减少焊接变形的辅助工具。

Vilar 等[220] 对焊接区 X 射线图像进行图像处理，得到表征焊接缺陷的几何特征值，构建了基于人工神经网络的焊接缺陷自动分类模型。Yahia 等[221] 结合 X 射线成像无损检测技术，建立了多层感知器网络用于焊缝缺陷的识别和分类，从而实现对焊接过程的智能控制。针对奥氏体不锈钢电阻焊，Martín 等[222] 建立了人工神经网络模型实现对焊接点腐蚀的预测与控制。Carvalho 等[223] 采用漏磁检测法获得了管道焊接中三种缺陷的信号数据，以信号数据作为训练样本建立相应的人工神经网络模型，实现了对焊接缺陷（包括外部腐蚀、内部腐蚀、未焊透）的识别和分类，模型针对测试样本的分类准确率达 71.7%。

0.2.3.3 焊接区微观组织建模及优化

焊接接头的力学性能与接头区微观组织关系紧密。目前，智能建模技术也广泛用于焊缝区晶粒形貌、组成相含量等微观组织性能的建模和预测，其中针对焊缝区晶粒尺寸的研究较多。

Buffa 等[224]采用 Deform-3D 模拟 Ti-6Al-4V 钛合金的搅拌摩擦焊，得到了不同工艺参数下表征接头区微观硬度和微观组织的数据，建立了相应的人工神经网络模型，有效地提高了焊接工艺参数的设计效率并降低了成本。Fratini 等[225]建立了 AA6082-T6 和 AA7075-T6 两种型号铝合金的搅拌摩擦焊 FEM 模型，构建了相应的人工神经网络预测平均晶粒度，与解析模型和试验结果的对比显示预测精度较好。同时，Fratini 等[226]还对平板对接接头搅拌摩擦焊进行了数值仿真研究，基于仿真结果，以应变、应变率、温度、Zener-Hollomo 参数为输入量建立了人工神经网络，并将此 ANN 模型推广应用于 T 形和搭接接头焊后平均晶粒尺寸预测，试验结果表明 ANN 和 FEM 的混合模型可以有效地实现对给定材料搅拌摩擦焊后局部区微观组织的预测。Buffa 等[227]采用人工神经网络预测铝合金对接接头搅拌摩擦焊接头处的最终晶粒尺寸，并通过实验和显微观察验证，该 ANN 模型可用于指导制定焊接工艺参数。Patel 等[228]基于 ABAQUS 软件建立了元胞自动机有限元（CAFE）模型，仿真数据用于 ANN 模型的训练，其中焊速、旋转速度、轴向力和轴肩尺寸作为网络输入，晶粒尺寸及屈服强度为网络输出；经实验验证，该 CAFE+ANN 模型可以准确地实现焊接输入参数到屈服强度和晶粒尺寸之间的映射。Zhang 等[229]采用模糊神经网络研究了搅拌摩擦焊接 AA5083 铝合金的多个方面，包括接头力学性能、微观组织特征等；该模型可用于寻找最优工艺参数以取得最佳焊接质量。

0.2.3.4 文献调研结论

通过文献调研发现，大多数文献的思路均是在获得大量样本数据的基础上（有限元仿真数据或者实验采集数据），通过人工神经网络建立目标函数的预测模型。然后采用各种智能算法（遗传算法、粒子群算法、模拟退火算法等）进行焊接工艺参数的优化选择，最后通过实验对优化后的工艺参数进行验证，并与预测模型的结果进行对比。目前采用智能建模技术（人工神经网络、遗传算法、支持向量机、模糊逻辑等）针对不同类型的焊接工艺（气体保护焊、摩擦搅拌焊、激光焊），优化工艺参数以得到最佳接头力学性能的研究比较多，但绝大部分的研究都是基于简单的小型拉伸试件，而智能建模技术在焊接变形预测，尤其是针对大型工程结构件的实际应用还比较少，各类组合优化算法在焊接领域的研究还不够充分。因此，将智能建模技术、数值计算技术和实验方法相结合，对于拓展智能建模技术的应用范畴，解决焊接领域的若干传统难题仍具有重要意义。

0.2.4 异形截面环件冷辗成型技术研究现状

异形截面环件在工业领域的应用比矩形截面环件更广泛，然而目前对矩形截面环件的研究已形成较完备的理论和工艺体系[16]。针对异形截面环件的研究较少，下面主要从理论、实验和数值仿真角度介绍异形截面环件冷辗成型的研究现状。

0.2.4.1　异形环件冷辗成型的理论及实验研究

早期的研究工作以理论解析和实验为主，并且主要针对矩形截面环件，如Johnson[230-232]和Hawkyard等[233]于20世纪50年代开展的小型环件冷轧实验。异形截面环件的理论和实验研究工作晚于矩形截面环件。Mamalis等[234]首先采用滑移线法计算了T形截面环件冷辗过程中轧制力和力矩的分布。Hahn等[235,236]采用上限法建立了带矩形凸台的环件冷辗过程中辗扩力矩和截面变形的解析模型，进而将该解析方法推广到任意截面形状的环件，所建解析模型基本可以满足工程估算的要求。Ranatunga等[237]将复杂截面环件分解为三角形和矩形块体，采用改进的上限法研究了辗扩过程中的轧制力能参数和截面成型情况。在此基础上，周存龙等[238]将变形区分为三个单元块，采用上限法研究了L形截面环件冷辗成型时的力能参数。杨合等[239]采用理论解析的方法，研究了台阶形环件冷辗成型过程中半径扩大变形和压入量之间的关系。华林等[240-245]结合运动学、静力学和塑性变形理论，对台阶型截面环件冷辗成型的力学和几何学规律进行了探讨，研究了冷辗时的体积流动规律、毛坯设计方法、尺寸变化规律和轧制缺陷控制方法。左治江等[246-248]以6308深沟球轴向外圈为例，对单沟槽环件冷辗扩成型中的导向辊随动轨迹、外径增长规律、工艺参数设计方法进行了理论和实验研究。毛华杰等[249,250]通过锥形套圈冷辗实验研究，提出了一种圆锥滚子轴承套圈的对称轧制工艺。彭巍[251]对一种外梯形截面环件冷辗成型的变形规律进行了实验研究，并设计了相关工艺参数。文献［252］基于环件轧制理论和静力学原理对内、外槽型环件冷辗的咬入条件进行了研究，得到了满足槽型环件连续咬入条件的最大和最小进给速度。

在总结前人关于异形截面环件研究工作的基础上，钱东升[253]比较系统地研究了台阶型（外台阶、内台阶、内凸台）和沟槽型（内沟槽、外沟槽）这两大类异形截面环件冷辗过程中的咬入孔型机制和塑性锻透条件，建立了相应的冷轧力学条件和判据，为异形截面环件冷辗成型工艺提供了科学理论依据。

0.2.4.2　异形环件冷辗扩成型的数值仿真研究

随着计算机仿真技术的发展，越来越多的学者采用数值计算方法对异形截面环件冷辗成型进行研究。Yang[254]和Kim等[255]最早采用三维刚塑性有限元法模拟了T形截面环件的冷辗成型过程，仿真结果与实验数据吻合较好。Yea等[256]开发了环件冷辗有限元仿真程序SHAPE-RR，研究了T形环件冷辗扩过程中的宽展、压力分布和轧制力变化情况。Li等[257]建立了T形环件冷辗扩的三维弹塑性有限元模型，研究了材料性能、芯辊进给速度和主辊转速对成型的影响规律。Lim等[258]利用混合网格技术对V形截面环件的径轴向冷辗进行了数值模拟，运算时间节省了近70%。许思广等[259]采用三维刚塑性有限元法，对几种异形截面环件冷辗时的金属流动特点和应力应变分布规律进行了研究，探讨了力能参数、宽展变形随孔型的变化规律。Gong 等[260]基于 ABAQUS 软件研究了台阶锥形环件冷辗过程中的材料变形行为和等效塑性应变分布。Zhou 等[261]基于 DEFORM-3D 对 L 形截面环件的径轴向轧制进行刚塑性有限元仿真，模拟所得的外径增长数据与解析模型预测值相吻合。李兰云等[262]通过 T 形截面环件冷辗扩的有限元数值仿真，分析了工艺实施过程中环件的应力应变演变规律。袁海伦等[263]基于动力显示有限元程序 ANSYS/LS-DYNA，对斜 L 异形截面环件进行了虚拟轧制，优化了毛坯尺寸和工艺参数。华林等[264]基于 ABAQUS 软件研究了 L 形环件轧制孔型内的塑性锻透条件，分析了 L 形环件冷辗成型过程中的三种变形行为。袁银良等[265]建立了 L 形截面环件冷辗成型的三维弹塑性有限元模型，研究了进给速度对端面轴向宽展的影响规律。

国内武汉理工大学的华林团队在矩形截面环件冷辗研究成果的基础上，对异形截面件冷辗成型也进行了深入的研究，所研究的异形环件包括双球面截面件[266]、外台阶形截面环件[267]、内台阶锥形截面环件[268]、圆锥形环件[269]和沟球型环件[270]等类型。研究范围涵盖冷辗成型力学变形规律、工艺参数设计规范、数值计算方法、冷辗设备研发等，取得了一系列丰富的研究成果，为构建关于异形截面环件冷轧成型的理论和工艺体系奠定了基础。目前研究工作正向着大型特种材质环件的径轴向热轧成型领域进展[271-275]。

0.2.4.3 异形环件冷辗扩成型文献调研结论

通过文献调研发现，目前针对矩形截面环件轧制成型，无论是冷轧和热轧工艺都进行了深入的研究，且实际生产也比较成熟。而异形截面环件冷辗成型的研究较少且不深入，早期的研究工作以理论解析为主，如采用滑移线法、上限法和主应力法研究异形件冷辗轧制力和轧制力矩，但精度往往不高；早期的数值仿真研究大多通过研究者自主开发有限元程序模拟异形环件的冷辗过程，但这要求研究者有较强的程序开发能力。随着计算机运算性能的提升和大型商业有限元软件的出现，针对不同截面形状的环件冷辗扩数值计算研究能以较方便的形式进行，但这些研究很多侧重于数值计算方法的改进，如网格划分策略、计算效率提升等；或是偏重于工艺参数影响规律的研究。由于高昂的实验成本和专用冷辗成型设备的限制，单纯的实验研究工作很少进行，大多是作为数值仿真模型的验证。这就造成了研究侧重点比较分散，基础理论体系不够完善。因此，针对特定的异形截面环件，开发相应的数值计算模型，并建立一套适合于工程应用的从前期工艺参数设计到后期环件冷辗生产的工艺方案很有必要。

0.3 本书主要工作及创新点

本书主要研究典型金属构件加工工艺（涉及金属构件微尺度铸轧直接成型、

焊接和环件冷轧）的数值计算方法，建立定量化的数值模型，探索工艺实施过程中的物理力学机制和参数影响规律，以实现金属构件加工过程的模型化和精确化，更加科学合理地指导实际生产。主要研究工作包括：基于有限体积法，建立金属构件微尺度铸轧直接成型的数值计算模型，研究其温度场、流动场的分布，凝固界面演变行为和参数影响规律；研究大型磨辊硬面堆焊的数值计算方法，建立关于磨辊堆焊再制造和复合制造的数值计算模型；研究智能建模技术在焊接领域的应用，建立关于焊缝尺寸、焊接变形和固有变形的智能预报模型，并分析比较其预测性能；建立双沟环件冷辗成型的三维弹塑性数值模型，提出适合双沟截面环件冷辗生产的理论-仿真工艺方案。

研究工作的主要创新点概括如下：首次提出了金属构件微尺度铸轧成型的数值计算方法，得到了高温度梯度下的凝固界面演变行为及参数影响规律，首次通过试验验证了该工艺实施的可行性；基于热循环曲线法，首次提出了一种用于实现大型磨辊硬面堆焊再制造和复合制造的数值计算方法；基于热弹塑性法和固有变形理论，首次建立了 T 形接头固有变形的 BP 神经网络模型和 SVM 预测模型，并成功应用于 4800TEU 集装箱船双层底分段及广州明珠湾大桥正交异性钢桥面板的焊接变形预报；提出了一种用于双沟截面环件冷辗成型的理论分析+数值计算的工艺设计方案，并成功应用于 4206 型轴承外圈的环轧实验。

参 考 文 献

[1] 毛卫民. 金属材料成型与加工 [M]. 北京：清华大学出版社，2008.

[2] 李涤尘，贺健康，田小永，等. 增材制造：实现宏微结构一体化制造 [J]. 机械工程学报，2013, 49（6）：129-135.

[3] 杨合，詹梅. 材料加工过程实验建模方法 [M]. 西安：西北工业大学出版社，2008.

[4] 盖登宇，李鸿，马旭梁. 材料加工过程的建模与数值分析 [M]. 西安：西北工业大学出版社，2009.

[5] 钱应平，黄菊华，张海鸥. 金属零件的直接无模近终成形技术 [J]. 机械设计与制造，2008（11）：121-123.

[6] Murr L E, Gaytan S M, Ramirez D A, et al. Metal fabrication by additive manufacturing using laser and electron beam melting technologies [J]. Journal of Materials Science & Technology, 2012, 28（1）：1-14.

[7] Gibson I, Rosen D W, Stucker B. Additive manufacturing technologies [M]. New York：Springer, 2010.

[8] 陈光南，李正阳，彭青，等. 金属构件移动微压铸成型方法：中国，CN201310139419.0 [P]. 2013-04-22.

[9] 王新洪，邹增大，曲仕尧，等. 表面熔融凝固强化技术：热喷涂与堆焊技术 [M]. 北京：化学工业出版社，2005.

[10] 刘振英. 水泥工业立磨磨辊/磨盘硬面堆焊技术探讨 [C] // 2009 全国水泥立磨技术和

装备研讨会文集，2009：74-77.

[11] 胡邦喜，莽克伦，王静洁，等. 堆焊技术在国内石化，冶金行业机械设备维修中的应用 [J]. 中国表面工程，2006，19（3）：4-8.

[12] 湛金辉. 耐磨堆焊层疲劳失效分析的研究 [D]. 长春：吉林大学，2013.

[13] 李晓延，武传松，李午申. 中国焊接制造领域学科发展研究 [J]. 机械工程学报，2012，48（6）：20-31.

[14] 田亮，罗宇. 软计算方法在焊接数学建模和参数优化中的应用 [J]. 热加工工艺，2013，42（9）：198-200.

[15] Pratihar D K. Soft Computing [M]. Oxford：Alpha Science Intl Ltd，2008.

[16] 华林，黄兴高，朱春东. 环件轧制理论和技术 [M]. 北京：机械工业出版社，2001.

[17] 余文焘，欧阳鸿武，杨家林，等. 粉末选区激光烧结——一种新型粉末冶金成形技术 [J]. 稀有金属，2006，30（12）：80-83.

[18] Ahn D G. Applications of laser assisted metal rapid tooling process to manufacture of molding & forming tools-state of the art [J]. International Journal of Precision Engineering and Manufacturing，2011，12（5）：925-938.

[19] Sudarmadji N, Tan J Y, Leong K F, et al. Investigation of the mechanical properties and porosity relationships in selective laser-sintered polyhedral for functionally graded scaffolds [J]. Acta Biomaterialia，2011，7（2）：530-537.

[20] Zhao J, Li Y, Zhang J, et al. Analysis of the wear characteristics of an EDM electrode made by selective laser sintering [J]. Journal of Materials Processing Technology，2003，138（1）：475-478.

[21] Xie F, He X, Cao S, et al. Structural and mechanical characteristics of porous 316L stainless steel fabricated by indirect selective laser sintering [J]. Journal of Materials Processing Technology，2013，213（6）：838-843.

[22] Engel B, Bourell D L. Titanium alloy powder preparation for selective laser sintering [J]. Rapid Prototyping Journal，2000，6（2）：97-106.

[23] Martin C, Sasutil J V, Kouhkan M, et al. Comparative analysis of different methods of rapid tooling [C]//Materials Science Forum，2005，475：2873-2876.

[24] Gu D, Shen Y. Effects of processing parameters on consolidation and microstructure of W-Cu components by DMLS [J]. Journal of Alloys and Compounds，2009，473（1）：107-115.

[25] Gu D, Shen Y, Lu Z. Microstructural characteristics and formation mechanism of direct laser-sintered Cu-based alloys reinforced with Ni particles [J]. Materials & Design，2009，30（6）：2099-2107.

[26] Kruth J P, Froyen L, Van Vaerenbergh J, et al. Selective laser melting of iron-based powder [J]. Journal of Materials Processing Technology，2004，149（1）：616-622.

[27] Gu D, Shen Y. Balling phenomena in direct laser sintering of stainless steel powder：Metallurgical mechanisms and control methods [J]. Materials & Design，2009，30（8）：2903-2910.

[28] Simchi A, Petzoldt F, Pohl H. On the development of direct metal laser sintering for rapid tooling [J]. Journal of Materials Processing Technology, 2003, 141 (3): 319-328.

[29] Santos E C, Shiomi M, Osakada K, et al. Rapid manufacturing of metal components by laser forming [J]. International Journal of Machine Tools and Manufacture, 2006, 46 (12): 1459-1468.

[30] Bremen S, Meiners W, Diatlov A. Selective laser melting [J]. Laser Technik Journal, 2012, 9 (2): 33-38.

[31] Yadroitsev I, Shishkovsky I, Bertrand P, et al. Manufacturing of fine-structured 3D porous filter elements by selective laser melting [J]. Applied Surface Science, 2009, 255 (10): 5523-5527.

[32] Vandenbroucke B, Kruth J P. Selective laser melting of biocompatible metals for rapid manufacturing of medical parts [J]. Rapid Prototyping Journal, 2007, 13 (4): 196-203.

[33] Pattanayak D K, Fukuda A, Matsushita T, et al. Bioactive Ti metal analogous to human cancellous bone: Fabrication by selective laser melting and chemical treatments [J]. Acta Biomaterialia, 2011, 7 (3): 1398-1406.

[34] Aufa A N, Mohamad Z H, Zarini I. Recent advances in Ti-6Al-4V additively manufactured by selective laser melting for biomedical implants: Prospect development [J]. Journal of Alloys and Compounds, 2022, 896: 163072.

[35] Mumtaz K A, Hopkinson N. Selective laser melting of thin wall parts using pulse shaping [J]. Journal of Materials Processing Technology, 2010, 210 (2): 279-287.

[36] Clare A T, Chalker P R, Davies S, et al. Selective laser melting of high aspect ratio 3D nickel-titanium structures two way trained for MEMS applications [J]. International Journal of Mechanics and Materials in Design, 2008, 4 (2): 181-187.

[37] Morgan R, Sutcliffe C J, O′neill W. Density analysis of direct metal laser re-melted 316L stainless steel cubic primitives [J]. Journal of Materials Science, 2004, 39 (4): 1195-1205.

[38] Badrossamay M, Childs T H C. Further studies in selective laser melting of stainless and tool steel powders [J]. International Journal of Machine Tools and Manufacture, 2007, 47 (5): 779-784.

[39] 鲁中良, 史玉升, 刘锦辉, 等. Fe-Ni-C 合金粉末选择性激光熔化成形 [J]. 华中科技大学学报 (自然科学版), 2007, 35 (8): 93-96.

[40] Wu W H, Yang Y Q, Hang Y L. Direct manufacturing of Cu-based alloy parts by selective laser melting [J]. Chinese Optics Letters, 2007, 5 (1): 37-40.

[41] Thijs L, Verhaeghe F, Craeghs T, et al. A study of the microstructural evolution during selective laser melting of Ti-6Al-4V [J]. Acta Materialia, 2010, 58 (9): 3303-3312.

[42] 王迪, 杨永强, 黄延禄, 等. 选区激光熔化直接成型金属零件致密度的改善 [J]. 华南理工大学学报: 自然科学版, 2010, 38 (6): 107-111.

[43] Yang Y Q. Accuracy and density optimization in directly fabricating customized orthodontic production by selective laser melting [J]. Rapid Prototyping Journal, 2012, 18: 482-489.

［44］ Yadroitsev I, Bertrand P, Smurov I. Parametric analysis of the selective laser melting process ［J］. Applied Surface Science, 2007, 253 (19): 8064-8069.

［45］ Zaeh M F, Branner G. Investigations on residual stresses and deformations in selective laser melting ［J］. Production Engineering, 2010, 4 (1): 35-45.

［46］ Mercelis P, Kruth J P. Residual stresses in selective laser sintering and selective laser melting ［J］. Rapid Prototyping Journal, 2006, 12 (5): 254-265.

［47］ Thijs L, Verhaeghe F, Craeghs T, et al. A study of the microstructural evolution during selective laser melting of Ti-6Al-4V ［J］. Acta Materialia, 2010, 58 (9): 3303-3312.

［48］ Clare A T, Chalker P R, Davies S, et al. Selective laser melting of high aspect ratio 3D nickel-titanium structures two way trained for MEMS applications ［J］. International Journal of Mechanics and Materials in Design, 2008, 4 (2): 181-187.

［49］ Santos E C, Osakada K, Shiomi M, et al. Microstructure and mechanical properties of pure titanium models fabricated by selective laser melting ［J］. Proceedings of the Institution of Mechanical Engineers, Part C: Journal of Mechanical Engineering Science, 2004, 218 (7): 711-719.

［50］ Abe F, Santos E C, Kitamura Y, et al. Influence of forming conditions on the titanium model in rapid prototyping with the selective laser melting process ［J］. Proceedings of the Institution of Mechanical Engineers, Part C: Journal of Mechanical Engineering Science, 2003, 217 (1): 119-126.

［51］ Santos E, Abe F, Kitamura Y, et al. Mechanical properties of pure titanium models processed by selective laser melting ［C］//Proceedings of the Solid Freeform Fabrication Symposium, Austin, TX, 2002: 180-186.

［52］ 何兴容, 杨永强, 吴伟辉, 等. 选区激光熔化快速制造个性化不锈钢股骨植入体研究 ［J］. 应用激光, 2009 (4): 294-297.

［53］ 吴伟辉, 杨永强, 何兴容, 等. 金属质个性化手术模板的全数字化快速设计及制造 ［J］. 光学精密工程, 2010, 18 (5): 1135-1143.

［54］ 杨永强, 刘洋, 宋长辉. 金属零件 3D 打印技术现状及研究进展 ［J］. 机电工程技术, 2013, 42 (4): 1-8.

［55］ Keicher D M, Miller W D, Smugeresky J E, et al. Laser engineered net shaping (LENS): beyond rapid prototyping to direct fabrication ［C］//Proceedings of the 1998 TMS Annual Meeting, 1998: 369-377.

［56］ Schlienger E, Dimos D, Griffith M, et al. Near net shape production of metal components using LENS ［R］. Sandia National Labs., Albuquerque, NM (United States), 1998.

［57］ Ensz M T, Griffith M L, Reckaway D E. Critical issues for functionally graded material deposition by laser engineered net shaping (LENS)［C］//Proceedings of the 2002 MPIF Laser Metal Deposition Conference, TX, 2002.

［58］ Richard Mah. Directed Light Fabrication ［J］. Advanced Materials & Process, 1997, 151 (3): 31-33.

[59] Keicher D M, Smugeresky J E, Puskar J D. Using the Laser Engineered Net Shaping (LENS) Process to Produce Complex Components from a CAD Solid model [J]. SPIE, 1997, 2993: 91-97.

[60] 杨健, 黄卫东. 激光直接制造技术及其在飞机上的应用 [J]. 航空制造技术, 2009, 7: 6.

[61] Atwood C, Ensz M, Greene D, et al. Laser engineered net shaping (LENS (TM)): A tool for direct fabrication of metal parts [R]. Sandia National Laboratories, Albuquerque, NM, and Livermore, CA, 1998.

[62] 王华明, 张述泉, 王向明. 大型钛合金结构件激光直接制造的进展与挑战 (邀请论文) [J]. 中国激光, 2009, 36 (12): 3204-3209.

[63] 王华明. 金属材料激光表面改性与高性能金属零件激光快速成形技术研究进展 [J]. 航空学报, 2002, 23 (5): 473-478.

[64] Liu W, DuPont J N. Fabrication of functionally graded TiC/Ti composites by laser engineered net shaping [J]. Scripta Materialia, 2003, 48 (9): 1337-1342.

[65] Griffith M L, Ensz M T, Puskar J D, et al. Understanding the microstructure and properties of components fabricated by laser engineered net shaping (LENS) [C]//MRS Proceedings. Cambridge: Cambridge University Press, 2000, 625 (1).

[66] Zheng B, Zhou Y, Smugeresky J E, et al. Thermal behavior and microstructural evolution during laser deposition with laser-engineered net shaping: Part I. Numerical calculations [J]. Metallurgical and Materials Transactions A, 2008, 39 (9): 2228-2236.

[67] Zheng B, Zhou Y, Smugeresky J E, et al. Thermal behavior and microstructure evolution during laser deposition with laser-engineered net shaping: Part II. Experimental investigation and discussion [J]. Metallurgical and Materials Transactions A, 2008, 39 (9): 2237-2245.

[68] Hofmeister W, Griffith M. Solidification in direct metal deposition by LENS processing [J]. JOM, 2001, 53 (9): 30-34.

[69] Zhang H, Xu J, Wang G. Fundamental study on plasma deposition manufacturing [J]. Surface and Coatings Technology, 2002, 171 (1): 112-118.

[70] 张海鸥, 徐继彭, 王桂兰. 等离子熔积直接快速制造金属原型技术 [J]. 中国机械工程, 2003, 14 (12): 1077-1079.

[71] 张海鸥, 吴红军, 王桂兰, 等. 等离子熔积直接成形高温合金件组织结构研究 [J]. 华中科技大学学报: 自然科学版, 2005, 33 (1): 54-56.

[72] 王宇国. 等离子熔积快速成形控制与检测设备研究 [D]. 武汉: 华中科技大学, 2007.

[73] Zhang H O, Kong F R, Wang G L, et al. Numerical simulation of multiphase transient field during plasma deposition manufacturing [J]. Journal of Applied Physics, 2006, 100 (12): 123522-123522-9.

[74] Xiong X, Zhang H, Wang G. Metal direct prototyping by using hybrid plasma deposition and milling [J]. Journal of Materials Processing Technology, 2009, 209 (1): 124-130.

[75] Xiong X H, Zhang H O, Wang G L, et al. Hybrid plasma deposition and milling for an aeroengine double helix integral impeller made of superalloy [J]. Robotics and Computer-

Integrated Manufacturing, 2010, 26（4）：291-295.

［76］ 王桂兰，王庆，王湘平，等．梯度功能材料等离子熔积成形过程的 Level-Set 方法模拟
　　　［J］．焊接学报，2012, 33（11）：1-4.

［77］ 黄永军，张海鸥，王桂兰，等．金属模具的等离子熔积直接成形及精整加工［J］．航空制
　　　造技术，2004（8）：93-95.

［78］ 张海鸥，熊新红，王桂兰．等离子熔积/铣削复合直接制造高温合金双螺旋整体叶轮
　　　［J］．中国机械工程，2007, 18（14）：1723-1726.

［79］ 张海鸥，王超，胡帮友，等．金属零件直接快速制造技术及发展趋势［J］．航空制造技
　　　术，2010, 8：9.

［80］ Arcam AB（Monlndal, SE）. Arrangement and method for producing a three-dimensional
　　　product：US, 2006157454［P］. 2006.

［81］ Arcam AB（Monlndal, SE）. Arrangement and method for producing of a three-dimensional
　　　object：US, 2006145381［P］. 2006.

［82］ Arcam AB（Monlndal, SE）. Arrangement for production of a three dimensional object：CN,
　　　1729068［P］. 2006.

［83］ Parthasarathy J, Starly B, Raman S, et al. Mechanical evaluation of porous titanium
　　　（Ti6Al4V）structures with electron beam melting（EBM）［J］. Journal of the Mechanical
　　　Behavior of Biomedical Materials, 2010, 3（3）：249-259.

［84］ 齐海波，林峰，颜永年，等．316L 不锈钢粉末的电子束选区熔化成形［J］．清华大学学
　　　报（自然科学版），2007, 47（11）：1941-1944.

［85］ Cormier D, Harrysson O, West H. Characterization of H13 steel produced via electron beam
　　　melting［J］. Rapid Prototyping Journal, 2004, 10（1）：35-41.

［86］ Gaytan S M, Murr L E, Martinez E, et al. Comparison of microstructures and mechanical
　　　properties for solid and mesh cobalt-base alloy prototypes fabricated by electron beam melting
　　　［J］. Metallurgical and Materials Transactions A, 2010, 41（12）：3216-3227.

［87］ Strondl A, Fischer R, Frommeyer G, et al. Investigations of MX and γ'/γ'' precipitates in the
　　　nickel-based superalloy 718 produced by electron beam melting［J］. Materials Science and
　　　Engineering：A, 2008, 480（1）：138-147.

［88］ Haslauer C M, Springer J C, Harrysson O L A, et al. In vitro biocompatibility of titanium alloy
　　　discs made using direct metal fabrication［J］. Medical Engineering & Physics, 2010, 32（6）：
　　　645-652.

［89］ Heinl P, Rottmair A, Körner C, et al. Cellular titanium by selective electron beam melting［J］.
　　　Advanced Engineering Materials, 2007, 9（5）：360-364.

［90］ 闫占功．电子束选区熔化成型系统研制［D］．北京：清华大学，2005.

［91］ 陈云霞．扫描电子束三维成型的研究［D］．上海：上海交通大学，2010.

［92］ Li X, Wang C, Zhang W, et al. Fabrication and characterization of porous Ti6Al4V parts for
　　　biomedical applications using electron beam melting process［J］. Materials Letters, 2009, 63
　　　（3）：403-405.

［93］Matz J E, Eagar T W. Carbide formation in alloy 718 during Electron- Beam Solid Freeform Fabrication ［J］. Metallurgical and Materials Transaction A, 2002, 33A（8）: 2559-2567.

［94］Edward H. Glaessgen, Gregory A. Schoeppner. materials ［J］. Aerospace America, 2006, 12: 76-77.

［95］Hafley R A, Taminger K M B, Bird R K. Electron beam freeform fabrication in the space environment ［CA］. 45th AIAA Aerospace Sciences Meeting, United States, 2007.

［96］颜永年, 齐海波, 林峰, 等. 三维金属零件的电子束选区熔化成形 ［J］. 机械工程学报, 2007, 43（6）: 87-92.

［97］周龙早, 刘顺洪, 丁冬平. 基于三维焊接熔敷的快速成形技术 ［J］. 电加工与模具, 2004, 4: 1-6.

［98］向永华, 吕耀辉, 徐滨士, 等. 基于三维焊接熔覆的快速成形技术及其系统的发展 ［J］. 焊接技术, 2009, 7（38）: 1-4.

［99］Wang H, Jiang W, Ouyang J, et al. Rapid prototyping of 4043 Al-alloy parts by VP-GTAW ［J］. Journal of Materials Processing Technology, 2004, 148（1）: 93-102.

［100］Waheed U H S, Li L. Effects of wire feeding direction and location in multiple layer diode laser direct metal deposition ［J］. Applied Surface Science, 2005（248）: 518-524.

［101］Ribeiro A F, Norrish J. Case study of rapid prototyping using robot welding: 'square to round' shape ［C］. 27th International Symposium on Industrial Robotics, Milan, Italy, 1996, 10: 6-8.

［102］Zhang Y M, Chen Y, Li P, et al. Weld deposition-based rapid prototyping: A preliminary study ［J］. Journal of Materials Processing Technology, 2003, 135（2）: 347-357.

［103］Jandric Z, Labudovic M, Kovacevic R. Effect of heat sink on microstructure of three-dimensional parts built by welding-based deposition ［J］. International Journal of Machine Tools & Manufacture, 2004（44）: 785-796.

［104］Song Y A, Park S Y, Choi D S, et al. 3D welding and milling: Part I -A direct approach for freeform fabrication of metallic prototypes ［J］. International Journal of Machine Tools & Manufacture, 2005（45）: 1057-1062.

［105］Choi D S, Lee S H, Shin B S, et al. Development of a direct metal freeform fabrication technique using CO_2 laser welding and milling technology ［J］. Journal of Materials Processing Technology, 2001, 113（1）: 273-279.

［106］Yang S Y, Han M W, Wang Q L. Development of a welding system for 3D steel rapid prototyping process ［J］. China Welding, 2001, 10（10）: 50-56.

［107］胡晓冬, 赵万华. 直接金属成形系统设计与开发 ［J］. 机床与液压, 2006, 2: 15-18.

［108］周龙早, 刘顺洪, 丁冬平, 等. 基于三维焊接的金属零件直接快速制造研究 ［J］. 中国机械工程, 2006, 17（24）: 2622-2627.

［109］Spencer J D, Dickens P M, Wykes C M. Rapid prototyping of metal parts by three-dimensional welding ［J］. Journal of Engineering Manufacture, 1998, 1212（3）: 175-182.

［110］Ribeiro A F, Norrish J. Making compoents with controlled metal deposition ［C］//

International Symposium on Industrial Electronics，1997，3：831-835.

［111］Knight H. Fast parts breakthrough［J］. The Engineer，2003，2：20.

［112］Kirihara S，Miyamoto Y，Horii T，et al. Development of freeform fabrication of metals by three diminsional micro-welding［J］. Solid State Phenomena，2007，127：189-194.

［113］Terakubo M，Oh J，Kirihara S，et al. Freeform fabrication of Ti-Ni and Ti-Fe intermetallic alloys by 3D micro welding［J］. Intermetallics，2007，15（2）：133-138.

［114］Katou M，Oh Janghwan，Miyamoto Y，et al. Freeform fabrication of titanium metal and intermetallic alloys by three-dimensional micro welding［J］. Materials & Design，2007，28（7）：2093-2098.

［115］黄菲，杨方，罗俊，等. 均匀金属液滴喷射微制造技术的研究现状［J］. 机械科学与技术，2012，31（1）：38-43.

［116］Orme M，Liu Q，Smith R. Molten aluminum micro-droplet formation and deposition for advanced manufacturing applications［J］. Aluminum Transactions，2000，3（1）：95-103.

［117］Chao Y，Qi L，Xiao Y，et al. Manufacturing of micro thin-walled metal parts by micro-droplet deposition［J］. Journal of Materials Processing Technology，2012，212（2）：484-491.

［118］Zeng X H，Qi L H，Huang H，et al. Experimental research of pneumatic drop-on-demand high temperature droplet deposition for rapid prototyping［J］. Key Engineering Materials，2010，419：405-408.

［119］Passow C H. A study of spray forming using uniform droplet sprays［D］. Boston：Massachusetts Institute of Technology，1992.

［120］Escure C，Vardelle M，Fauchais P. Experimental and theoretical study of the impact of alumina droplets on cold and hot substrates［J］. Plasma Chemistry and Plasma Processing，2003，23（2）：185-221.

［121］Christoulis D K，Pantelis D I，De Dave-Fabrègue N，et al. Effect of substrate temperature and roughness on the solidification of copper plasma sprayed droplets［J］. Materials Science and Engineering：A，2008，485（1）：119-129.

［122］Li H，Wang P，Qi L，et al. 3D numerical simulation of successive deposition of uniform molten Al droplets on a moving substrate and experimental validation［J］. Computational Materials Science，2012，65：291-301.

［123］Qi L H，Luo J，Zhou J M，et al. Predication and measurement of deflected trajectory and temperature history of uniform metal droplets in microstructures fabrication［J］. The International Journal of Advanced Manufacturing Technology，2011，55（9-12）：997-1006.

［124］曾祥辉，齐乐华，蒋小珊，等. 金属熔滴与基板碰撞变形的数值模拟［J］. 哈尔滨工业大学学报，2011，43（3）：70-74.

［125］Hayes D J，Cox W R，Wallace D B. Printing systems for MEMS packaging［C］// Micromachining and Microfabrication. International Society for Optics and Photonics，2001：206-214.

［126］Wallace D B，Hayes D J. Solder jet technology update［J］. International Journal of

Microcircuits and Electronic Packaging, 1998, 21 (1) : 73-77.

［127］ Sachs E M, Haggerty J S, Cima M J, et al. Three-dimensional printing techniques: US, 5204055 ［P］. 1993-4-20.

［128］ Sachs E, Cima M, Cornie J. Three-dimensional printing: Rapid tooling and prototypes directly from a CAD model ［J］. CIRP Annals-Manufacturing Technology, 1990, 39 (1): 201-204.

［129］ Sachs E, Wylonis E, Allen S, et al. Production of injection molding tooling with conformal cooling channels using the three dimensional printing process ［J］. Polymer Engineering & Science, 2000, 40 (5): 1232-1247.

［130］ Melican M C, Zimmerman M C, Dhillon M S, et al. Three-dimensional printing and porous metallic surfaces: A new orthopedic application ［J］. Journal of Biomedical Materials Research, 2001, 55 (2): 194-202.

［131］ Lu K, Reynolds W T. 3DP process for fine mesh structure printing ［J］. Powder Technology, 2008, 187 (1): 11-18.

［132］ Hong S B, Eliaz N, Sachs E M, et al. Corrosion behavior of advanced titanium-based alloys made by three-dimensional printing (3DPTM) for biomedical applications ［J］. Corrosion Science, 2001, 43 (9): 1781-1791.

［133］ Liu J, Rynerson M. Method for article fabrication using carbohydrate binder: US, 6585930 ［P］. 2003.

［134］ Liu J, Rynerson M. Blended powder solid-supersolidus liquid phase sintering. US, 7070734 ［P］. 2006.

［135］ Lorenz A M, Sachs E M, Allen S M. Techniques for infiltration of a powder metal skeleton by a similar alloy with melting point depressed: US, 6719948 ［P］. 2004.

［136］ Sachs E M, Hadjiloucas C, Allen S, et al. Metal and ceramic containing parts produced from powder using binders derived from salt: US, 6508980 ［P］. 2003.

［137］ Corporation Z. Three-dimensional printer: US, 7037382 ［P］. 2006-05-02.

［138］ 3D Systems, Inc. Gas bubble removal from ink-jet dispensing devices: US, 7118206 ［P］. 2006-10-10.

［139］ 杨小玲, 周天瑞. 三维打印快速成形技术及其应用 ［J］. 浙江科技学院学报, 2009, 21 (3): 186-189.

［140］ 伍咏晖, 李爱平, 张曙. 三维打印成形技术的新进展 ［J］. 机械制造, 2005, 43 (12): 62-64.

［141］ Melican M C, Zimmerman M C, Dhillon M S, et al. Three-dimensional printing and porous metallic surfaces: A new orthopedic application ［J］. Journal of Biomedical Materials Research, 2001, 55 (2): 194-202.

［142］ Hong S B, Eliaz N, Sachs E M, et al. Corrosion behavior of advanced titanium-based alloys made by three-dimensional printing (3DPTM) for biomedical applications ［J］. Corrosion Science, 2001, 43 (9): 1781-1791.

［143］ Setti L, Fraleoni-Morgera A, Ballarin B, et al. An amperometric glucose biosensor prototype fabricated by thermal inkjet printing ［J］. Biosensors and Bioelectronics, 2005, 20 （10）: 2019-2026.

［144］ Crump S S. Apparatus and method for creating three-dimensional objects: US, 5121329 ［P］. 1992-6-9.

［145］ Masood S H. Intelligent rapid prototyping with fused deposition modelling ［J］. Rapid Prototyp, 1996, 2 （1）: 24-32.

［146］ Finke S, Feenstra F K. Solid freeform fabrication by extrusion and deposition of semi-solid alloys ［J］. Journal of Materials Science, 2002, 37 （15）: 3101-3106.

［147］ Rice C S, Mendez P F, Brown S B. Metal solid freeform fabrication using semi-solid slurries ［J］. JOM, 2000, 52 （12）: 31-33.

［148］ Masood S H, Song W Q. Development of new metal/polymer materials for rapid tooling using fused deposition modelling ［J］. Materials & Design, 2004, 25 （7）: 587-594.

［149］ Nikzad M, Masood S H, Sbarski I. Thermo-mechanical properties of a highly filled polymeric composites for Fused Deposition Modeling ［J］. Materials & Design, 2011, 32 （6）: 3448-3456.

［150］ Masood S H, Song W Q. Dynamic mechanical thermal properties of a new metal/polymer composite for fused deposition modelling process ［C］//Materials Science Forum, 2007, 561: 795-798.

［151］ Mostafa N, Syed H M, Igor S, et al. A study of melt flow analysis of an ABS-Iron composite in fused deposition modelling process ［J］. Tsinghua Science & Technology, 2009, 14: 29-37.

［152］ Chua C K, Teh S H, Gay R K L. Rapid prototyping versus virtual prototyping in product design and manufacturing ［J］. The International Journal of Advanced Manufacturing Technology, 1999, 15 （8）: 597-603.

［153］ Zein I, Hutmacher D W, Tan K C, et al. Fused deposition modeling of novel scaffold architectures for tissue engineering applications ［J］. Biomaterials, 2002, 23 （4）: 1169-1185.

［154］ Wu G, A Langrana N, Sadanji R, et al. Solid freeform fabrication of metal components using fused deposition of metals ［J］. Materials & Design, 2002, 23 （1）: 97-105.

［155］ Greul M, Pintat T, Greulich M. Rapid prototyping of functional metallic parts ［J］. Computers in Industry, 1995, 28 （1）: 23-28.

［156］ Merz R, Prinz F B, Ramaswami K, et al. Shape deposition manufacturing ［M］. Pennsylvania: Engineering Design Research Center, Carnegie Mellon Univ. , 1994.

［157］ Weiss L E, Mer Z R. Shape Deposition manufacturing of heterogeneous structure ［J］. Journal of Manufacturing Systems, 1997, 16 （4）: 239-248.

［158］ Jakubeas K J, Sanchez J M, Marcus H L. Multiple material solid freeform fabrication by selective area laser deposition ［J］. Material Design, 1998, 19: 11-18.

［159］ 赵阳培, 黄因慧, 刘志东, 等. 基于快速成型技术的射流电铸实验研究 ［J］. 机械科学与技术, 2004, 2 （12）: 1447-1449.

[160] White D. Ultrasonic consolidation [J]. Appliance Manufacturer, 2002, 50 (9): 22-24.

[161] 范晖. 金属零件叠层模板电沉积成形的基础研究 [D]. 南京: 南京航空航天大学, 2009.

[162] 王华明. 航空高性能金属结构件激光快速成形研究进展 [J]. 航空制造技术, 2005, 12: 26-28.

[163] 王华明, 张述泉, 汤海波, 等. 大型钛合金结构激光快速成形技术研究进展 [J]. 航空精密制造技术, 2008, 44 (6): 28-30.

[164] 田亮, 刘振英, 罗宇. 面向再制造的硬面堆焊技术研究现状和展望 [J]. 电焊机, 2015, 2 (45): 11-15.

[165] Puli R, Janaki Ram G. Wear and corrosion performance of AISI 410 martensitic stainless steel coatings produced using friction surfacing and manual metal arc welding [J]. Surface and Coatings Technology, 2012, 209: 1-7.

[166] Deng H X, Shi H J, Tsuruoka S, et al. Influence of welding technique and temperature on fatigue properties of steel deposited with Co-based alloy hardfacing coating [J]. International Journal of Fatigue, 2012, 35 (1): 63-70.

[167] Amushahi M, Ashrafizadeh F, Shamanian M. Characterization of boride-rich hardfacing on carbon steel by arc spray and GMAW processes [J]. Surface and Coatings Technology, 2010, 204 (16): 2723-2728.

[168] Buchanan V, Mccartney D, Shipway P. A comparison of the abrasive wear behaviour of iron-chromium based hardfaced coatings deposited by SMAW and electric arc spraying [J]. Wear, 2008, 264 (7): 542-549.

[169] Gholipour A, Shamanian M, Ashrafizadeh F. Microstructure and wear behavior of stellite 6 cladding on 17-4 PH stainless steel [J]. Journal of Alloys and Compounds, 2011, 509 (14): 4905-4909.

[170] Liyanage T, Fisher G, Gerlich A. Microstructures and abrasive wear performance of PTAW deposited Ni-WC overlays using different Ni-alloy chemistries [J]. Wear, 2012, 274: 345-354.

[171] Chen G Q, Fu X S, Wei Y H, et al. Microstructure and Wear Properties of Nickel-based Surfacing Deposited by Plasma Transferred Arc Welding [J]. Surface and Coatings Technology, 2013, 228: 276-282.

[172] Badisch E, Kirchgaßner M. Influence of welding parameters on microstructure and wear behaviour of a typical NiCrBSi hardfacing alloy reinforced with tungsten carbide [J]. Surface and Coatings Technology, 2008, 202 (24): 6016-6022.

[173] Chatterjee S, Pal T. Weld procedural effect on the performance of iron based hardfacing deposits on cast iron substrate [J]. Journal of Materials Processing Technology, 2006, 173 (1): 61-69.

[174] Baldridge T, Poling G, Foroozmehr E, et al. Laser cladding of Inconel 690 on Inconel 600 superalloy for corrosion protection in nuclear applications [J]. Optics and Lasers in

Engineering, 2013, 51: 180-184.

[175] Govardhan D, Kumar A, Murti K, et al. Characterization of austenitic stainless steel friction surfaced deposit over low carbon steel [J]. Materials & Design, 2012, 36: 206-214.

[176] Balakrishnan M, Balasubramanian V, Madhusudhan Reddy G. Effect of hardfaced interlayer thickness on ballistic performance of armour steel welds [J]. Materials & Design, 2013, 44: 59-68.

[177] Kesavan D, Kamaraj M. Influence of aging treatment on microstructure, wear and corrosion behavior of a nickel base hardfaced coating [J]. Wear, 2011, 272 (1): 7-17.

[178] Lo I, Tsai W T. Effect of heat treatment on the precipitation and pitting corrosion behavior of 347 SS weld overlay [J]. Materials Science and Engineering: A, 2003, 355 (1): 137-143.

[179] Zhou Y, Yang Y, Jiang Y, et al. Fe-24wt.%Cr-4.1wt.%C hardfacing alloy: Microstructure and carbide refinement mechanisms with ceria additive [J]. Materials Characterization, 2012, 72: 77-86.

[180] Liu D, Liu R, Wei Y. Effects of titanium additive on microstructure and wear performance of iron-based slag-free self-shielded flux-cored wire [J]. Surface and Coatings Technology, 2012, 207: 579-586.

[181] Zikin A, Antonov M, Hussainova I, et al. High temperature wear of cermet particle reinforced NiCrBSi hardfacings [J]. Tribology International, 2013, 68: 45-55.

[182] Hou Q Y, Huang Z, Wang J T. Influence of nano Al_2O_3 particles on the microstructure and wear resistance of the nickel-based alloy coating deposited by plasma transferred arc overlay welding [J]. Surface and Coatings Technology, 2011, 205 (8): 2806-2812.

[183] Hou Q, Huang Z, Shi N, et al. Effects of molybdenum on the microstructure and wear resistance of nickel-based hardfacing alloys investigated using Rietveld method [J]. Journal of Materials Processing Technology, 2009, 209 (6): 2767-2772.

[184] Hou Q, He Y, Zhang Q, et al. Influence of molybdenum on the microstructure and wear resistance of nickel-based alloy coating obtained by plasma transferred arc process [J]. Materials & Design, 2007, 28 (6): 1982-1987.

[185] Qi X, Jia Z, Yang Q, et al. Effects of vanadium additive on structure property and tribological performance of high chromium cast iron hardfacing metal [J]. Surface and Coatings Technology, 2011, 205 (23): 5510-5514.

[186] Wang X L, Payzant E, Taljat B, et al. Experimental determination of the residual stresses in a spiral weld overlay tube [J]. Materials Science and Engineering: A, 1997, 232 (1): 31-38.

[187] Woo W, Em V, Hubbard C R, et al. Residual stress determination in a dissimilar weld overlay pipe by neutron diffraction [J]. Materials Science and Engineering: A, 2011, 528 (27): 8021-8027.

[188] Edwards L, Bouchard P, Dutta M, et al. Direct measurement of the residual stresses near a 'boat-shaped' repair in a 20mm thick stainless steel tube butt weld [J]. International Journal of Pressure Vessels and Piping, 2005, 82 (4): 288-298.

[189] Jiang W, Wang B, Gong J, et al. Finite element analysis of the effect of welding heat input and layer number on residual stress in repair welds for a stainless steel clad plate [J]. Materials & Design, 2011, 32 (5): 2851-2857.

[190] Jiang W, Xu X, Gong J, et al. Influence of repair length on residual stress in the repair weld of a clad plate [J]. Nuclear Engineering and Design, 2012, 246: 211-219.

[191] Liu R F, Huang C C. Welding residual stress analysis for weld overlay on a BWR feedwater nozzle [J]. Nuclear Engineering and Design, 2013, 256: 291-303.

[192] Klobčar D, Tušek J, Taljat B. Finite element modeling of GTA weld surfacing applied to hot-work tooling [J]. Computational Materials Science, 2004, 31 (3): 368-378.

[193] Taljat B, Zacharia T, Wang X, et al. Numerical Analysis of Residual Stress Distribution in Tubus with Spiral Weld Cladding [J]. Welding Journal-New York, 1998, 77: 328-335.

[194] Nady A, Bonnefoy H, Klosek V, et al. Neutron Diffraction Residual Stress Evaluation and Numerical Modeling of Coating Obtained by PTA Process; proceedings of the Materials Science Forum, F, 2010 [C]. Trans Tech Publ.

[195] Kim K S, Lee H J, Lee B S, et al. Residual stress analysis of an Overlay weld and a repair weld on the dissimilar Butt weld [J]. Nuclear Engineering and Design, 2009, 239 (12): 2771-2777.

[196] Wu A, Ren J, Peng Z, et al. Numerical simulation for the residual stresses of Stellite hard-facing on carbon steel [J]. Journal of Materials Processing Technology, 2000, 101 (1): 70-75.

[197] Ma L, Huang C, Jiang J, et al. Cracks formation and residual stress in chromium carbide overlays [J]. Engineering Failure Analysis, 2013, 31: 320-337.

[198] Lv S, Song J, Wang H, et al. Temperature field and flow field during tungsten inert gas bead welding of copper alloy onto steel [J]. Materials Science and Engineering: A, 2009, 499 (1): 347-351.

[199] Winczek J. Modelling of heat affected zone in cylindrical steel elements surfaced by welding [J]. Applied Mathematical Modelling, 2012, 36 (4): 1514-1528.

[200] Winczek J. A simplified method of predicting stresses in surfaced steel rods [J]. Journal of Materials Processing Technology, 2012, 212 (5): 1080-1088.

[201] Winczek J. New approach to modeling of temperature field in surfaced steel elements [J]. International Journal of Heat and Mass Transfer, 2011, 54 (21): 4702-4709.

[202] Parkitny R, Winczek J. Analytical solution of temporary temperature field in half-infinite body caused by moving tilted volumetric heat source [J]. International Journal of Heat and Mass Transfer, 2013, 60: 469-479.

[203] Fassani R, Trevisan O. Analytical modeling of multipass welding process with distributed heat source [J]. Journal of the Brazilian Society of Mechanical Sciences and Engineering, 2003, 25 (3): 302-305.

[204] 谭建豪, 章兢, 胡章谋. 软计算原理及其工程应用 [M]. 北京: 中国水利水电出版

社, 2011.

[205] Sathiya P, Panneerselvam K. Optimization of laser welding process parameters for super austenitic stainless steel using artificial neural networks and genetic algorithm [J]. Materials & Design, 2012 (36): 490-498.

[206] Sathiya P, Aravindan S. Optimization of friction welding parameters using evolutionary computational techniques [J]. Journal of Materials Processing Technology, 2009 (209): 2576-2584.

[207] Acherjee B, Mondal S. Application of artificial neural network for predicting weld quality in laser transmission welding of thermoplastics [J]. Applied Soft Computing, 2011 (11): 2548-2555.

[208] Wang X, Zhang C. Modeling and optimization of joint quality for laser transmission joint of thermoplastic using an artificial neural network and a genetic algorithm [J]. Optics and Lasers in Engineering, 2012 (50): 1522-1532.

[209] Park Y W, Rhee S. Process modeling and parameter optimization using neural network and genetic algorithms for aluminum laser welding automation [J]. Int J Adv Manuf Technol, 2008 (37): 1014-1021.

[210] Okuyucu H, Kurt A. Artificial neural network application to the friction stir welding of aluminum plates [J]. Materials & Design, 2007 (28): 78-84.

[211] Pal S, Pal S K. Artificial neural network modeling of weld joint strength prediction of a pulsed metal inert gas welding process using arc signals [J]. Journal of Materials Processing Technology, 2008 (202): 464-474.

[212] Katherasan D, Elias J V. Simulation and parameter optimization of flux cored arc welding using artificial neural network and particle swarm optimization algorithm [J]. J Intell Manuf, 2014 (25): 67-76.

[213] Hamidinejad S M, Kolahan F. The modeling and process analysis of resistance spot welding on galvanized steel sheets used in car body manufacturing [J]. Materials & Design, 2012 (34): 759-767.

[214] Ahmadzadeh M, Fard A H. Prediction of residual stresses in gas arc welding by back propagation neural network [J]. NDT&E International, 2012 (52): 136-143.

[215] Kumanan S, Kumar R. Development of a welding residual stress predictor using a function-replacing hybrid system [J]. Int J Adv Manuf Technol, 2007 (31): 1083-1091.

[216] Lim D H, Bae I H. Prediction of residual stress in the welding zone of dissimilar metals using data-based models and uncertainty analysis [J]. Nuclear Engineering and Design, 2010 (240): 2555-2564.

[217] Choobi M S, Haghpanahi M. Prediction of welding-induced angular distortions in thin butt-welded plates using artificial neural networks [J]. Computational Materials Science, 2012 (62): 152-159.

[218] Yang H, Shao H. Distortion-oriented welding path optimization based on elastic net method and

genetic algorithm [J]. Journal of Materials Processing Technology, 2009 (209): 4407-4412.

[219] Lightfoot M P, McPherson N A. Artificial neural networks as an aid to steel plate distortion reduction [J]. Journal of Materials Processing Technology, 2006 (172): 238-242.

[220] Vilar R, Zapata J. An automatic system of classification of weld defects in radiographic images [J]. NDT&E International, 2009 (42): 467-476.

[221] Yahia N B, Belhadj T. Automatic detection of welding defects using radiography with a neural approach [J]. Procedia Engineering, 2011 (10): 671-679.

[222] Óscar Martín, Pilar De Tiedra. Artificial neural networks for pitting potential prediction of resistance spot welding joints of AISI 304 austenitic stainless steel [J]. Corrosion Science, 2010 (52): 2397-2402.

[223] Carvalho A, Rebello J. MFL signals and artificial neural networks applied to detection and classification of pipe weld defects [J]. NDT&E International, 2006 (39): 661-667.

[224] Buffa G, Fratini L. Mechanical and microstructural properties prediction by artificial neural networks in FSW processes of dual phase titanium alloys [J]. Journal of Manufacturing Processes, 2012 (14): 289-296.

[225] Fratini L, Buffa G. Using a neural network for predicting the average grain size in friction stir welding processes [J]. Computers and Structures, 2009 (87): 1166-1174.

[226] Fratini L, Buffa G. Metallurgical phenomena modelling in friction stir welding of aluminium alloys: analytical vs. neural network based approaches [J]. J Eng Mater Technol, 2008 (130): 1-6.

[227] Buffa G, Fratini L. A neural network based approach for the design of FSW processes [J]. Key Engineering Materials, 2009 (410/411): 413-420.

[228] Patel C, Das S. CAFE modeling, neural network modeling, and experimental investigation of friction stir welding [J]. J Mechanical Engineering Science, 2010 (0): 1-13.

[229] Zhang Q, Mahfouf M. Multiple characterisation modelling of friction stir welding using a genetic multi-objective data-driven fuzzy modelling approach [C]//Taipei: 2011 IEEE International Conference on Fuzzy Systems, 2011: 2288-2295.

[230] Johnson W, Needham G. Experiment on ring rolling [J]. International Journal of Mechanical Sciences, 1968, 2010 (2): 95-113.

[231] Johnson W, Needham G. Plastic hinges in ring indentation in relation to ring rolling [J]. International Journal of Mechanical Sciences, 1968, 10 (6): 487-490.

[232] Johnson W, MacLeod I, Needham G. An experimental investigation into the process of ring or metal tyre rolling [J]. International Journal of Mechanical Sciences, 1968, 10 (6): 455-468.

[233] Hawkyard J B, Johnson W, Kirkland J, et al. Analyses for roll force and torque in ring rolling, with some supporting experiments [J]. International Journal of Mechanical Sciences, 1973, 15 (11): 873-893.

[234] Mamalis A G, Johnson W, Hawkyard J B. Pressure distribution, roll force and torque in cold

ring rolling [J]. Journal of Mechanical Engineering Science, 1976, 18 (4): 196-209.

[235] Hahn Y H, Yang D Y. UBET analysis of roll torque and profile formation during the profile ring-rolling of rings having rectangular protrusions [J]. Journal of Materials Processing Technology, 1991, 26 (3): 267-280.

[236] Hahn Y H, Yang D Y. UBET analysis of the closed-pass ring rolling of rings having arbitrarily shaped profiles [J]. Journal of Materials Processing Technology, 1994, 40 (3): 451-463.

[237] Ranatunga V, Gunasekera J S, Vaze S P, et al. Three-dimensional UBET simulation tool for seamless ring rolling of complex profiles [J]. Journal of Manufacturing Processes, 2004, 6 (2): 179-186.

[238] 周存龙, 姚开云. 用上限元法计算 L 形截面环件在轧制过程中的轧制力 [J]. 太原重型机械学院学报, 1999, 20 (3): 272-277.

[239] 杨合, 李兰云, 王敏, 等. 异形环件冷辗扩中环件半径扩大变形行为研究 [J]. 中国科学: 技术科学, 2010 (7): 802-810.

[240] 华林, 曹宏深, 赵仲治. 阶梯孔环件轧制体积流动和毛坯设计 [J]. 塑性工程学报, 1994, 1 (3): 48-53.

[241] 华林, 曹宏深, 赵仲治. 法兰环件轧制变形规律和毛坯设计方法 [J]. 汽车工程, 1995, 17 (4): 252-258.

[242] 华林, 王华昌. 台阶截面环件轧制缺陷和对策 [J]. 热加工工艺, 1995 (5): 20-22.

[243] 华林, 赵仲治. 台阶截面环件轧制成形原理和工艺设计 [J]. 大型铸锻件, 1996 (1): 9-13.

[244] 华林. 台阶截面环件轧制中的拉缩和壁厚变化规律 [J]. 武汉汽车工业大学学报, 1996, 18 (2): 53-58.

[245] 华林, 赵仲治. 法兰环件轧制体积流动和毛坯设计 [J]. 武汉汽车工业大学学报, 1996, 18 (5): 32-35.

[246] 左治江. 环件冷辗扩变形规律和工艺模拟研究 [D]. 武汉: 武汉理工大学, 2006.

[247] Hua L, Zuo Z J, Lan J, et al. Research on following motion rule of guide roller in cold rolling groove ball ring [J]. Journal of Materials Processing Technology, 2007, 187: 743-746.

[248] 华林, 左治江, 兰箭, 等. 沟球断面环件冷辗扩三维有限元模拟与工艺设计 [J]. 机械工程学报, 2008, 44 (10): 201-205.

[249] 毛华杰, 史宏江, 华林, 等. 圆锥滚子轴承套圈成对冷辗扩工艺设计和试验 [J]. 武汉理工大学学报, 2005, 27 (8): 70-73.

[250] 毛华杰, 史宏江, 华林, 等. 对称冷辗扩分体锥形套圈宽展研究 [J]. 塑性工程学报, 2006, 13 (4): 66-70.

[251] 彭巍. 外梯形环件冷辗扩规律研究 [D]. 武汉: 武汉理工大学, 2006.

[252] Qian D S, Hua L, Pan L B. Research on gripping conditions in profile ring rolling of raceway groove [J]. Journal of Materials Processing Technology, 2009, 209 (6): 2794-2802.

[253] 钱东升. 异形截面环件冷轧力学原理和工艺理论研究 [D]. 武汉: 武汉理工大学, 2009.

［254］ Yang D Y, Kim K H, Hawkyard J B. Simulation of T-section profile ring rolling by the 3-D rigid-plastic finite element method ［J］. International Journal of Mechanical Sciences, 1991, 33 (7): 541-550.

［255］ Kim N, Machida S, Kobayashi S. Ring rolling process simulation by the three dimensional finite element method ［J］. International Journal of Machine Tools and Manufacture, 1990, 30 (4): 569-577.

［256］ Yea Y, Ko Y, Kim N, et al. Prediction of spread, pressure distribution and roll force in ring rolling process using rigid-plastic finite element method ［J］. Journal of Materials Processing Technology, 2003, 140 (1): 478-486.

［257］ Li L, Yang H, Guo L, et al. Research on interactive influences of parameters on T-shaped cold ring rolling by 3D-FE numerical simulation ［J］. Journal of Mechanical Science and Technology, 2007, 21 (10): 1541-1547.

［258］ Lim T, Pillinger I. Hartley P1A finite-element simulation of profile ring rolling using a hybrid mesh model ［J］. Journal of Materails Processing Technology, 1998 (80/81): 199-205.

［259］ 许思广, 连家创. 异形截面环件轧制过程的三维有限元分析 ［J］. 锻压机械, 1994, 29 (3): 8-11.

［260］ Gong X T, Yang F. Research of PEEQ for conical ring with outer steps ring rolling ［J］. Physics Procedia, 2012, 25: 257-261.

［261］ Zhou P, Zhang L, Gu S, et al. Mathematic modeling and FE simulation of radial-axial ring rolling large L-section ring by shape axial roll ［J］. The International Journal of Advanced Manufacturing Technology, 2014, 72 (5/6/7/8): 729-738.

［262］ 李兰云, 杨合. T形截面环件冷辗扩中的应力应变演变特征研究 ［J］. 重型机械, 2009 (3): 16-21.

［263］ 袁海伦, 王泽武, 曾青, 等. 异形截面环件虚拟轧制及其工艺优化 ［J］. 塑性工程学报, 2007, 13 (6): 15-18.

［264］ Hua L, Qian D S, Pan L B. Deformation behaviors and conditions in L-section profile cold ring rolling ［J］. Journal of Materials Processing Technology, 2009, 209 (11): 5087-5096.

［265］ 袁银良, 华林, 左治江, 等. L形截面环件轧制进给速度对端面轴向宽展影响的研究 ［J］. 机械制造, 2006, 44 (3): 28-32.

［266］ 田琛琛. 双球面截面环件轧制成形规律研究 ［D］. 武汉: 武汉理工大学, 2010.

［267］ 袁银良. 外台阶截面环件轧制成形规律研究 ［D］. 武汉: 武汉理工大学, 2006.

［268］ 韩星会. 内台阶锥形环件轧制工艺与设备研究 ［D］. 武汉: 武汉理工大学, 2006.

［269］ 史宏江. 圆锥环件对称冷辗扩成型加工 ［D］. 武汉: 武汉理工大学, 2005.

［270］ Hua L, Qian D S, Pan L B. Analysis of plastic penetration in process of groove ball-section ring rolling ［J］. Journal of Mechanical Science and Technology, 2008, 22 (7): 1374-1382.

［271］ Qian D, Hua L, Deng J. FE analysis for radial spread behavior in three-roll cross rolling with small-hole and deep-groove ring ［J］. Transactions of Nonferrous Metals Society of China, 2012, 22: 247-253.

[272] Qian D, Zhang Z, Hua L. An advanced manufacturing method for thick-wall and deep-groove ring—Combined ring rolling [J]. Journal of Materials Processing Technology, 2013, 213 (8): 1258-1267.

[273] Zhou G, Hua L, Qian D S. 3D coupled thermo-mechanical FE analysis of roll size effects on the radial-axial ring rolling process [J]. Computational Materials Science, 2011, 50 (3): 911-924.

[274] Zhou G, Hua L, Lan J, et al. FE analysis of coupled thermo-mechanical behaviors in radial-axial rolling of alloy steel large ring [J]. Computational Materials Science, 2010, 50 (1): 65-76.

[275] Zhou G, Hua L, Qian D, et al. Effects of axial rolls motions on radial-axial rolling process for large-scale alloy steel ring with 3D coupled thermo-mechanical FEA [J]. International Journal of Mechanical Sciences, 2012, 59 (1): 1-7.

1 金属构件微尺度铸轧无模直接成型技术

随着计算机技术、数控技术和新材料技术的发展，不依赖模具直接制造金属结构件成为可能，这为现代制造业带来了深刻的变革，甚至被称为"第三次工业革命的重要标志"。这种通过逐层堆积实体的 2D 截面实现复杂工件三维造型的技术属于数字化增材制造范畴，即 3D 打印。金属材料目前已经出现了十几种工艺，如选区激光烧结/熔化、激光近净成型及液滴喷射成型等，这些工艺均是基于离散-堆积原理，但实现方法、适用材料、加工成本却不尽相同[1]。由于存在种种缺陷，大规模的生产应用始终存在瓶颈，而直接制造金属功能结构件具有巨大的工程实用价值。因此，对新型金属构件直接成型技术的开发持续受到关注和研究。

本章针对中国科学院力学研究所陈光南课题组提出的一种基于微尺度铸轧的金属构件无模直接成型技术[2]，从理论分析、数值计算和物理实验等角度开展了前期基础性质的研究工作。重点研究内容是基于有限体积法建立了金属构件微尺度铸轧成型的数值计算模型，对其中涉及的若干关键工艺力学问题进行了研究，揭示了微尺度铸轧过程中金属流动场、温度场和凝固界面的变化机理和参数影响规律，实现了从初期概念设计到实验装置搭建的全过程，证明了该技术实施的可行性。金属构件微尺度铸轧成型的整体研究流程如图 1-1 所示。

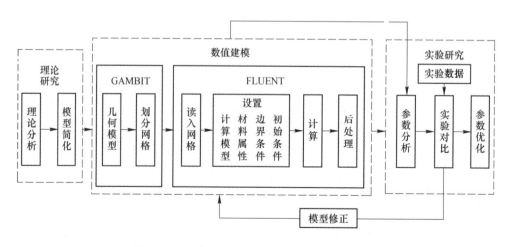

图 1-1 金属构件微尺度铸轧数值仿真研究流程

1.1　金属构件微尺度铸轧成型基础理论

金属构件微尺度铸轧成型的基本工作原理是：采用一定的可控装置直接从熔炉中引出毫米或者亚毫米尺度的金属熔体，以一定的压力和频率，填充压铸头与基板之间厚度为微米尺度且四周无约束的扁平空间（铸轧区），工作原理如图 1-2 所示。与此同时，起主导冷却作用的基板（结晶器）以一定的速度垂直于热流方向移动，在基板与金属熔体的固-液界面处存在较大的温度梯度，晶粒沿热流反方向生长，形成定向凝固的结晶组织。基板的连续运动提供了稳定的传热界面，使得结晶组织能够连续的产生。由于晶粒沿热流方向的长大空间被限制在微米尺度，晶粒尺寸得到了控制。从细化晶粒的角度，该工艺起到了"轧制"的作用。然后，将三维模型进行二维切片处理，在三维工作台的控制下，沉积在基板表面的凝固结晶组织和部分熔体，按照给定的 2D 截面轨迹信息，逐点涂覆和逐层堆积，便可成型出所需的金属构件。

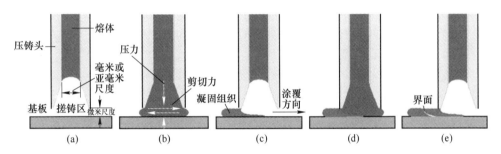

图 1-2　金属构件微尺度铸轧成型工作原理
（a）就位；（b）施压；（c）移动；（d）熔敷；（e）复位

该工艺对金属材料的尺寸和形态没有特别要求，可直接使用大型块状的金属材料，避免了金属制丝制粉的工艺过程和高能束流重熔粉末的过程，从而大大降低了制造成本。微尺度的间隙空间和熔体在基板表面的快速定向凝固保证了晶粒尺寸的细化，具备逐点逐层调控凝固组织及其界面结构的能力。但目前该工艺尚处于实验室研究阶段，要真正实现金属构件的微尺度铸轧直接成型，需要解决一系列基础问题和进行大量的工艺性实验。下面对涉及该工艺的理论、数值计算模型和实验平台搭建等关键问题进行探讨。

金属构件微尺度铸轧成型作为一项新技术，在开展数值计算和工艺试验研究之前，首先对其进行基础理论分析，内容包括金属熔体的凝固相变传热、重熔热交换及恒定固-液界面存在条件等。其目的是加深对金属构件微尺度铸轧成型的感性认识，减少实验设计的盲目性，为建立定量化的数值计算模型奠定基础，同时为金属熔炉和气压控制装置的设计选型提供理论指导。

1.1.1　金属构件微尺度铸轧的重熔热交换模型

在金属构件微尺度铸轧时，熔体从熔炉中不断引出，与上一层已凝固组织接触并熔化同质的金属固体，随着基板的运动，形成一层新的熔敷层。在层层堆积形成构件的过程中，层与层之间能否形成冶金结合界面是一项重要的性能指标。而冶金结合需要金属熔体有足够的热量来熔化前一层已经凝固的固态组织，可以近似的转化为该问题：体积为 V_1 的熔滴能够熔化多少体积为 V_2 的同质固体。为简化估算模型，建立如图 1-3 的铸轧热交换模型，并对上述物理过程做以下假设：

（1）将熔滴 V_1 和被熔固体 V_2 组成的系统假设为孤立体，即认为熔炉中的熔体传递给熔滴 V_1 的热能与被熔固体 V_2 熔化过程中通过热传导散失的热能近似相等，即忽略外界与系统之间的能量交换；

（2）不考虑凝固过程中的体积变化，即没有对外界做功；

（3）熔滴与固体具有相同的密度 ρ 和比热容 c；

（4）固体温度＝室温＝t_1。

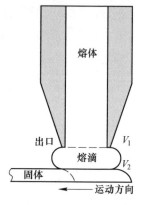

图 1-3　微尺度铸轧热交换模型

若熔体的温度为 t_2，熔解热为 Λ，熔点为 t_0，被熔固体的体积 $V_2 = \eta V_1$，其中 η 为百分数，固体熔解后与熔滴的平衡温度为 t。根据热力学第一定律[3]得 $\Delta U = \Delta Q + \Delta W$。在该过程中，认为系统不对外界做功，外界也不对系统做功。所以，$\Delta W = 0$，即有 $\Delta U = \Delta Q$。熔滴 V_1 通过热传递减小的内能（热量）包括被熔固体从室温 t_1 上升到熔点 t_0 吸收的内能（热量）、熔解热和从熔点 t_0 到平衡温度 t 吸收的热量，即：

$$c\rho V_1(t_2 - t) = c\rho \eta V_1(t_0 - t_1) + \rho \eta V_1 \Lambda + c\rho \eta V_1(t - t_0) \tag{1-1}$$

由式(1-1)可得：

$$\eta = \frac{t_2 - t}{t - t_1 + \dfrac{\Lambda}{c}} \tag{1-2}$$

或

$$t = \frac{t_2 + \eta t_1 - \eta \dfrac{\Lambda}{c}}{1 + \eta} \tag{1-3}$$

式(1-3)给出了被熔固体体积百分比 η（不妨称为熔化率）与系统平衡温度 t 之间的关系。

下面以纯铝为例进行算例分析。熔解热 $\Lambda = 4 \times 10^5 \text{J/kg}$，比热容 $c = 900 \text{J/(kg · K)}$，

熔点 $t_0 = 660℃ = 933K$，沸点为 $2467℃ = 2740K$，室温 $t_1 = 25℃ = 298K$。设熔体温度 t_2 分别为 2400℃、1800℃、1200℃、1000℃、800℃，则熔化率 η 与系统平衡温度 t 之间的关系曲线如图 1-4 所示。由图可看出，熔体温度越高，同样平衡温度条件下所能熔化的固体体积越大。若熔体温度较低，所能熔化的固体量减少，以至于不足以熔化固体，这就无法获得冶金结合界面。在沸点附近，$t_2 = 2400℃$，熔化率 $\eta = 50\%$，系统平衡温度 $t = 1460℃ > 660℃$，说明系统保持液态。如果使平衡温度在临界凝固点附近（$600℃ = 873.15K$），则熔化率 $\eta = 177\%$，即一个近沸腾的熔滴大约可熔化相当于自身体积 1.8 倍的固体。通常使熔炉保持在 800℃ 是比较经济的，若仍取临界凝固点为平衡温度，则熔化率 $\eta = 31\%$，即大约可熔化相当于自身体积 0.3 倍的固体。通过上述计算可得出，合理地控制熔滴温度和平衡温度，熔滴可以一定的熔化率熔化同质的固体。在熔敷层很薄的条件下（微米级），这对于形成冶金结合界面应该是足够的。

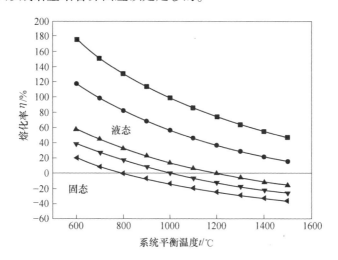

图 1-4　熔化率与平衡温度关系

（—■—：$t_2=2400℃$；—●—：$t_2=1800℃$；—▲—：$t_2=1200℃$；—▼—：$t_2=1000℃$；—◀—：$t_2=800℃$）

1.1.2　金属构件微尺度铸轧的凝固相变模型

1.1.2.1　理论分析

凝固时的瞬时传热问题，属于相变或移动边界问题。求解这类问题有其固有困难。这是由于固相与液相在界面处吸收或释放潜热时，界面是移动的。固液界面是作为解的一部分在求解后才得到的。

相变导热问题是一个强非线性问题，不适用于解的叠加原理，每种情况需分别予以处理，同时还存在诸如液相对流、相变引起的体积变化、接触壁与相变材料之间的热阻不确定等因素。目前仅对少数一维半无限大、无限大区域且有简单边界条件的理想化模型能够精确求解。移动界面的相变导热问题，具有如下特点[4-6]：

（1）相变区存在一个界面把不同相的物质分成两个区间（从微观上看不是一个面，而是一个模糊区域）；

（2）相变界面随着时间移动，移动规律既作为边界条件也是问题本身的一部分；

（3）移动界面作为边界，决定了相变热传导问题是非线性问题。

为了简化问题，做出如下假设：

（1）固液两相区内部的热量传递方式只有导热，没有热流；

（2）材料的热物性参数为常量，忽略密度变化引起的体积变化。

在金属构件的微尺度铸轧中，接触到基板的熔体首先凝固，而出口处仍呈熔融态，假设在两个区域之间存在一分界面。保持固液分界面的稳定存在是能够连续进行铸轧的必要条件。下面建立如图 1-5 所示的凝固相变模型进行分析。

如图 1-5 所示，$x = 0$ 是固相的一个界面，即基板位置。在 τ 时刻两相的分界面在 $s(\tau)$，热量由液相区传到固相的外边界。同时，金属凝固在分界面处释放结晶潜热。因此，该过程视为有内热源的瞬态热传导问题。熔体的凝固温度为 t_m，基板距离出口的间隙为 δ，$x = \delta$ 出口端熔温度为 t_δ。在时刻 $\tau = 0$ 时，熔体接触基板开始凝固。基板温度设为 t_w 且保持恒定。固液分界面向 x 正方向移动。则固-液两个区域的温度分布应满足如下无量纲导热微分方程。

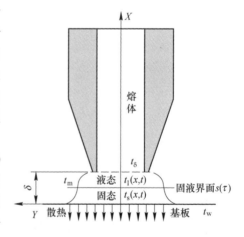

图 1-5　微尺度铸轧凝固导热模型

（1）固相区：

$$\frac{\partial \theta_s(X,\ \gamma)}{\partial \gamma} = \frac{\partial^2 \theta_s}{\partial X^2} \tag{1-4}$$

式中，$0 < X < S(\gamma),\ \gamma > 0$。

　　边界条件：　　　　　　$\theta_s = 0,\ X = 0,\ \gamma > 0$ $\qquad\qquad$ (1-5)

（2）液相区：

$$\frac{\partial \theta_l(X,\ \gamma)}{\partial \gamma} = \frac{\alpha_l}{\alpha_s} \frac{\partial^2 \theta_l}{\partial X^2} \tag{1-6}$$

式中，$S(\gamma) < X < 1,\ \gamma > 0$。

边界条件: $\dfrac{\partial \theta_1}{\partial X} = 0$, $X = 1$, $\gamma > 0$ (1-7)

初始条件: $\theta_1 = 1$, $\gamma = 0$ (1-8)

（3）固液界面处:

$$\theta_s = \theta_1 = \theta_m \tag{1-9}$$

$$\frac{\partial \theta_s}{\partial X} - \frac{k_1}{k_s}\frac{\partial \theta_1}{\partial X} = \frac{L}{c_s(t_\delta - t_w)}\frac{dS}{d\gamma} \tag{1-10}$$

式中, $X = S(\gamma)$, $\gamma > 0$。

无量纲量的定义如下:

$$\theta_j = \frac{t_j - t_w}{t_\delta - t_w}, \ X = \frac{x}{\delta}, \ S = \frac{s}{\delta}, \ \gamma = \frac{\alpha_s \tau}{\delta^2}$$

式中, θ_j 为无量纲温度, $j=s$ （固相）、l （液相）、m （固液界面）; X 为沿凝固向无量纲坐标; S 为无量纲凝固区厚度; γ 为无量纲时间。

纯铝固相和液相的热物理参数值见表 1-1[6,7]。

表 1-1 纯铝固相和液相的热物理参数值[6,7]

参 数 名	参 数 值
液相导热系数 k_1/W · (m · K)$^{-1}$	105. 35
固相导热系数 k_s/W · (m · K)$^{-1}$	218
液相导温系数 α_1/m^2 · s^{-1}	4. 1×10^{-5}
固相导温系数 α_s/m^2 · s^{-1}	1. 0×10^{-4}
密度 ρ/kg · m^{-3}	2368
熔化温度 t_m/K	933
壁面温度 t_w/K	303
熔体温度 t_δ/K	1273
凝固潜热 L/J · kg^{-1}	397500
固体比热 c_s/J · (kg · K)$^{-1}$	917
液相比热 c_1/J · (kg · K)$^{-1}$	1086

F. Neumann 最先给出了一维半无限空间的相变问题的精确解[8], 而金属构件微尺度铸轧的凝固是在厚度为 δ 的有限区间发生的。目前, 有限区间内的动边界问题无法求得解析解, 需采用热平衡积分法[9-13]和精确解相结合的方法进行

求解。

对固相区的温度场，目前采用已经求得的半无限大区域凝固问题的精确解，即：

$$\frac{\theta_s(X, \gamma)}{\theta_m} = \frac{\mathrm{erf}\left(\dfrac{X}{2\sqrt{\gamma}}\right)}{\mathrm{erf}(\lambda)} \tag{1-11}$$

固液界面 $S(\gamma)$ 的形式为：

$$S(\gamma) = 2\lambda\sqrt{\gamma} \tag{1-12}$$

由热平衡积分法的思想，在 γ 时刻引入热渗透深度 $\xi(\gamma)$，假设为液相的热边界层厚度，超过这一深度认为热交换不再发生，即 $X = \xi(\gamma)$ 处的边界条件为：

$$\frac{\partial \theta_1}{\partial X} = 0, \quad X = \xi(\gamma) \tag{1-13}$$

$$\theta_1 = 1, \quad X = \xi(\gamma) \tag{1-14}$$

对液相方程式(1-6)从 $X = S(\gamma)$ 到 $X = \xi(\gamma)$ 进行积分，得：

$$\int_{S(\gamma)}^{\xi(\gamma)} \frac{\partial \theta_1(X, \gamma)}{\partial \gamma} \mathrm{d}X = \frac{\alpha_1}{\alpha_s} \int_{S(\gamma)}^{\xi(\gamma)} \frac{\partial^2 \theta_1}{\partial X^2} \mathrm{d}X \tag{1-15}$$

对式(1-15)运用积分号下的微分规则，可得：

$$\frac{\alpha_1}{\alpha_s}\left(\left.\frac{\partial \theta_1}{\partial X}\right|_{X=\xi(\gamma)} - \left.\frac{\partial \theta_1}{\partial X}\right|_{X=S(\gamma)}\right) = -\theta_1[\xi(\gamma), \gamma]\frac{\mathrm{d}\xi(\gamma)}{\mathrm{d}\gamma} +$$

$$\theta_1[S(\gamma), \gamma]\frac{\mathrm{d}S(\gamma)}{\mathrm{d}\gamma} + \frac{\mathrm{d}}{\mathrm{d}\gamma}\left[\int_{S(\gamma)}^{\xi(\gamma)} \theta_1(X, \gamma)\mathrm{d}X\right] \tag{1-16}$$

将边界条件式(1-9)、式(1-13)和式(1-14)代入式(1-16)，并定义 $\Theta = \int_{S(\gamma)}^{\xi(\gamma)} \theta_1(X, \gamma)\mathrm{d}X$，可得：

$$\frac{\mathrm{d}}{\mathrm{d}\gamma}[\Theta - \xi(\gamma) + \theta_m S(\gamma)] + \frac{\alpha_1}{\alpha_s}\left.\frac{\partial \theta_1}{\partial X}\right|_{X=S(\gamma)} = 0 \tag{1-17}$$

式(1-17)为能量积分方程。为求解该方程，选取如下三阶多项式作为 $\theta_1(X, \gamma)$ 的近似函数：

$$\theta_1(X,\ \gamma) = 1 + (\theta_m - 1)\left(\frac{X - \xi}{S - \xi}\right)^3 \tag{1-18}$$

该近似函数满足边界条件式(1-9)、式(1-13)和式(1-14)。此外，假设热影响区厚度 $\xi(\gamma)$ 为：

$$\xi(\gamma) = 2\beta\sqrt{\gamma} \tag{1-19}$$

将式(1-18)和式(1-19)代入固液界面能量平衡方程式(1-17)，可得：

$$\frac{\theta_m \exp(-\lambda^2)}{\sqrt{\pi}\,\mathrm{erf}(\lambda)} - \frac{3k_1(\theta_m - 1)}{2k_s(\lambda - \beta)} = \frac{L\lambda}{c_s(t_\delta - t_w)} \tag{1-20}$$

令 $\Omega = \dfrac{\theta_m \exp(-\lambda^2)}{\sqrt{\pi}\,\mathrm{erf}(\lambda)} - \dfrac{L\lambda}{c_s(t_\delta - t_w)}$，$\beta$ 与 λ 的关系为：

$$1 - \theta_m = (\beta - \lambda)\frac{2k_s\Omega}{3k_1} \tag{1-21}$$

将固相区和液相区的温度函数代入能量积分方程式(1-17)，并利用式(1-21)，可得：

$$(1 - \theta_m)\left[\frac{3k_1(\theta_m - 1)}{8k_s\Omega} - \lambda\right] + \frac{\alpha_1 k_s}{\alpha_s k_1}\Omega = 0 \tag{1-22}$$

联立式(1-21)和式(1-22)可得到关于 β-λ 的一元二次方程，求解该方程并舍掉一个负根，即：

$$\beta - \lambda = 2\left(-\lambda + \sqrt{\lambda^2 + \frac{3\alpha_1}{2\alpha_s}}\right) \tag{1-23}$$

将式(1-23)代入式(1-21)并化简，可确定 λ 的超越方程，即：

$$\frac{\exp(-\lambda^2)}{\mathrm{erf}(\lambda)} + \frac{k_1}{k_s}\frac{t_m - t_\delta}{t_m - t_w}\frac{1}{\Psi} = \frac{\lambda L\sqrt{\pi}}{c_s(t_m - t_w)} \tag{1-24}$$

式中，$\Psi = \dfrac{4}{3\sqrt{\pi}}\left(-\lambda + \sqrt{\lambda^2 + \dfrac{3\alpha_1}{2\alpha_s}}\right)$。

由超越方程式(1-24)求得 λ，代入式(1-23)可得 β，因而固液界面位移 $S(\gamma)$ 和热层厚度 $\xi(\gamma)$ 及固相、液相温度分布 $\theta_s(X,\ \gamma)$、$\theta_1(X,\ \gamma)$ 均可求得。

在给定的金属材料热物性参数及边界条件下，将无量纲公式恢复量纲，固、液相温度分布及分界面位移函数为：

$$t_s(x,\ \tau) = t_w + (t_m - t_w) = \frac{\mathrm{erf}\left(\dfrac{x}{2\sqrt{\alpha_s\tau}}\right)}{\mathrm{erf}(\lambda)} \tag{1-25}$$

式中，$0 < x < s(\tau)$，$\tau > 0$。

$$t_1(x,\ \tau) = t_\delta + (t_\delta - t_m)\frac{(x - 2\beta\sqrt{\alpha_s\tau})^3}{8(\alpha_s\tau)^{\frac{3}{2}}(\beta - \lambda)^3} \tag{1-26}$$

式中，$s(\tau) < x < \delta$，$\tau > 0$。

$$s(\tau) = 2\lambda\sqrt{\alpha_s\tau} \quad (\tau > 0) \tag{1-27}$$

式(1-25)~式(1-27)中，待定常数 λ 和 β 由超越方程确定。

1.1.2.2　算例分析

以纯铝为案例进行分析。基板温度为 30℃，坩埚出口端温度 1000℃。

采用 MATLAB 编程对超越方程式(1-24)进行求解，其函数的解如图 1-6 所示。超越方程存在 $\lambda_1 = 0.5133$、$\lambda_2 = -0.7731$ 两个根。在这里舍去负根，取 $\lambda = 0.5133$，代入式(1-23)，得 $\beta = 1.3612$。则固-液相温度和界面位置的函数分别为：

$$t_s(x,\ \tau) = 30 + 1184\mathrm{erf}\left(\frac{50x}{\sqrt{\tau}}\right) \tag{1-28}$$

式中，$0 < x < s(\tau)$，$\tau > 0$。

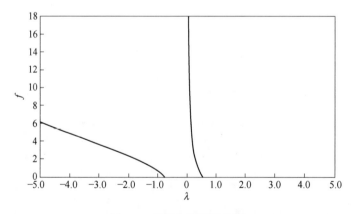

图 1-6　超越方程函数曲线

$$t_1(x,\ \tau) = 1000 + 69.72\left(\frac{100x}{\sqrt{\tau}} - 2.72\right)^3 \tag{1-29}$$

式中，$s(\tau) < x < \delta$，$\tau > 0$。

$$s(\tau) = 2\lambda\sqrt{\alpha_s\tau} = 0.01\sqrt{\tau} \quad (\tau > 0) \tag{1-30}$$

通常情况下，铸轧间隙的尺寸为毫米（mm）至微米（μm）尺度。在这里

设定间隙 $\delta = 1mm$，根据式(1-30)，固液界面仅需 $0.01s$ 便移动至熔体出口端。因此，该工艺的凝固时间以毫秒（ms）至微秒（μs）为尺度，这与李贺军等[14] 的数值仿真结果在数量级上是一致的。间隙为 1mm 时，固液界面随时间的移动规律如图 1-7 所示。

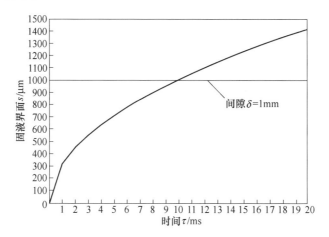

图 1-7 铸轧间隙为 1mm 时的固液界面移动曲线

根据式(1-28)和式(1-29)分析固相和液相区的温度分布。取时间 $\tau = 1ms$、3ms、5ms、7ms、9ms。所对应的固液界面位置分别为：$s(1) = 316.2\mu m$，$s(2) = 547.7\mu m$，$s(3) = 707.1\mu m$，$s(4) = 836.7\mu m$，$s(5) = 948.7\mu m$。则不同时刻固液两相的温度分布如图 1-8 所示。

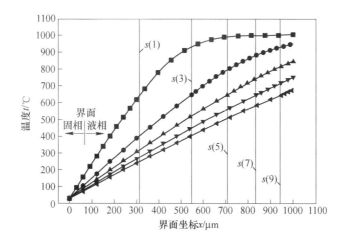

图 1-8 不同时刻的固液两相温度分布

（──■──: $\tau = 1ms$；──●──: $\tau = 3ms$；──▲──: $\tau = 5ms$；──▼──: $\tau = 7ms$；──◀──: $\tau = 9ms$）

基板初始温度 t_w 和熔体出口温度 t_δ 是两个重要的参数，分析这两个参数对凝固界面 $s(t)$ 的影响。固定出口温度为 $t_\delta = 900℃$，取基板温度分别为 30℃、100℃、200℃、400℃、600℃，固液界面位移曲线如图 1-9 所示。固定基板温度为 $t_w = 100℃$，出口温度取 700℃、900℃、1100℃、1300℃、1600℃。固液界面位移曲线如图 1-10 所示。

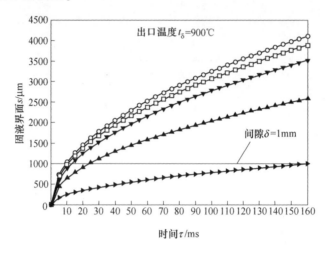

图 1-9　不同基板温度的固液界面位移曲线

（ ᵒ：$t_w=30℃$； ᵒ：$t_w=100℃$； ▼：$t_w=200℃$； ▲：$t_w=400℃$； ▶：$t_w=600℃$ ）

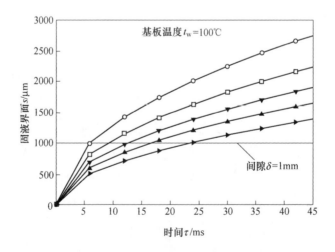

图 1-10　不同出口温度的固液界面位移曲线

（ ᵒ：$t_\delta=700℃$； ᵒ：$t_\delta=900℃$； ▼：$t_\delta=1100℃$； ▲：$t_\delta=1300℃$； ▶：$t_\delta=1600℃$）

1.1.3 稳定固液界面的一维热传导模型

1.1.3.1 理论分析

由金属构件微尺度铸轧成型的工作原理可知，金属在尺度为微米的空间发生凝固，间隙在厚度方向的尺寸很小，而在四周其他方向的尺寸可认为无限大，因此可视作一维问题。铸轧区间存在高温度梯度，这对固液界面的控制提出了很高的要求，而相对稳定的固液分界面对工艺的顺利进行有重要影响。下面建立一维稳态热传导模型对该问题进行初步理论分析，模型如图 1-11 所示。

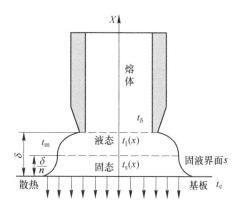

图 1-11　稳定固液分界面的一维热传导模型

本模型的建立基于以下假设：

（1）固液两相区内部只有导热，没有对流；

（2）材料热物性参数为常量，忽略密度变化引起的体积变化；

（3）忽略凝固过程中的相变潜热影响；

（4）在基板与金属接触的界面上温度相同。

在图 1-11 所示的模型中，假定固液分界面维持在稳定状态，距离基板的位置为 $\dfrac{\delta}{n}$，$n \in [1, \infty)$。n 认为是位置系数。固液界面处的温度认为是金属熔点 t_m，出口端温度为 t_δ，基板以对流的方式向温度为 t_e 的环境散热，换热系数为 h。则固液两个区域的温度分布满足如下热传导微分方程。

（1）固相区：

$$\frac{\partial^2 t_s(x)}{\partial x^2} = 0 \quad \left(0 < x < \frac{\delta}{n}\right) \tag{1-31}$$

边界条件：

$$-k_s \frac{\partial t_s}{\partial x} = h(t_s - t_e) \quad (x = 0) \tag{1-32}$$

（2）液相区：

$$\frac{\partial^2 t_l(x)}{\partial x^2} = 0 \quad \left(\frac{\delta}{n} < x < \delta\right) \tag{1-33}$$

边界条件：

$$t_l = t_\delta, \ x = \delta \tag{1-34}$$

（3）固液分界面：

$$k_s \frac{\partial t_s}{\partial x} - k_l \frac{\partial t_l}{\partial x} = 0 \quad \left(x = \frac{\delta}{n}\right) \tag{1-35}$$

边界条件:
$$t_s = t_1 = t_m, \quad x = \frac{\delta}{n} \tag{1-36}$$

(4) 液相区通解为:

$$t_1(x) = C_1 x + C_2 \quad \left(\frac{\delta}{n} < x < \delta\right) \tag{1-37}$$

根据边界条件式(1-34)和式(1-36),确定通解式(1-37)的两个常数,可得液相区的温度分布为:

$$t_1(x) = \frac{t_\delta - t_m}{\delta\left(1 - \dfrac{1}{n}\right)}x + t_\delta - \frac{t_\delta - t_m}{\left(1 - \dfrac{1}{n}\right)} \tag{1-38}$$

式中, $\dfrac{\delta}{n} < x < \delta$, $n \in [1, \infty)$。

同理,根据界面边界条件确定固相区的温度分布为:

$$t_s(x) = \frac{k_1(t_\delta - t_m)}{k_s}\left[\frac{1}{\delta\left(1 - \dfrac{1}{n}\right)}x - \frac{1}{n-1}\right] + t_m \tag{1-39}$$

式中, $0 < x < \dfrac{\delta}{n}$, $n \in [1, \infty)$。

根据基板的对流换热边界条件,可得出口端温度 t_δ 与间隙 δ 的关系式为:

$$t_\delta = t_m + \frac{\delta h k_s(n-1)(t_m - t_e)}{k_1(\delta h - n k_s)} \tag{1-40}$$

在固相区中, $x = 0$ 时的温度 $t_s(0)$ 认为等于基板的温度 t_w,代入式(1-39),则基板温度 t_w 与出口端温度 t_δ 关系为:

$$t_w = t_m - \frac{k_1(t_\delta - t_m)}{k_s(n-1)} \tag{1-41}$$

式中, $n \in [1, \infty)$。

由式(1-41)可看出,稳定固液界面的温度条件与间隙尺寸 δ 并无直接关系,是由金属的热物性参数和出口端温度决定的;间隙主要影响凝固时间和晶粒长大尺寸。

1.1.3.2 算例分析

在该模型中仍以纯铝为算例,各项热物性参数见第1.1.2.2节的表1-1。假设基板温度 t_w 分别为50℃、100℃、200℃、400℃,根据式(1-41)分析位置系数 n 与出口温度 t_δ 之间的关系,曲线如图1-12所示。本节给出的推荐出口温度 t_δ 为金属熔点温度 t_m 的 $1 + (n-1)\dfrac{k_s}{k_1}$ 倍,位置系数 n 取(1, 1.1)这个范围比较合适。这时仅需较低的温度便可维持恒定固液界面，还可以起到较好的晶粒细化作用。

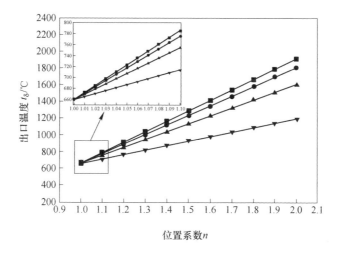

图 1-12 位置系数 n 与出口温度 t_δ 关系曲线

（—■—: $t_w=50℃$；—●—: $t_w=100℃$；—▲—: $t_w=200℃$；—▼—: $t_w=400℃$）

根据式(1-38)和式(1-39)，当间隙 $\delta=1mm$ 时，分别取出口温度 $t_\delta=800℃$、$1000℃$、$1200℃$、$1600℃$、$1800℃$；当 $t_\delta=1000℃$ 时，取间隙 $\delta=0.1mm$、$0.5mm$、$1mm$、$1.5mm$。则这两种情况下固液两相区的温度分布分别如图 1-13 和图 1-14 所示。

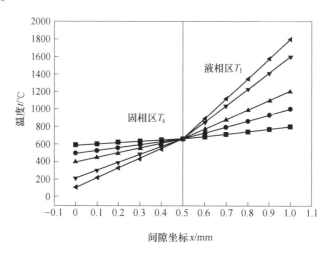

图 1-13 不同出口温度时的铸轧区温度分布

（—■—: $t_\delta=800℃$；—●—: $t_\delta=1000℃$；—▲—: $t_\delta=1200℃$；—▼—: $t_\delta=1600℃$；—▼—: $t_\delta=1800℃$）

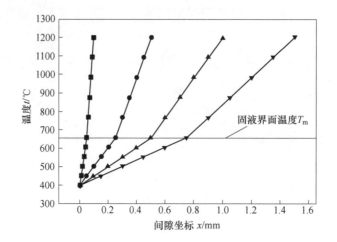

图 1-14　不同间隙时的铸轧区温度分布

($-\blacksquare-$：δ=0.1mm；$-\bullet-$：δ=0.5mm；$-\blacktriangle-$：δ=1.0mm；$-\blacktriangledown-$：δ=1.5mm)

1.1.4　压差对出口端熔体速度的影响

本节拟通过压力控制金属熔体的流动。为了探讨气压对出口端熔体速度的影响，假设外界无其他影响因素（如熔体的凝固、散热以及气泵的运动等），建立如图 1-15 所示的喷管模型。出口端孔径为 d，喷管长度为 L，Bruce[15]给出了液滴喷射速度 V 与内外压差 ΔP 的关系式，在此基础上进行修正，可得：

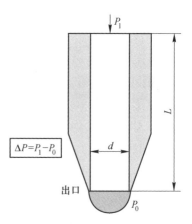

图 1-15　喷管结构示意图

$$\Delta P = \frac{\rho V^2}{2} = \frac{K\rho V^2}{2} + \frac{32\eta VL}{d^2} + \frac{4\sigma_d \cos\theta}{K_s d} - \rho gL$$

$$(1\text{-}42)$$

式中，ρ 为熔体密度；K 为入口损失系数；η 为动力黏度；d 为压铸头直径；L 为压铸头长度；σ_s 为表面张力；K_s 为液体铺展系数；θ 为接触角。

由于熔滴与喷管出口端润湿，会出现一定程度的铺展。因此熔滴的实际接触直径大于喷管直径。参考文献 [16] 确定铺展系数 K_s 为 1.4。确定 $K=0.1$，取 d=1mm，L=30mm，几种常见材料特性参数见表 1-2。

根据式(1-42)，选取锡和铝两种材料的性能参数[17, 18]，计算得到出口速度和气压差之间的关系，如图 1-16 所示。由图 1-16 可知，压强差的增大均导致出口速度的增大。对于锡熔液，当压强差等于 0 时，在出口端具有一定的速度，这是由于本节的计算加入了液体铺展系数的影响。对于铝熔体，由于表面张力系数较大而密度较小，自身的重力不足以使铝液流出，必须施加一定的正压。当压差小于3000Pa时，锡液的出口速度大于铝液；当压差大于3000Pa后，铝液的出口速度迅速增加。随着压差的增大，锡液出口速度的变化较为平缓，而铝液出口速度对气压的反应更加敏感。这表明金属材料属性不同，合理的选择压差范围十分重要。

表 1-2　几种材料的性能参数[17, 18]

材料	表面张力 σ_d /N·m^{-1}	动力黏度 η /×10^{-3}Pa·s	密度 ρ /kg·m^{-3}	熔点 t_0 /℃
纯锡	0.544	4	7000	232
纯铝	0.914	1.257	2380	660
水	0.073	1.07	998	0
石蜡	0.0289	6.19	846	47~64

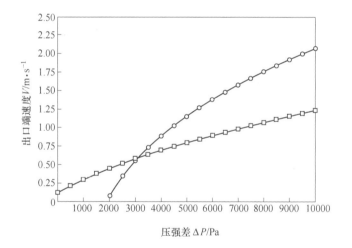

图 1-16　内外压强差与出口端速度关系

（—□—:纯锡；—○—:纯铝）

1.1.5　熔体流速和基板运动速度的匹配关系

金属构件微尺度铸轧过程中，熔体以一定的流速从喷管出口沉积到运动的基板表面，形成条带状凝固组织，按照预定的运动轨迹层层堆积便可形成三维金属构件。熔体的流速和基板运动速度要相互匹配，熔体流速过快，将会导致熔体来不及凝固而溢流；基板运动速度过快，又将导致熔体的断流，造成凝固组织不连续。以下的实验也证明了这些现象的发生。因此，保证熔体流速和基板运动速度相互匹配对于工艺的顺利实施非常重要。为了探究这种匹配关系，对金属熔体在基板上形成条带状凝固组织这一过程做如下假设：

(1) 金属在固液两态的密度保持不变；

(2) 凝固组织具有光滑、均匀、连续的几何结构；

(3) 忽略凝固、传热、流动的影响。

假设金属熔体出口流速为 V_m，基板运动速度为 V_b，在时间 t 内形成长度为 L 的带状凝固层，如图 1-17 所示。熔体在基板上以一定的接触角铺展凝固，假设其横截面为圆弧形，如图 1-18 所示。

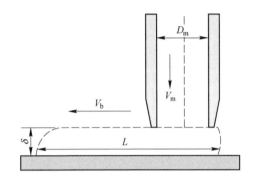
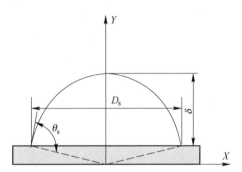

图 1-17 微尺度铸轧过程运动示意图 图 1-18 条带状凝固层横截面

基于上述假设，金属密度不变，在时间 t 内，则熔体从出口流出的体积等于基板上凝固组织的体积，应满足：

$$V_m \frac{\pi D_m^2}{4} t = \left(\frac{\theta_s \pi}{180}\sin\theta_s\cos\theta_s\right)\left(\frac{\delta}{1-\cos\theta_s}\right)^2 V_b t \tag{1-43}$$

式(1-43)化简可得到熔体流速 V_m 和基板运动速度 V_b 的关系，即：

$$V_m = V_b\left(\frac{\theta_s}{45} - \frac{2\sin2\theta_s}{\pi}\right)\left(\frac{\delta}{D_m - D_m\cos\theta_s}\right)^2 \tag{1-44}$$

式中，V_b 为基板运动速度，单位为 m/s；V_m 为熔体出口流速，单位为 m/s；θ_s 为壁面接触角；δ 为铸轧间隙，单位为 mm；D_m 为喷管直径，单位为 mm。

下面根据式(1-44)进行算例分析。设定接触角 $\theta_s = 60°$，管径 $D_m = 1\text{mm}$，铸轧间隙 δ 分别等于 800μm、600μm、400μm 和 200μm，基板和熔体速度的关系曲线如图 1-19 所示。随着铸轧间隙减小，熔体流速也随之减小。设定铸轧间隙 $\delta = 500\text{μm}$，管径 D_m 分别为 2mm、1mm、0.5mm 和 0.2mm，此时基板和熔体速度的关系曲线如图 1-20 所示。管径大小对熔体流速的影响与铸轧间隙相反，随着管径增大，熔体流速减小。固定基板运动速度为 50mm/s，则不同铸轧间隙条件下，喷管直径与熔体流速的关系如图 1-21 所示；同理，不同喷管直径下，铸轧间隙与熔体流速的关系如图 1-22 所示。可以看出，铸轧间隙、喷管直径对基板速度和熔体流速的匹配有重要影响。

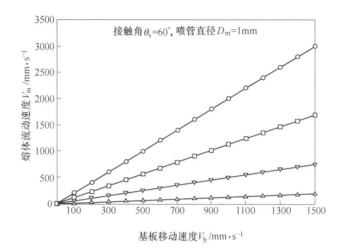

图 1-19　铸轧间隙对基板和熔体速度的影响

(—○—:δ_1=800μm；—□—:δ_2=600μm；—▽—:δ_3=400μm；—△—:δ_4=200μm)

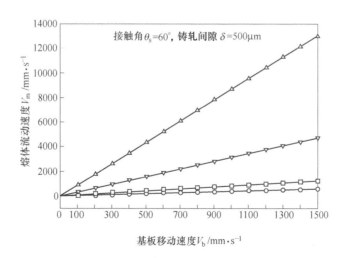

图 1-20　喷管直径对基板和熔体速度的影响

(—○—:D_{m1}=1.5mm；—□—:D_{m2}=1.0mm；—▽—:D_{m3}=0.5mm；—△—:D_{m4}=0.3mm)

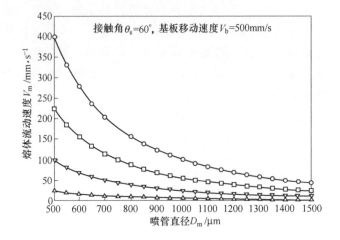

图 1-21 喷管直径和熔体速度的关系

($-\!\!\circ\!\!-$：$\delta_1=800\mu m$；$-\!\!\square\!\!-$：$\delta_2=600\mu m$；$-\!\!\triangledown\!\!-$：$\delta_3=400\mu m$；$-\!\!\triangle\!\!-$：$\delta_4=200\mu m$）

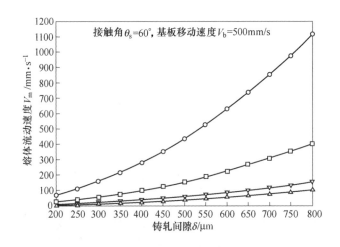

图 1-22 铸轧间隙和熔体速度的关系

($-\!\!\circ\!\!-$：$D_{m1}=0.3mm$；$-\!\!\square\!\!-$：$D_{m2}=0.5mm$；$-\!\!\triangledown\!\!-$：$D_{m3}=0.8mm$；$-\!\!\triangle\!\!-$：$D_{m4}=1.0mm$）

1.2 金属构件微尺度铸轧成型数值计算方法

1.1 节所讨论的理论模型是建立在大量的简化和假设条件之上的，适用范围有限，无法揭示其物理和力学本质。而微尺度铸轧中金属的流动和凝固在一个很小的空间和时间尺度内发生，难以建立耦合多种因素的理论解析模型。采用实验方法也只能观测金属熔敷层的外部形态变化，无法直接测量其内部温度场、速度场和固-液分界面的变化情况，而这些信息对于全面了解微尺度铸轧过程，进而控制工艺的顺利实施具有重要意义。因此,有必要对金属构件微尺度铸轧过程开展数值计算研究。

本节拟采用流体动力学软件 FLUENT,建立金属微尺度铸轧的流动变形和凝固相变数值计算模型。分析微尺度条件下的金属熔体形态、流动场、温度场、压力场以及凝固界面变化等行为,以期望探明实验难以观测到的熔滴流动和凝固等现象,更精确地描述微尺度铸轧的物理过程,从而为工艺的顺利实施提供一定的指导。

1.2.1 金属构件微尺度铸轧过程数学控制方程

为深入对金属微尺度铸轧过程进行研究,应用流体动力学和热力学等理论,建立微尺度铸轧过程的数学控制方程,作为离散化数值求解的理论基础。

1.2.1.1 传热过程分析

金属构件微尺度铸轧过程的凝固是从熔体接触基板后开始的。传热过程包括:液相区内固液界面间的对流传热,熔体内部在压力驱动下产生的对流换热,凝固层的热传导,凝固层与气隙的对流换热和辐射,熔态金属与外界环境的热传导和辐射,基板内部的热传导,外部介质对基板的对流换热等[19]。传热过程的综合效果是熔态金属开始凝固,在基板的水平运动下牵引出一定厚度的凝固层。微尺度铸轧传热过程及温度分布如图 1-23 所示。

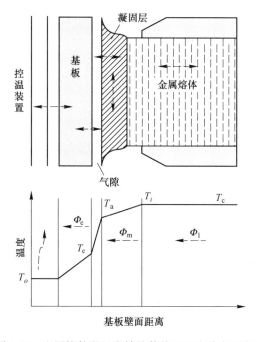

图 1-23 金属构件微尺度铸轧传热及温度分布示意图

金属熔体在压力的作用下，从喷管出口端以一定的速度流出，由于间隙很小，熔体不会缩颈断裂呈球状，而是与基板接触后形成一个半径很小的弯月面。在弯月面根部，冷却速度很快，很快形成初生凝固层。由于表面张力的作用，金属液面具有弹性薄膜性能，可以抵抗剪切力，此时凝固层较薄，内部金属仍呈熔态。随着基板的移动，不断有新的熔体参与传热，新的凝固层连续形成；同时，生成的凝固薄层受到金属液的静水压力和附加压强的作用。在凝固层和液态金属之间存在呈浆态的半固态区，基板的水平移动使得完全凝固区对该区材料有一定的拖曳力，产生类似剪切的效果，限制了晶粒尺寸的过度长大[20, 21]。凝固层和基板很难充分接触，由于表面粗糙和气体来不及逸出等原因，会形成气隙层。气隙层的存在使得接触热阻增大，传热效果变差，形成气泡等夹杂物，造成局部晶粒组织粗大。

1.2.1.2　数学控制方程

金属构件微尺度铸轧涉及熔体的流动、形变、传热及凝固等，影响因素和边界条件均比较复杂，因此需要做一定的简化。在建立控制方程前，对该过程做如下假设：

（1）认为气液两相流为不可压缩的牛顿流体；

（2）认为在该尺度范围内，经典的 N-S 方程和热传导方程依然成立；

（3）忽略熔体凝固产生的固态相变和内部应力；

（4）认为金属熔体与外界气体不发生化学反应；

（5）流体之间相互不渗透且流动形式认为是层流。

金属构件微尺度铸轧是一个既有热交换也存在局部凝固的非恒温流动过程。在一些基本假设的基础上，描述该过程的控制方程组如下。

（1）连续方程。连续性方程又称为质量守恒方程，在运动流场中，控制体流入和流出的质量保持恒定。连续性方程如下：

$$\frac{\partial \rho}{\partial t} + \nabla \cdot (\rho \boldsymbol{u}) = 0 \tag{1-45}$$

若假设流体不可压缩且密度不变，则可写成：

$$\nabla \cdot (\boldsymbol{u}) = 0 \tag{1-46}$$

式中，ρ 为密度；$\boldsymbol{u}$ 为速度矢量，$\boldsymbol{u} = (u, \ v, \ w)$；$\nabla \cdot (\ )$ 表示对括号内变量做散度计算。

（2）动量守恒方程。根据动量守恒定律，流体微元的动量变化率等于作用于其上的合外力。作用在流体微元上的力有两类：一类是表面力，如压力、黏性力等；另一类是体积力，如重力、电磁力等。动量守恒方程的矢量形式为：

$$\frac{\partial (\rho \boldsymbol{u})}{\partial t} + \nabla \cdot (\rho \boldsymbol{uu}) = \nabla \cdot [\mu (\nabla \boldsymbol{u} + \nabla \boldsymbol{u}^T)] - \nabla p + \boldsymbol{G} \tag{1-47}$$

式中，μ 为动力黏度；p 为压强；$\boldsymbol{G}$ 为沿 x 和 y 向的体积力，$\boldsymbol{G} = (G_x, G_y)$。

（3）能量守恒方程。在不可压缩流体存在温度变化时，能量守恒方程作为一个基本控制方程必须列出。能量守恒定律体现为微元体能量的增加率等于进入微元体的净热流量和外力对微元体所做的功。以温度 T 为变量的能量守恒方程为：

$$\frac{\partial(\rho T)}{\partial t} + \nabla \cdot (\rho T \boldsymbol{u}) = \frac{k}{c_p} \nabla \cdot (\nabla T) + S_T \tag{1-48}$$

式中，k 为流体的热传导率；c_p 为定压比热容；$\nabla(\ )$ 表示对括号内变量做梯度计算；S_T 为由黏性作用导致机械能转化为热能的部分，称为黏性耗散项。

（4）自由液面追踪方程。本书研究涉及金属熔体和气体两相流，采用 VOF 方法追踪气液间自由表面。引入流体体积分数 $f(x, y, t)$，其定义为：

$$f(x, y, t) = \begin{cases} 0 & （单元格不含液相） \\ (0, 1) & （网格存在流体界面） \\ 1 & （单元格充满液相） \end{cases} \tag{1-49}$$

将 f 值介于 $(0, 1)$ 之间的网格相连，便可得到更新后的自由表面，流体体积分数 f 满足：

$$\frac{\partial f_i}{\partial t} + \boldsymbol{u} \cdot \nabla f_i = 0 \tag{1-50}$$

$$\sum_i f_i = 1 \tag{1-51}$$

由于本书中涉及金属的凝固，总液相中包括实际液相和固相。采用焓-孔隙法处理整个液相计算区，则气、液、固三相的体积分数为 1，即：

$$f_g + f_1 + f_s = 1 \tag{1-52}$$

控制方程中的各变量和参数通过各相的体积分数平均计算得到，包括密度、黏度、温度和能量等参数。例如，混合平均密度和平均黏度的计算公式为：

$$\rho = f_1\rho_1 + f_g\rho_g + f_s\rho_s \tag{1-53}$$

$$\mu = f_1\mu_1 + f_g\mu_g + f_s\mu_s \tag{1-54}$$

式中，f_g、f_1、f_s 分别为气相、液相和固相的体积分数；其他物理数学也采用混合平均的方式得到。

将流体动力学控制式 (1-45)、式 (1-47) 和式 (1-48) 联立构成封闭的方程组，再加上合适的边界条件和初始条件，将上述控制方程离散化处理，便可以数值求解压力分布 p、温度分布 T、速度矢量 $\boldsymbol{u}$ 及确定气液自由表面 f。

1.2.2　金属构件微尺度铸轧数值离散方法

上一节主要介绍了金属构件微尺度铸轧的数学控制方程，其核心是建立在基本守恒定律上的各项控制微分方程。这些微分方程难以得到解析解，通常需要用一定的数值方法进行离散化处理才能进行求解。下面对控制方程的数值离散方法，以及涉及数值建模的若干关键问题进行探讨。

1.2.2.1　基于有限体积法的控制方程离散

有限体积法（FVM，Finite volume method）将计算域划分为一系列互不重合的离散小区域，形成包围网格节点的控制体积 ΔV。各求解物理量（速度 $\boldsymbol{u}$、压力 p、温度 T、密度 ρ 等）存储在控制体积的中心节点上。有限体积法对控制方程的离散是将待求解的偏微分方程对每一个控制体进行数值积分的过程[22, 23]。

基于不同变量的守恒定律，可推导出对应的控制方程，各方程的形式类似。引入通用变量 ϕ，则控制式（1-45）、式（1-47）和式（1-48）可表示为：

$$\rho \frac{\partial \phi}{\partial t} + \rho \nabla \cdot (\phi \boldsymbol{u}) = \nabla \cdot (\Gamma \cdot \nabla \phi) + S_\phi \tag{1-55}$$

式中，ϕ 为通用变量，如速度分量、温度、压力等变量；Γ 为广义扩散系数；S_ϕ 为广义源项。将 ϕ、Γ 和 S_ϕ 取不同的表达式，便可得到对应的连续性方程、动量方程和能量方程等。式（1-55）中的四项分别是瞬态项、对流项、扩散项和源项。在充分小的流体微元中，式（1-55）通用微分方程满足：

$$\phi_{\text{随时间的变化率}} + \phi_{\text{对流的流出率}} = \phi_{\text{扩散引起的增加率}} + \phi_{\text{源项引起的增加率}} \tag{1-56}$$

将通用微分控制方程（1-55）在控制体积 ΔV 内进行积分，可得：

$$\int_{\Delta V} \rho \frac{\partial \phi}{\partial t} dV + \int_{\Delta V} \rho \nabla \cdot (\phi \boldsymbol{u}) dV = \int_{\Delta V} \nabla \cdot (\Gamma \cdot \nabla \phi) dV + \int_{\Delta V} S_\phi dV \tag{1-57}$$

利用 Gauss 散度定量，将式（1-57）中的对流项和扩散项的体积分转换成控制体积 ΔV 在其表面 ΔS 的面积分。同时将瞬态项的微分和积分符号交换顺序可得：

$$\rho \frac{\partial}{\partial t} \int_{\Delta V} \phi dV + \rho \int_{\Delta S} \boldsymbol{n} \cdot (\phi \boldsymbol{u}) dS = \int_{\Delta S} \boldsymbol{n} \cdot (\Gamma \cdot \nabla \phi) dS + \int_{\Delta V} S_\phi dV \tag{1-58}$$

式中，$\boldsymbol{n}$ 为积分面元 dS 的表面外法线单位矢量；ΔS 为 ΔV 对应的闭合边界面。

对于瞬态问题，在对控制方程进行空间积分的同时，还需在每个时间步 Δt 内进行时间积分。以保证方程从时刻 t 到时刻 $t+\Delta t$ 内仍保持守恒，即：

$$\rho \int_t^{t+\Delta t} \frac{\partial}{\partial t} \int_{\Delta V} \phi dV dt + \rho \int_t^{t+\Delta t} \int_{\Delta S} \boldsymbol{n} \cdot (\phi \boldsymbol{u}) dS dt = \int_t^{t+\Delta t} \int_{\Delta S} \boldsymbol{n} (\Gamma \cdot \nabla \phi) dS dt + \int_t^{t+\Delta t} \int_{\Delta V} S_\phi dV dt$$

$$\tag{1-59}$$

有限体积法得到的离散方程，能够保证通用变量 ϕ 在一定的时间间隔内对任意一组控制体积 ΔV 都满足积分守恒关系，对整个计算区域，自然也满足守恒关系。

1.2.2.2　焓-多孔介质法对控制方程的修正

焓-多孔介质法（enthalpy-porosity）是在欧拉网格下对固-液两相采用统一的控制方程进行整场求解。将相变焓作为热源项构造于能量方程，而将固-液界面的模糊区视为多孔介质，避免了物理性质的非连续性变化，便于对动量方程进行修正[24-26]。

A 能量方程的修正

金属的凝固过程要释放潜热，相当于温度场有了内热源。焓-多孔介质法采用热焓法处理相变潜热。以焓 H 来代替温度 T 作为能量方程的变量，材料的焓可表示为：

$$H = h + \Delta H \tag{1-60}$$

式中，h 为显焓；ΔH 为相变潜热。

显焓 h 可表示为：

$$h = h_{ref} + \int_{T_{ref}}^{T} c_p dT \tag{1-61}$$

式中，h_{ref} 为参考焓；T_{ref} 为参考温度；c_p 为比热容。

潜热 ΔH 可定义为：

$$\Delta H = \beta L \tag{1-62}$$

式中，β 为液相体积分数；L 为材料的潜热。

以焓 H 代替温度 T，则能量方程式（1-48）可修正为：

$$\frac{\partial(\rho H)}{\partial t} + \nabla \cdot (\rho H \boldsymbol{u}) = \nabla \cdot (k_{eff} \nabla T) + S_h \tag{1-63}$$

式中，k_{eff} 为有效热传导率；S_h 为源项。k_{eff} 和 S_h 分别定义为：

$$k_{eff} = f_l k_l + f_g k_g + f_s k_s \tag{1-64}$$

$$S_h = \begin{cases} -\left[L \dfrac{\partial}{\partial t}(\rho f_l) \right] & (f = 1) \\ 0 & (f < 1) \end{cases} \tag{1-65}$$

式中，f_l、f_g、f_s 分别为气相、液相和固相的体积分数，单位为%；k_l、k_g 和 k_s 分别为气相、液相和固相的导热系数。当网格内充满液相（即 $f=1$）时，源项 S_h 才被激活。

B 动量方程的修正

动量方程的修正体现在由凝固时固相的出现而导致的动量的损失。焓-多孔介质法把固-液两相区看作是多孔介质，液相占据的空间认为是孔隙，液相的体积分数等于该多孔介质的孔隙率。随着凝固的进行，孔隙率随着液相体积分数的减小而变小，流速也逐渐减慢，但保持连续变化。当孔隙率为零时，即完全凝固成固相，速度减为零。这样，动量的损失由流体速度的减小造成，其定义如下[27]：

$$\psi = \frac{(1-\beta)^2}{\beta^3 + \varepsilon} A_{mush}(\boldsymbol{u} - \boldsymbol{u}_p) \tag{1-66}$$

式中，ε 为一个极小的正数（小于0.001），防止分母为0；A_{mush} 为糊状区常数，表示阻尼振幅，该值越大表示凝固过程中速度衰减越快，但过大会引起求解震荡；u_p 为牵引速度，表示固相速度。

固-液两相区采用统一的动量控制方程进行求解。将动量损失项 ψ 作为源项加入方程式(1-47)，即得到修正的动量方程为：

$$\frac{\partial(\rho u)}{\partial t} + \nabla(\rho u u) = \nabla \cdot \left[\mu(\nabla u + \nabla u^T)\right] - \nabla p + G + \psi \tag{1-67}$$

通过多孔介质法引入了动量损失项作为方程源项，便可以反映出由于凝固产生的对流动速度的影响；同样也可以自定义其他凝固模式作为方程源项。

1.2.2.3　运动界面的追踪方法

在金属构件微尺度铸轧过程中，存在两类运动界面：一类是金属熔体与周围气体的界面形态变化；另一类是金属熔体发生热量交换而产生的凝固层界面的运动。分别采用不同方法对这两类运动界面进行追踪。

A　VOF 自由表面追踪方法

在第 1.2.1.2 节中简单介绍了 VOF 控制方程，下面对该方法做进一步阐述。VOF 方法（Volume of Fluid）由 Hirt 等[28-30]提出，是一种在固定欧拉网格下的自由表面追踪算法，基本原理是通过计算网格单元中流体体积函数 F 来确定自由面。在 VOF 模型中，不同组分流体共用一套动量方程，在整个计算流域的每个单元内，都记录下各组分流体的体积率。定义单元上的流体体积分数为：

$$F = \frac{\text{单元内目标流体的体积}}{\text{单元总体积}} \tag{1-68}$$

定义如下：充满目标流体的网格，$F=1$；不含目标流体的网格，$F=0$；含有自由表面的网格，$0<F<1$。

VOF 函数满足：

$$\frac{\partial F}{\partial t} + \nabla \cdot (u F) = 0 \tag{1-69}$$

求解 VOF 控制方程式(1-69)，将 F 值介于 0~1 的单元相连，便可得到更新后的自由表面。但此时捕捉到的新运动界面比较模糊，为了提高界面的分辨率和精度，需要进行界面重构。VOF 模型中的界面重构方法有几何重构法、施主-受主法、欧拉显示和隐式插补等，其中以几何重构法（Geo-reconstruct）较为简单方便。Hirt 等[28]将自由表面看作局部单值函数，通过水平或者竖直的线来重构自由面，但这样得到的自由面比较粗糙；而 Youngs[31,32]提出了以斜直线来近似描述理想自由面的几何重构法，这种方法得到的自由面更加精确且光顺。本小节在气液界面重构时采用的是 Young 几何重构法。

B　凝固运动界面追踪方法

金属构件微尺度铸轧过程中，熔体与周围气体及基板热量交换，发生凝固现象，凝固界面随着热量散失不断移动，直至整个液相转变为固相。为了对凝固界面进行跟踪，以温度为变量，引入一个可区分固-液相的控制方程。单元液相体积分数 β 的计算公式为：

$$\beta = \frac{\text{单元内液相体积}}{\text{单元总体积}} \tag{1-70}$$

凝固只发生在金属熔体内部，但为使整个计算域的单元对 β 有意义，做如下规定：气相区域单元的液相体积分数 $\beta = 1$，固相区（基板）单元的液相体积分数 $\beta = 0$。金属熔体内部单元的 β 值定义为[33, 34]：

$$T_{\text{low}} = T_{\text{m}} - \delta, \quad T_{\text{high}} = T_{\text{m}} + \delta \tag{1-71}$$

$$\beta = \begin{cases} 0 & (T < T_{\text{low}}) \\ \dfrac{T - T_{\text{low}}}{T_{\text{high}} - T_{\text{low}}} & (T_{\text{low}} < T < T_{\text{high}}) \\ 1 & (T > T_{\text{high}}) \end{cases} \tag{1-72}$$

式中，T_{m} 为金属熔点温度；δ 为避免速度突变而假设的极小的温度区间。

在每个时间步长内求解式（1-72），将 $0 < \beta < 1$ 的固、液相共存单元相连便构成了一微小宽度的带状糊状区，取 $\beta = 0.5$ 的等值线表示凝固界面的位置和形状[34]。

C　两类运动界面的比较和规定

同为运动界面问题，但这两类运动界面的追踪方法却不尽相同。气液自由表面的追踪首先求解 VOF 控制微分方程，再通过流体体积分数 F 和自由表面斜率进行几何重构得到的；而凝固界面则是通过求解与温度相关的分段线性方程组确定的。

值得注意的是，需要区分流体体积分数 F 和液相体积分数 β 这两个概念。流体体积分数 F 的引入是为了区分液-气两相，在本书中指金属熔体和空气；而液相体积分数 β 的引入则是便于区分金属凝固产生的液-固相。每个计算单元中都存储有流体体积分数 F 和液相体积分数 β 的信息。为保持方程的统一，对一些特殊区域的单元做出如下约定：金属熔体凝固后的固相区，虽然不再是液态，仍定义该固相区单元的流体体积分数 F 为 1，气体所在单元的液相体积分数 β 定义为 1，基板区域单元的 F 和 β 值均定义为 0。

1.2.2.4　表面张力处理方法和壁面附着

表面张力通过使体系表面积最小来最小化自由能，从而控制流体的形变特性。对于大尺度问题，表面张力的作用通常可以忽略，而对于小尺度问题，表面张力则不可忽略。若 $Re \ll 1$，表面张力的取舍决定于毛细数，即：

$$Ca = \frac{\mu V}{\sigma} \tag{1-73}$$

若 $Re \gg 1$，则取决于韦伯数，即：

$$We = \frac{\rho L V^2}{\sigma} \tag{1-74}$$

式中，ρ 为流体密度；L 为特征长度；V 为特征流速；μ 和 σ 分别为流体的黏度和表面张力系数，如果 $Ca \gg 1$ 或 $We \gg 1$，则表面张力的作用可以忽略。

本章研究的金属熔体流动是在微米尺度空间进行的，属于小尺度问题，满足 $Re \gg 1$，而韦伯数 We 较小，因此数值建模时必须考虑表面张力的作用[35-37]。

表面张力在金属构件微尺度铸轧过程中起到了重要的作用。这里选用 Brackbill 等[38] 提出的连续介质表面力模型（CSF，Continuum Surface Force），采用该模型，将表面张力作为空间连续的体积力，构造于动量方程的源项中。液-气界面两侧的压差等于表面张力系数和表面曲率半径的乘积，即：

$$P_s = P_g - P_1 = \sigma\left(\frac{1}{R_1} + \frac{1}{R_g}\right) \tag{1-75}$$

式中，P_g 和 P_1 分别为液相和气相两侧的压强；R_g 和 R_1 分别为对应表面曲率半径；σ 为表面张力系数。

表面曲率的变化影响表面张力的大小，在 CSF 模型中，表面曲率 κ 由垂直于界面的表面局部梯度计算得到。n 为表面法向量，定义为第 k 项体积分数 a_k 的梯度，即：

$$n = \nabla a_k \tag{1-76}$$

则曲率 κ 可定义为单位法向量 $\hat{n}$ 的散度，即：

$$\kappa = \nabla \cdot \hat{n} \tag{1-77}$$

$$\hat{n} = \frac{n}{|n|} \tag{1-78}$$

通过散度定理可将表面张力表示成体积力，然后以体积力的形式添加到动量方程的源项。本书只有气液两相流，因此表面力可写成：

$$F_{CSF} = \sigma \kappa n \frac{a_1 \rho_1 + a_g \rho_g}{\frac{1}{2}(\rho + \rho_g)} \tag{1-79}$$

式中，a_1 和 a_g 分别为单元内液相和气相的体积分数；ρ_1 和 ρ_g 分别为液相和气相的密度。

金属熔体在基板表面铺展产生壁面附着（wall adhesion）[37]，通过指定壁面接触角来调整壁面附近单元的表面法向量 $\hat{n}$：

$$\hat{n} = \hat{n}_w \cos\theta_w + \hat{t}_w \sin\theta_w \tag{1-80}$$

式中，$\hat{n}_w$ 和 $\hat{t}_w$ 分别为壁面单位法向量和切向量；θ_w 为壁面接触角，如图 1-24 所示。通过引入壁面接触角体现出了壁面附着作用，与壁面附近单元的单位向量联合确定表面的局部曲率，从而起到调整 CSF 模型中体积力的目的。

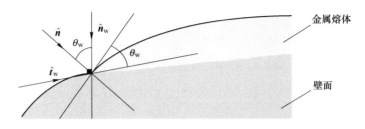

图 1-24 壁面附近单元的法向和切向单位向量

CSF 模型将表面张力转换为体积力并附加于动量方程的源项，从而体现出了表面张力对熔体形态变化的影响。在 VOF 模型中，体积力采用隐式求解，体积力引起的压力梯度反映了动量方程中表面张力的变化，同时也提高了解的收敛性。

1.2.3 金属构件微尺度铸轧数值计算模型建立

本书第 1.1 节建立了金属构件微尺度铸轧的若干简化理论模型，第 1.2.1 和第 1.2.2 节对涉及该工艺的控制方程及数值离散方法进行了介绍，这是建立数值计算模型的基础理论。本节拟建立金属构件微尺度铸轧的数值计算模型，并对建模中的关键技术问题进行处理。在建立数值计算模型前，特提出以下假设：

（1）假设熔炉到出口端的金属流动形式为恒温、稳态的层流；

（2）认为熔融金属为不可压缩牛顿流体，将固液界面处的对流视为热传导；

（3）固态相变潜热远小于凝固潜热，忽略固态相变的影响；

（4）认为压力瞬时施加到熔体表面，且对熔体温度等无影响，忽略气体可压缩性产生的滞后延迟；

（5）认为金属液面没有波动，是稳定的水平面，且金属熔液按均相介质处理；

（6）忽略传热对流动造成的影响；

（7）忽略基板表面粗糙度及杂质的影响。

金属熔体在压力作用下，从喷管流入微米尺度的空间，并凝固形成熔敷层。本节的目的在于建立描述该过程的数值计算模型。微尺度铸轧的三维模型示意图如图 1-25 所示，模型各项基本尺寸如图 1-26 所示。由图 1-26 可知，喷管直径 1mm，间隙尺寸 500μm，基板宽度 3mm，在入口处施加一定的压力。这些尺寸参数均可以改变，用来研究不同的尺寸参数对微尺度铸轧造成的影响。但为了首先研究其一般性的规律，综合计算量的考虑和前期理论分析的认识，首先以图 1-26 的尺寸建立仿真模型，得到一般性的规律后再进行参数化研究。

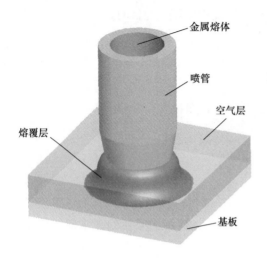

图 1-25　金属构件微尺度铸轧
三维模型示意图

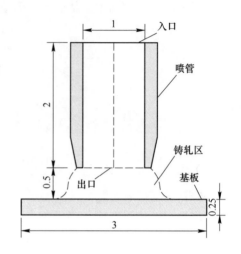

图 1-26　金属构件微尺度铸轧模型的
基本尺寸(单位：mm)

1.2.3.1　计算网格和条件设置

金属构件微尺度铸轧过程中，基板在三维工作台的控制下沿一定轨迹运动。金属熔体不断与新的基板表面发生热传递，已凝固组织对后续凝固过程造成影响，这是一个动态过程。建立数值计算模型的目的便是研究微尺度铸轧实施过程中金属的流动及凝固情况，并分析各工艺参数对流场、温度场和凝固界面的影响。

A　计算区域网格

采用 GAMBIT 软件建立微尺度铸轧的网格模型，其基本尺寸如图 1-26 所示。由图 1-26 可知，有基板和空气层的长度按照实际情况有所变化，喷管位置由中间改为位于基板左端。整个模型划分为均匀的结构化网格，将网格模型导入 FLUENT 中进行边界条件的设置，由于喷管相对基板运动，需要设置动网格区域，这在运动边界上需要进行特殊处理。微尺度铸轧模型的网格和边界条件如图 1-27 所示。

B　边界条件

微尺度铸轧模型的各边界条件如图 1-27 所示，在运动区域网格和静止区域网格交界面处需进行特殊处理，其边界条件设置如下。

(1) 速度入口边界 (velocity inlet)：

1) 速度沿竖直方向：$v = V$；

2) 速度沿水平方向：$u = U$；

3) 温度 T 为熔体温度：$T = T_m$。

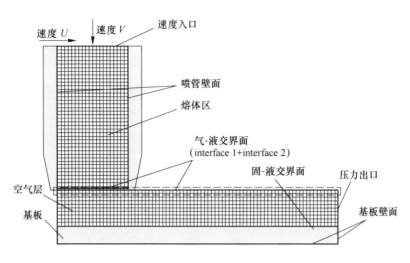

图 1-27 计算模型的网格及边界

（2）喷管壁面边界（wall 1）：

1）沿水平向运动：$u=V$；

2）温度 T 为定值：$T=T_m$。

（3）气液交界面。该气液交界面处存在两个界面，分别是 interface 1（属于熔体区）和 interface 2（属于空气区）。在 GAMBIT 中定义这两个界面是非连续的（disconnected），即位置重合但不共用一个面或边。然后在 FLUENT 中将 interface 1 和 interface 2 对接起来，形成一组连接动态区域（熔体区）和静止区域（空气层）网格的网格界面（grid interface）。在 interface 1 和 interface 2 的重合区域，也即是喷管的出口端，界面类型将被处理为内部界面 interior，这样便可以在运动和静止区域之间进行各种物理量的连续过渡。

（4）给定压力出口边界（pressure outlet）：

1）出口压力 p 设置为标准大气压，$p=p_{atm}$；

2）次相（金属熔体）流体的体积分数为 1；

3）温度 T 为定值，$T=T_0$。

（5）固-液交界面。固液交界面的热边界类型设置为热耦合（coupled）。由于分属流体和固体两个不同的区域，导入 FLUENT 后会生成对应的 shadow 面。

（6）基板壁面边界（wall 2）：

1）无滑移：$u=v=0$；

2）绝热：$\dfrac{\partial T}{\partial x}=0,\ \dfrac{\partial T}{\partial y}=0$。

C 初始化条件

对于非稳态的流动和传热问题，除控制方程组封闭和给定边界条件外，还需要给定初始条件才能顺利计算。合适的初始条件是计算收敛和进行参数化分析的重要条件，必须根据实际情况和研究目的进行合理设置。本章研究的金属微尺度铸轧，其计算初始条件主要包括计算区域压力、温度、速度、流体体积分数的设定，具体设置见表1-3。

表1-3 微尺度铸轧模型计算区域初始化条件

计算区域	压强/Pa	温度/K	速度/m·s^{-1}	流体体积分数
熔体区	…	…	…	1
空气层	101325	…	0	0
基板	—	…	—	—

注：“—”表示该区域对应的参数无须设置，“…”表示该参数可以设置不同的数值，以便讨论不同参数对微尺度铸轧的温度场、流动场的影响。

D 动网格技术

动网格技术用于模拟随时间变化的流场内部及运动边界的变形，基本原理是基于任意拉格朗日-欧拉方法，随时间步的迭代不断更新网格节点位置。Fluent 提供了三种网格更新方式，分别是弹簧光顺法（spring smoothing）、局部重构法（local remeshing）和动态层铺法（dynamic layering）[39]。弹簧光顺法适用于三角形和四面体等非结构化网格，由于无法分裂和合并网格，仅限于边界变形和运动幅度较小的情况。局部重构法可以重新划分畸变率过大、或网格尺寸变化剧烈的局部网格，用户可通过网格尺寸和网格畸变率（cell skewness）来控制重构网格的疏密程度。局部重构法同样仅适用于三角形和四面体非结构化网格，并与其他两种方法配合使用。动态层铺法通过在运动边界处动态增加或减少网格层数来实现网格的更新，适用于结构化网格，且更新后的网格仍为结构化网格，计算精度较高。本节的微尺度铸轧计算区域离散为结构化网格，且涉及大位移变形，因此采用动态层铺法更新网格。

通过多次尝试，发现当设定基板或者空气层为动网格区时，计算难以收敛，无法达到预期效果。因此，设定整个金属熔体区为动网格区域（dynamic mesh zone），其各项边界，如速度入口、喷管管壁及滑移界面（interface）均设置为变形区，与网格同步运动（见上一小节的边界条件设置）。在每个运动边界定义一个理想单元高度 h_{ideal}（cell height），本节中该高度与单个网格尺寸相同。指定分裂因子 a_s（split factor）和合并因子 a_c（collapse factor），当旧网格高度拉伸到 $h_{min} > (1 + a_s)h_{ideal}$ 时，分裂形成新的网格层。采用固定层高法（constant height），分裂后两层的高度分别是 h_{ideal} 和 $h - h_{ideal}$。当旧网格被压缩到 $h_{min} < a_c h_{ideal}$ 时，旧网格与相邻网格层合并[37]。本书中设置分裂因子 a_s 和合并因子 a_c 分别是 0. 4

和 0.04，模拟结果证明该系数设置合理。

动网格区域的运动参数通常有 UDF 自定义函数定义。UDF 中有三种运动定义宏函数[40]。DEFINE_ CG_ MOTION 用于定义特定区域的刚体运动，包括随时间变化的线速度和角速度。DEFINE_ GEOM 通过指定一个网格区域的变形参数，使其按照弹簧光顺法或局部网格重构法来重新划分网格。DEFINE_ GRID_ MOTION 控制动态区的网格以桁架形式整体移动，内部节点之间不发生相对位移。经过对比，本节选用 UDF 中的 DEFINE_ CG_ MOTION 宏函数来控制金属熔体区域的网格相对于基板以一定速度做水平运动。

1.2.3.2　材料属性和接触热阻

本章的数值计算模型需要设置金属材料热物性参数及接触热阻，下面进行介绍。

A　材料属性设置

准确的材料性能参数是保证数值计算模型可靠性的关键因素，但对于很多金属材料，其在高温时的热物性参数往往十分缺乏，本书所需的各种热物性参数从相关文献中搜集得到。由于后文中的工艺试验选用锡金属作为实验材料，本章的数值计算也采用锡的热物性参数。在该仿真模型中，认为锡熔体黏度和表面张力系数随温度变化，文献 [41] 给出了液态锡在不同温度区间的黏度拟合公式，如式(1-81)所示；文献 [42] 给出了锡钎料（SnAgCu）的表面张力随温度变化的经验公式，如式(1-82)所示。采用定义材料物性参数的宏命令 DEFINE_ PROPERTY，根据这两个公式编制锡熔体的黏度和表面张力的 UDF 子程序。锡的比热容和导热系数区分固态和液态，在 FLUENT 中通过分段线性插值（piecewise-linear）实现。其他如密度、潜热等参数设置为常数。空气的熔化潜热、液相线和固相线温度这三个参数值均设置为 0。基板材质选用不锈钢，由于只涉及热量的传递，只需定义密度、导热系数和比热容即可，其中导热系数和比热容与温度相关。参考文献 [43-45]，模拟所采用的锡熔体、空气和不锈钢基板的热物性参数见表 1-4。为满足实际仿真要求，对部分数据和公式做了必要的修正。

表 1-4　仿真模型所采用的材料热物性参数[43-45]

材料性能	锡	空气	不锈钢		
	25~240℃	25℃	27℃	127℃	327℃
密度 ρ/kg·m^{-3}	7000	1.16	7900	7900	7900
固相比热 c_s/J·(kg·K)$^{-1}$	176	1006	477	515	557
液相比热 c_l/J·(kg·K)$^{-1}$	244				
固相导热系数 k_s/W·(m·K)$^{-1}$	62.2	0.024	14.9	16.6	19.8
液相导热系数 k_l/W·(m·K)$^{-1}$	33.6				

材料性能	锡	空气	不锈钢		
	25~240℃	25℃	27℃	127℃	327℃
黏度系数 μ/Pa·s	见式(1-181)	1.79×10^{-5}	—	—	—
熔化潜热 L/kJ·kg^{-1}	60.9	0	—	—	—
固相线温度 T_s/K	504	0	—	—	—
液相线温度 T_l/K	506	0	—	—	—
表面张力 σ/N·m^{-1}	见式(1-182)	—	—	—	—

液态锡在不同温度区间的黏度公式为[41]:

$$\ln\mu = \begin{cases} -0.37816 + \dfrac{627.11}{T} & (505 < T \leqslant 663) \\[2mm] -0.0529 + \dfrac{449.69}{T} & (663 < T \leqslant 1083) \\[2mm] 0.28533 + \dfrac{79.07}{T} & (1083 < T \leqslant 1323) \end{cases} \tag{1-81}$$

式中，μ 为黏度，单位为 mPa·s，在编程时注意将单位换算为 Pa·s；T 为温度，单位为 K。

模型中采用的锡钎料的表面张力公式为[42]：

$$\sigma = 0.5865 - 8.19 \times 10^{-5}T \quad (505K < T \leqslant 1215K) \tag{1-82}$$

以锡熔体的黏度物性参数为例，编写的 UDF 子程序如下：

```
#include <stdio.h>
#include <math.h>
#include " udf.h"
#define M_ E 2.71828
DEFINE_ PROPERTY (tin_ viscosity, c, t)
{ real mu;
real ln_ mu;
real temp = C_ T (c, t);
if (temp>1323.)
    {mu=1.0e-3;}
else if (505.<=temp&&temp<663.)
{ln_ mu=-0.374816+627.11/temp;
    mu=pow (M_ E, ln_ mu) /1000;}
else if (663.<=temp&&temp<1083.)
    {ln_ mu=-0.0529+449.69/temp;
```

```
mu = pow (M_E, ln_mu) /1000;}
else if (1083.<=temp&&temp<1323.)
    {ln_ mu = 0.28533+79.07/temp;
    mu = pow (M_ E, ln_ mu) /1000;}
else {//temp<505.
    mu = 1.;}
return mu;}
```

B　接触热阻

金属熔体与基板之间的热传导是引起凝固的主要原因。认为基板仅参与热传导过程，忽略对流和辐射的影响。则基板的能量守恒方程为：

$$\rho_{w} C_{w} \frac{\partial T_{w}}{\partial t} = \nabla \cdot (k_{w} \nabla T_{w}) \tag{1-83}$$

式中，下角标 w 表示壁面（wall）。

熔体在沉积到基板之前，向周围空气以对流和辐射的方式传递热量。根据 Pasandideh 等[46,47]关于锡熔滴沉积的研究文献，熔滴向周围空间的热耗散相比基板的要小三个数量级，因此熔滴与空气之间的对流和辐射作用可以忽略。文献［14，46-49］均忽略了这种作用，研究结果表明，这种假设是合理的。金属构件微尺度铸轧的间隙层很小，与空气之间的热交换相比熔滴喷射更不显著。因此，本节未考虑熔体与空气之间的对流及辐射。这样，热交换主要在熔体与基板之间进行。由于基板壁面不可能理想平整，在计算过程中必须考虑熔体与基板之间的接触热阻，熔体-基板接触面之间的热交换计算公式为：

$$q = \frac{T_{tin} - T_{w}}{R_{C}} \tag{1-84}$$

式中，R_{C} 为壁面接触热阻。实际情况下，接触热阻随着时间和位置而变化。为简化起见，这里认为 R_{C} 是常数。根据文献［46-48，50］的相关数据，本仿真模型中采用的接触热阻 R_{C} 的值近似设定为 $5 \times 10^{-6} \mathrm{m}^2 \cdot \mathrm{K/W}$。

1.2.3.3　求解算法和参数设置

采用合适的算法和时间步长、欠松弛因子等参数对数值仿真模型进行求解，才能得到关于微尺度铸轧的流场、温度场的变化情况。

A　求解算法

采用有限体积法进行数值计算的本质便是对离散后的控制方程组进行求解，一般可分为分离式解法（segregated method）和耦合式解法（coupled method）[51]。本书采用的是压力耦合方程组的半隐式计算方法（SIMPLE 算法）的改进算法——PISO 算法。

PISO（Pressure Implicit With Splitting Operators）意为基于算子分裂的压力隐

式算法，由 Issa[52] 于 1986 年提出，属于 SIMPLE 算法的改进算法。起初用于非稳态可压流动的无迭代计算，后来也广泛用于稳态问题的迭代计算。

PISO 算法的求解思路是：假定压力初值，隐式求解动量方程，得到速度预测值 $U^*(u^*，v^*)$；利用 U^* 求解连续性方程，得到压力预测值 P^*，然后再将此 P^* 代入动量方程显式求解速度 U^{**}，并进行速度校正，直至达到允许的误差范围。算法流程如图 1-28 所示。与 SIMPLE 算法不同的是，PISO 算法增加了一个修正步，两次求解压力修正方程，并在迭代过程中考虑了相邻校正，完成第一

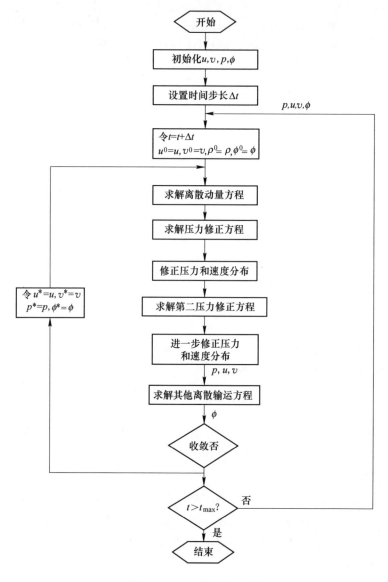

图 1-28 PISO 算法流程图

步修正得到 (u, v, p) 后寻求二次改进值，相邻网格采用最新的速度预测值，目的是更好地同时满足动量方程和连续性方程。相比 SIMPLE 算法，PISO 算法在单个迭代步中的计算时间稍长，但收敛所需的迭代次数大大减少，针对含有运动边界的非定常流动问题，可以显著提高解的稳定性。因此，本节微尺度铸轧数值模型的求解采用了 PISO 算法。

B 参数设置

这里的参数设置主要是指与计算收敛性有关的时间步长和亚松弛因子，这是与收敛性直接相关的两个重要参数。实际计算中，时间步长和亚松弛因子的选择有一定的规律可循[37,53]。

（1）时间步长的确定[54]。时间步长应比模型的最小时间常数小一个数量级，单个时间步内的迭代次数在 10~20 为宜。具体到本节的微尺度铸轧仿真模型，时间步长主要受以下网格尺寸、库郎数和动网格参数的制约。划分好空间网格后，计算时要求单个时间步内流体的流动距离不能超过一个网格单元的最小尺寸，流动只发生在相邻单元间；因为考虑了表面张力，所以限制每个时间步内毛细波动的传播距离小于单个网格的尺寸；本节还应用了动网格模型，要求运动边界在每个时间步的移动距离不得进入到其相邻网格的内部，否则易出现网格负体积而造成计算终止。通过本节微尺度铸轧的模拟发现，时间步长选取在小于或者等于 1.0×10^{-5} s 时较为合适，时间步长太大，容易发散；时间步长太小，则计算时间太长。

（2）亚松弛因子的设置。由于所求解控制方程组的非线性，FLUENT 采用亚松弛因子调节流场变量在每次迭代中的增量变化。亚松弛因子将本次迭代结果与上一次结果的差值做适当缩减，以避免非线性迭代过程出现发散。其值在 0~1，越小表示两次迭代值之间的变化越小，求解越稳定，但收敛速度也越慢。FLUENT 中默认的亚松弛因子值针对不同算法的特点优化得到，适合于大多数问题。但在实际模拟中，如果迭代残差持续增加，则需要适当的减小亚松弛因子。对于本节的金属微尺度铸轧仿真，通过计算发现，亚松弛因子取值在 0.8~0.9 比较合适。

1.2.4 金属构件微尺度铸轧数值计算结果

在第 1.2.3 节建立了金属构件微尺度铸轧的数值计算模型，本节主要对计算结果进行分析讨论。研究了工艺参数，如气压、熔体温度、基板温度和运动速度等参数，对铸轧区流场、温度场和凝固层造成的影响。同时将数值模型与理论解析解进行了对比验证，并分析了微尺度铸轧过程中的空气卷入问题。

1.2.4.1 仿真模型验证及网格密度确定

本书第 1.1.2 节基于 Neumann 一维半无限空间相变问题的精确解[55]，结合热平衡积分法给出了有限空间下凝固界面位置的解析式(1-27)。设定锡熔体温度 $t_δ = 260℃$ （即533K），基板温度为 $t_w = 30℃$。将锡的其他相关热物性参数（见表 1-4），代入第1.1.2.1节的超越方程式(1-27)。通过 MATLAB 求解超越方程，其根分布如图1-29所示，得到待定系数 $λ = 0.4654$。则针对锡金属凝固的界面位移方程为：

$$s(\tau) = 2\lambda \sqrt{\alpha_s \tau} \quad (\tau > 0) \tag{1-85}$$

式中，$α_s$ 为导温系数，$\alpha_s = \dfrac{k_s}{\rho C_s}$，通过锡的固相导热系数、比热容和密度计算得到 $α_s = 5.05 \times 10^{-5} m^2/s$，则式(1-85)转变为：

$$s(\tau) = 0.0066\sqrt{\tau} \quad (\tau > 0) \tag{1-86}$$

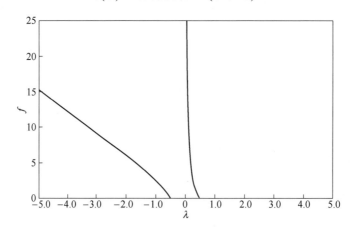

图 1-29　针对锡熔体凝固的超越方程的根

式(1-86)给出了锡熔体凝固界面随时间变化的解析解，采用相同的热物性参数进行数值仿真，将仿真结果与解析解进行对比，以验证数值模型的可靠性。其中熔体温度和基板温度与解析模型相同，分别为260℃和30℃，间隙尺寸设置为1mm。忽略热阻的影响。采用四种不同模型进行模拟，网格尺寸分别0.1mm、0.05mm、0.01mm 和 0.005mm。模拟得到的凝固层厚度变化与解析解的对比如图1-30所示。可以看出，即使是最粗的网格，所得数值解与解析值也基本吻合，这证明了本节所建数值模型的有效性。随着网格细化，数值解越接近解析值。但当网格细化到 0.01mm 后，求解精度并没有明显地提高。因此最佳网格尺寸在0.01~0.005mm，考虑到计算成本，本节的数值计算模型采用0.01mm的网格。

1.2.4.2　气体卷入问题分析

金属材料的热成型工艺经常会不可避免地卷入气体，对工业制品造成不利影响（如热喷涂工艺），基材与涂层之间卷入空气会极大地影响其界面结合强度。

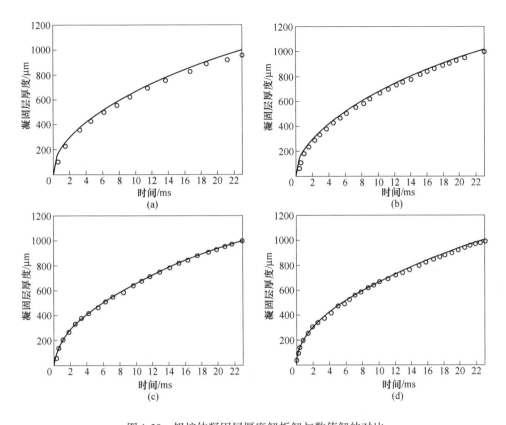

图 1-30　锡熔体凝固层厚度解析解与数值解的对比

（a）网格尺寸 0.1mm；（b）网格尺寸 0.05mm；（c）网格尺寸 0.01mm；（d）网格尺寸 0.005mm

（—：Neumann 解析解；○：模型数值解）

一些其他增材制造工艺（如金属熔滴沉积成型），空气卷入会导致凝固熔滴内含有气孔，已有相关学者[56,57]对镍熔滴碰撞平板中的空气卷入现象进行了研究。金属构件微尺度铸轧工艺是在空气或保护气氛中实施的，且间隙很小，气体难以充分逸出，熔体凝固过程中可能会卷入气体，造成气孔等缺陷，破坏内部凝固组织的连续性，因此有必要对微尺度铸轧中的气体卷入问题进行研究。

气体卷入现象目前没有合适的理论解释，采用理论分析十分困难。由于后续的工艺试验是在空气中进行的，本节以喷管相对基板静止的模型为例，对微尺度铸轧初始阶段，空气卷入造成的压强变化和气泡形成过程进行数值仿真研究。

首先对熔体从喷管出口流出至接触基板这一阶段的气压变化进行分析。为了更好地分析气体卷入现象，设定熔体的出口速度为 1.6m/s，喷管出口端距基板间隙 500μm，熔体温度 533K，基板温度 300K。对该模型计算得到的不同时刻的压强分布如图 1-31 所示，压强值是相对压强，即表压强。从图 1-31 中可看出，随着熔体向下流动，内部压强不断变化。熔滴中部的下方压强最大，沿两侧气压逐渐降低形成低压区，之后气压又逐渐增大，这与空气流动方向有关。熔滴越接近基板，下方压强越大，最大压强值在 $t = 290\mu s$ 时可接近 2atm（1atm $\approx 1.01\times 10^5$Pa），低压区向中部移动，在熔滴下部形成极大的压强梯度，熔滴曲率也逐渐变大。空气压缩使其从液-固间隙的逃逸速度变慢，使得一部分来不及逸出的空气卷入熔滴。

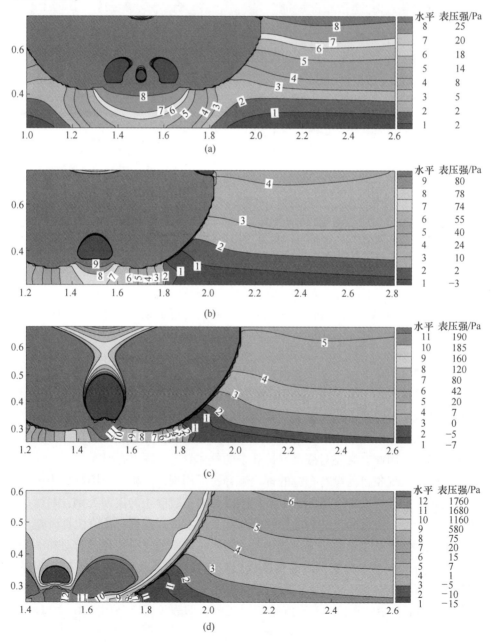

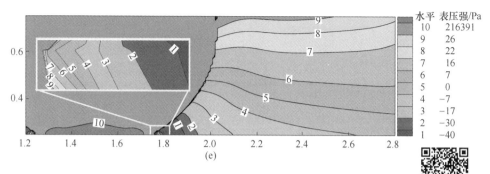

图 1-31　锡熔滴与基板接触前不同时刻的气压变化

（a）$t=180\mu s$；（b）$t=240\mu s$；（c）$t=260\mu s$；（d）$t=280\mu s$；（e）$t=290\mu s$

扫码查看彩图

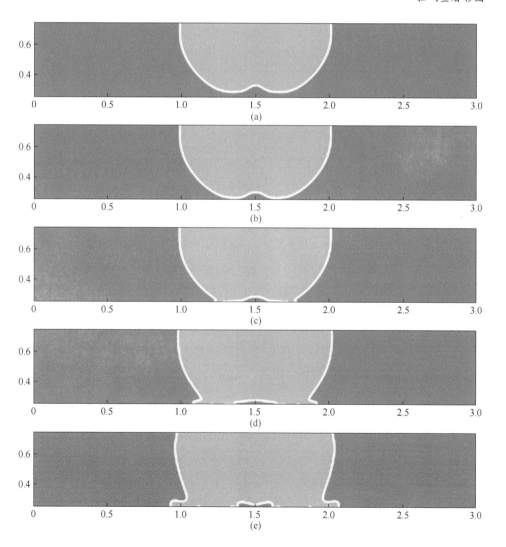

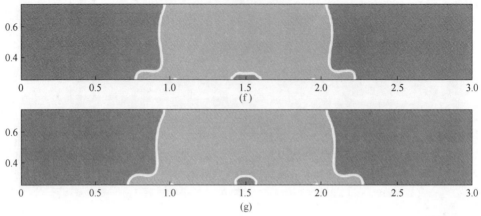

图 1-32　不同时刻卷入空气的形态、位置变化

(a) $t=270\mu s$；(b) $t=285\mu s$；(c) $t=295\mu s$；(d) $t=315\mu s$；

(e) $t=350\mu s$；(f) $t=400\mu s$；(g) $t=420\mu s$

扫码查看彩图

　　熔滴与基板接触时，来不及逸出的空气被卷入形成气泡，此时气泡内部压强可达到很大的数值。随着熔滴的铺展和凝固，气泡的形貌会出现复杂的变化。图1-32 是锡熔滴铺展过程中，内部气泡的形态和位置变化。在 $t=285\mu s$，熔滴与基板接触形成类似锥体的空气薄层。随着熔体向两端流动，空气薄层分为两部分：中间较大的圆形空气薄层和附近较小的圆环形空气带，如图 1-32(d) 和(e) 两个时刻的形态图。在熔滴铺展过程中，中间较大的空气层趋于扁平，并融合较近的环形空气层形成较大的气泡。而较远的环形空气带则随着熔体流动而向外部不断移动，直至熔体凝固，静止于约 1mm 和 2mm 处，如图 1-32(g) 所示。金属熔滴沉积成型方面的文献指出，如果高速熔滴与基板碰撞形成很薄的扁平粒子，其中心气泡可能会突破熔滴上表面逃逸。而金属构件微尺度铸轧则不同，由于金属熔体呈液柱状不间断流动，且铸轧间隙很小，一旦卷入空气，很难突破熔体表面逃逸。这就为工艺控制带来了困难。可以看出，卷入空气形成的气泡受内部压强和熔体流动的影响，其形状变化存在一个震荡的过程。首先趋于扁平，然后又鼓起，如此反复震荡，直至最后熔体凝固，气泡的位置和形态不再变化。

　　图 1-33 给出了熔体不同初始速度时所形成的气泡形态。可以看出，随着熔体流速的增大，所形成的气泡也逐渐增大，这是由于更多的空气来不及逸出被卷入熔滴，这与宋云超[58]的关于初始速度的液滴撞击壁面卷入气泡的结论相同。还可以看出，熔体流速的增加会导致气泡分布形态发生变化，先是形成中部小气泡，逐渐变大，由中部小气泡逐渐演变成环形空气带，并且沿基板向外部移动。随后又向中部汇集，形成较大的气泡，而两侧的环形空气层则变得不明显，直至基本消失。这说明熔体流速对于气泡的形成和演变具有重要的影响。

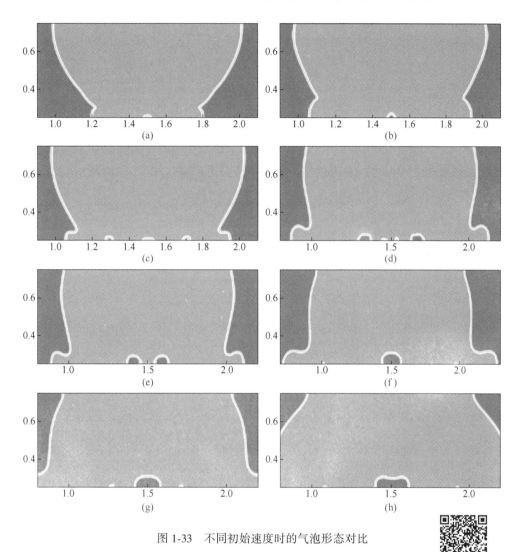

图 1-33 不同初始速度时的气泡形态对比

(a) $V=1.0\mathrm{m/s}$；(b) $V=1.2\mathrm{m/s}$；(c) $V=1.3\mathrm{m/s}$；(d) $V=1.4\mathrm{m/s}$；
(e) $V=1.5\mathrm{m/s}$；(f) $V=1.6\mathrm{m/s}$；(g) $V=1.75\mathrm{m/s}$；(h) $V=2.0\mathrm{m/s}$

扫码查看彩图

　　空气卷入不仅在熔体与基板初始接触过程中会发生，在后续的铸轧和叠层堆积过程中也会出现。空气卷入会对熔体的流场和温度场造成影响，同时也会引起凝固组织的变化，应该尽量加以避免。影响空气卷入的因素很多，如熔体流速、外部气压、铸轧间隙和基板温度等，但更主要的原因是气体的存在，所以气孔率只能降低，难以完全清除。消除气孔最有效的方法是在真空环境中实施微尺度铸轧，但真空系统造价昂贵，如果不具备真空环境，则只能通过优化工艺参数实现气孔率最小化。

1.2.4.3 入口气压的影响

入口气压对熔体出口端的流速有重要影响，分别设定入口气压 P_{inlet} 为 2500Pa、4000Pa、6000Pa、8000Pa 和 10000Pa，模型的其他参数与上文保持相同。以喷管出口端的 Y 向流速为监测量，计算方式采用面积加权平均，其出口平均流速曲线如图 1-34 所示。可以看出，出口流速存在调整过程，待流场稳定后，出口速度基本保持恒定。入口压强增大，出口平均速度也明显增大，按照入口压强从小到大，出口流速的稳定值分别约为 0.75m/s、0.96m/s、1.19m/s、1.38m/s 和 1.55m/s。这表明在实际工艺生产中可以通过增大入口压强来提高铸轧效率。

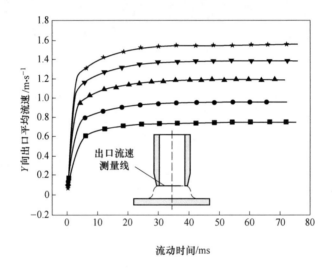

图 1-34 入口压强与出口流速的关系

(■ : $P_{inlet}=2500Pa$; ● : $P_{inlet}=4000Pa$; ▲ : $P_{inlet}=6000Pa$; ▼ : $P_{inlet}=8000Pa$; ★ : $P_{inlet}=10000Pa$)

在第 1.1.4 节中研究了压差对熔体出口速度的解析模型[15]，见式（1-42）。此处忽略熔滴铺展效应的影响，且喷管长度与仿真模型一致，均为 2mm，锡熔体材料参数取相同的数值。图 1-35 给出了不同入口压强下的出口速度的解析值和模拟值的对比，可以看出，对于解析模型，当入口压强不足以克服表面张力影响时，出口速度为 0。在其他入口压强下，两者数值基本吻合。图 1-36 给出了不同入口压强下熔滴接触基板的时间，铸轧间隙取 500μm。可以看出，随着入口压强的增大，熔滴越早接触基板。这将影响熔滴在基板初始时刻的铺展状态和凝固行为。

1.2.4.4 熔体形态和流场分析

首先选取合适的模型参数，对微尺度铸轧时的熔体形态及流场进行分析。其

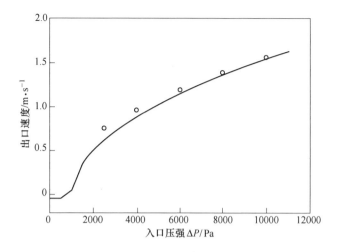

图 1-35 不同压强下出口速度解析值与模拟值对比

（——：解析值； ○：模拟值）

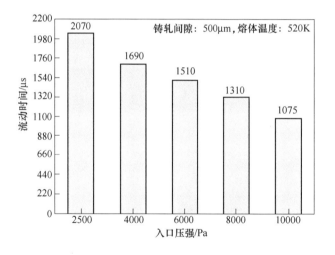

图 1-36 不同入口压强下与基板的接触时间

中比较重要的参数是熔体流速和基板运动速度，在第 1.1.5 节讨论了熔体流速和基板运动速度的匹配关系，但对该理论数据需要进行适当的修正，才能应用于数值仿真模型并得到合理的计算结果。本节计算模型的基本参数设置如下：锡熔体温度为 510K，基板和空气初始温度为 298K，铸轧间隙 500μm，喷管直径 1mm，熔体入口流速为 25mm/s，基板运动速度为 50mm/s。图 1-37 显示了锡熔体从喷管流出至基板不同时刻的形态。可以看出，在熔体与基板接触之前，由于喷管相对基板运动，出口熔滴的外轮廓并未完全对称，如图 1-37(b) 所示。在 $t=22.4\text{ms}$

之后，熔体与基板接触，基板底部有少量空气卷入，并在 $t=30.6\mathrm{ms}$ 时汇集形成一微小气泡，该气泡的形状和位置在之后没有明显变化，这是由于熔体出口速度较小使得大部分空气得以逃逸的缘故。此后，熔体继续从喷管出口流出，在出口前端形成一连续向前推进的弧形接触面，其形态不发生明显变化，如图 1-37(e) 和(f)所示。熔体以铸轧间隙为高度限，填充该微小空间，形成连续的金属熔敷层。

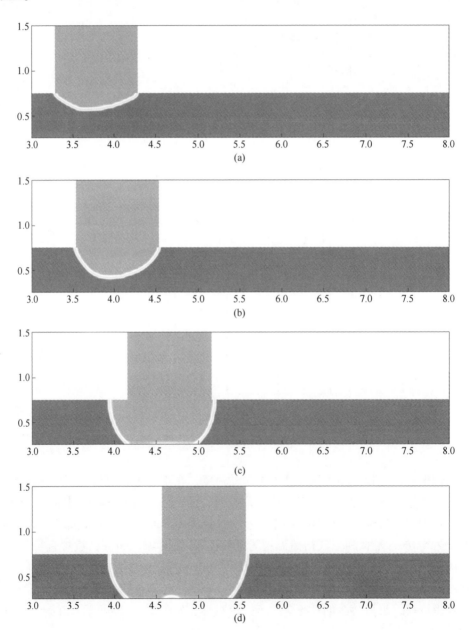

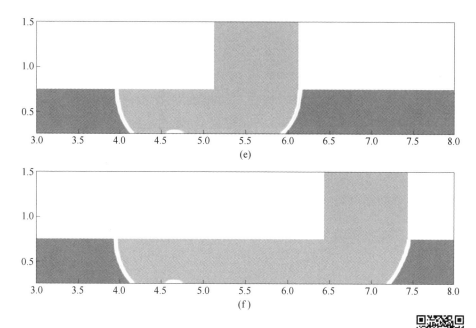

图 1-37 微尺度铸轧不同时刻时铸轧间隙内的熔体形态

(a) $t=5$ms; (b) $t=10$ms; (c) $t=22.4$ms; (d) $t=30.6$ms;

(e) $t=41.7$ms; (f) $t=68$ms

扫码查看彩图

微尺度铸轧实施过程中的流场分布比较复杂, 对熔体的流动行为有重要影响。图 1-38 显示了喷管相对基板运动的不同时刻熔体及周围空气的速度矢量分布。可以看出, 在 $t=5$ms 时, 熔体刚从出口流出, 出口端熔体存在两个对称的漩涡, 与熔体接触的两端空气也产生类似的漩涡, 远离熔体的空气向压力出口运动, 运动速度很小。在 $t=10$ms 时, 熔体内漩涡形态发生变化, 空气的运动速度有所加大。随后, 在 $t=22.4$ms 时, 熔体在出口处形成一个较大漩涡, 与基板首先接触的熔体由于热传导而凝固, 其底部的运动速度明显减小。在 $t=30.6$ms 时, 出口端的漩涡依然存在, 由于熔体凝固层的增长, 速度为零的区域持续增大, 但在与空气的交界面上仍存在扰动。当 $t=55$ms 时, 喷管内的熔体运动状态基本稳定, 漩涡消失, 由于喷管水平向右运动, 熔体竖直向下, 因此合速度方向斜向下。在出口端与空气交界处的流场状态较为复杂, 存在气流的扰动。当 $t=68$ms 时, 喷管内部熔体流场稳定, 出口端与已凝固层接触的熔体形成漩涡, 这相当于熔体是以滚动的形式向前推进。同时, 在其斜上方的熔体-空气交接处, 也存在一气流漩涡。熔体滚动铺展, 挤压空气逃逸。已凝固层的大部分区域速度均为零, 但少数区域由于空气的卷入或存在糊状区, 产生速度震荡。通过分析可知, 在运动的初始阶段, 喷管内的熔体需要经过调整才能达到稳定。此后, 熔体和周围空气的流场逐渐稳定，熔体以滚动的形式沿着已凝固层斜下方流动，如此反复推进形成条带形凝固层。

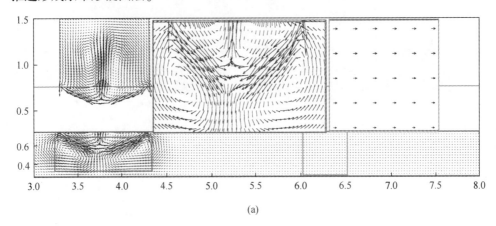

(a)

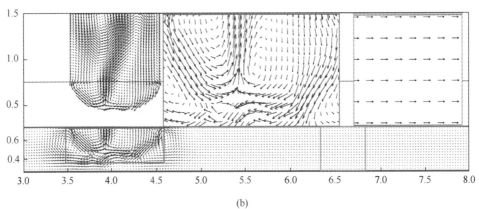

(b)

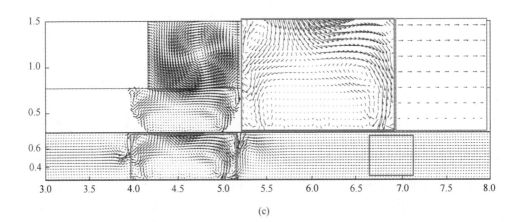

(c)

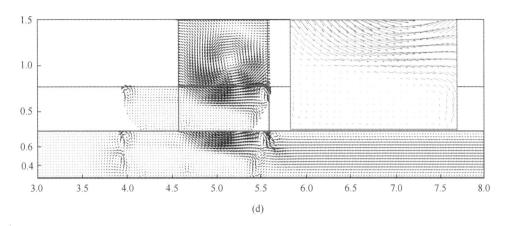

(d)

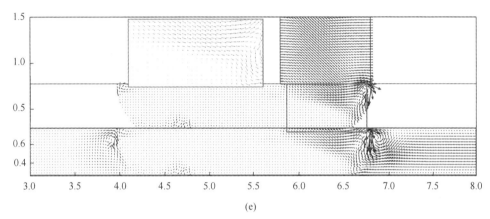

(e)

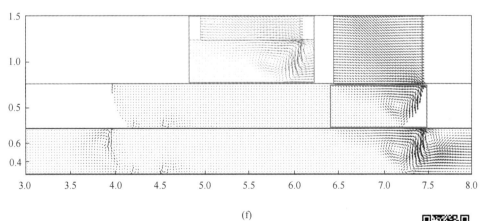

(f)

图 1-38 微尺度铸轧不同时刻时熔体和空气的速度矢量

（a）$t=5\text{ms}$；（b）$t=10\text{ms}$；（c）$t=22.4\text{ms}$；（d）$t=30.6\text{ms}$；

（e）$t=55\text{ms}$；（f）$t=68\text{ms}$

扫码查看彩图

1.2.4.5 温度场和凝固层分析

微尺度铸轧时的温度场关系到熔体的凝固情况，有必要进行考察。图 1-39 是不同时刻的温度分布情况。可以看出，在熔体接触基板之前，主要与空气发生

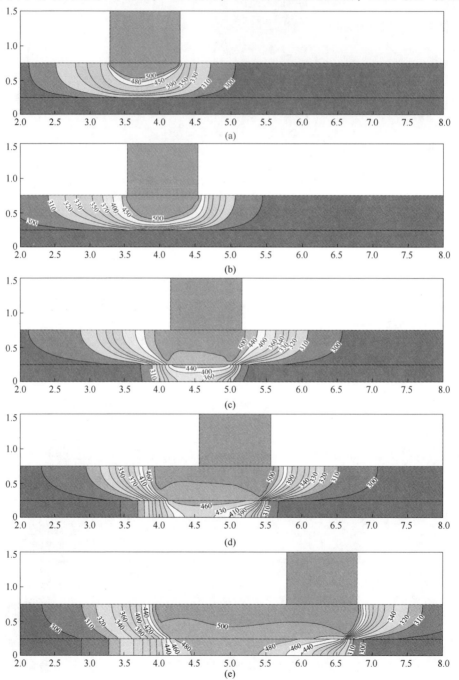

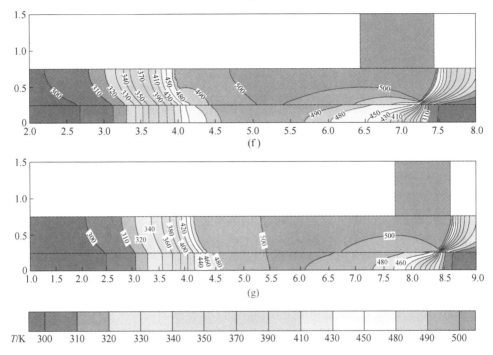

图 1-39　微尺度铸轧不同时刻的温度场

（a）$t=5\mathrm{ms}$；（b）$t=10\mathrm{ms}$；（c）$t=22.4\mathrm{ms}$；（d）$t=30.6\mathrm{ms}$；

（e）$t=55\mathrm{ms}$；（f）$t=68\mathrm{ms}$；（g）$t=90\mathrm{ms}$

扫码查看彩图

热传递，如图 1-39（a）和（b）所示。与基板接触之后，基板温度迅速升高，并随着喷管的运动热影响区域不断变大。随着时间的推移，基板中心处的最高温度逐渐升高，如图 1-39（c）时的 440K、图 1-39（e）时的 480K、图 1-39（f）时的 490K，直到图 1-39（g）时的 500K，这是热量累积的结果。基板由中部的高温区向四周温度逐渐降低。选取基板上四个点作为测量点，其温度变化曲线如图 1-40 所示。其中测量点 1 位于静止时喷管的正下方，由于喷管运动使得熔体未流经点 1，因此该点的温度首先升高至约 310K，随之温度降低，由于熔体持续对基板传热，该点温度又逐渐升高，最高温度约为 370K。其他三个测量点的温度曲线变化类似，在熔体经过之前变化平缓，熔体经过时温度快速升高至约 500K，短暂降低后又升高至 500K 左右，并保持稳定。

不同时刻金属熔体的凝固层变化情况如图 1-41 所示。根据第 1.2.2.3 节规定，取液相体积分数 $\beta=0.5$ 的等值线表示凝固界面。由图 1-41 可看出，在初始阶段，如 $t=19.8\mathrm{ms}$ 和 $t=25.1\mathrm{ms}$ 时，凝固层呈不规则状；在 $t=35.1\mathrm{ms}$ 和 $t=$

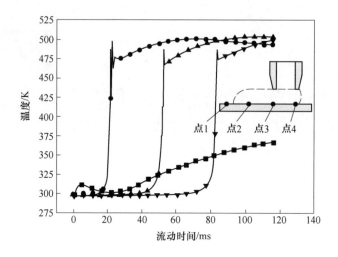

图 1-40 微尺度铸轧不同时刻基板测量点的温度变化

（—■—:点1；—●—:点2；—▲—:点3；—▼—:点4）

扫码查看彩图

45ms 时，凝固层沿竖直向和水平向增大，并有气孔出现；在 $t=55ms$ 时，凝固层左端已达到铸轧高度，越靠近喷管出口，凝固层厚度越薄；在此之后，凝固层尺寸继续增大，但其几何形态变化不大，均是远离喷管处凝固层厚，靠近喷管处凝固层薄，凝固界面呈斜向下的圆弧状，熔体从出口沿着弧形凝固界面向前铺展，层层推进形成一系列弧形熔合线。

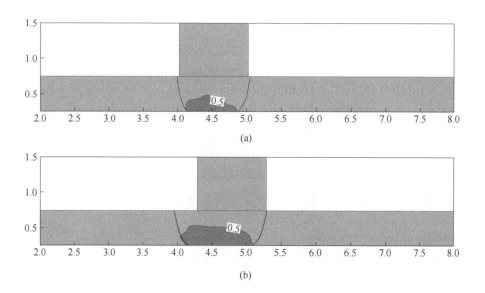

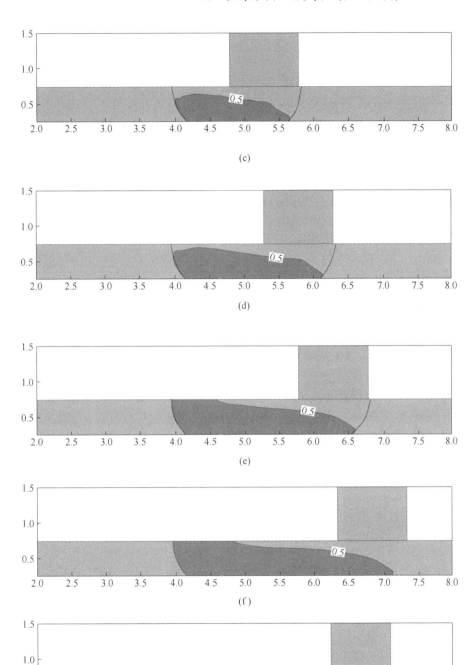

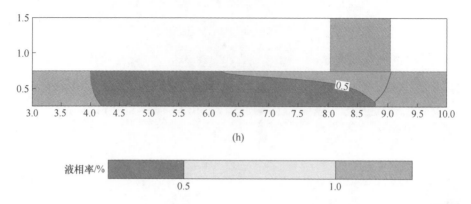

(h)

液相率/%

图 1-41　微尺度铸轧不同时刻锡熔体的凝固层变化

(a)　$t = 19.8$ms；(b)　$t = 25.1$ms；(c)　$t = 35.1$ms；(d)　$t = 45$ms；

(e)　$t = 55$ms；(f)　$t = 66$ms；(g)　$t = 78$ms；(h)　$t = 100$ms

扫码查看彩图

1.2.4.6　喷管直径和铸轧间隙的影响

喷管直径和铸轧间隙是影响金属构件微尺度铸轧的两个重要参数。下面主要分析这两个参数对凝固行为的影响。选定铸轧间隙 $\delta = 500\mu$m，喷管管径 D_m 分别等于 2mm、1mm、0.5mm 和 0.2mm，基板运动速度为 50mm/s，熔体温度 510K，空气和基板温度 298K，结合第 1.1.5 节的理论解调节熔体流速直至与管径相匹配，模型的其他参数均保持一致。图 1-42 为 $t = 60$ms 时不同喷管直径的熔体状态，可以看出，不同管径形成的熔敷层长度相等，约为 3mm，等于基板的移动距离。但喷管所处的位置不同，这将影响到热量的分配和出口端凝固界面的位置。选取距离基板起始端 6mm 的点为测量点，其温度变化曲线如图 1-43 所示，可以看出，管径为 2mm 时测量点温度最先升高，说明熔体最先经过改点，最高温度升至约 510K，即锡熔体温度，随后保持一段时间下降，这是因为喷管直径大，形成的熔滴尺寸也较大，因此最高温度历经时间较长，曲线会在此温度停留，出现 "平台"；而其他管径较小时则在达到最高温度后，迅速下降，这是因为管径小所形成的熔滴尺寸也小，最高温历经时间也就较短。这四种管径下测量点温度最后均保持在 500K 左右。

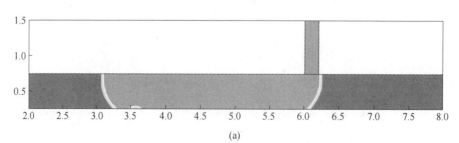

(a)

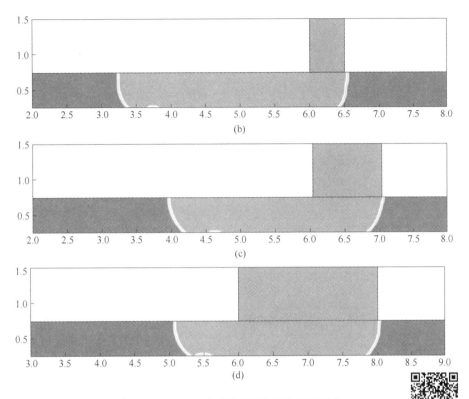

图 1-42 $t = 60\mathrm{ms}$ 时不同喷管直径的熔体形态

（a）$D_{\mathrm{m}} = 0.2\mathrm{mm}$；（b）$D_{\mathrm{m}} = 0.5\mathrm{mm}$；（c）$D_{\mathrm{m}} = 1.0\mathrm{mm}$；（d）$D_{\mathrm{m}} = 2.0\mathrm{mm}$

扫码查看彩图

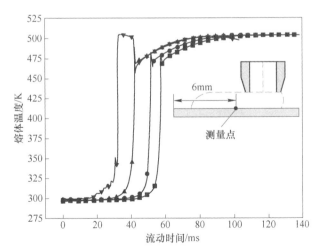

图 1-43 不同喷管直径基板测量点的温度变化

（ —■—：$D_{\mathrm{m}} = 0.2\mathrm{mm}$；—●—：$D_{\mathrm{m}} = 0.5\mathrm{mm}$；—▲—：$D_{\mathrm{m}} = 1.0\mathrm{mm}$；—▼—：$D_{\mathrm{m}} = 2.0\mathrm{mm}$ ）扫码查看彩图

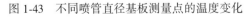

　　不同尺寸管径需匹配相应的熔体流速，这将影响凝固界面位置。图 1-44 为不同管径下的凝固层长度。可以看出，随着管径增大，凝固层长度逐渐减小。图 1-45 为 $t = 42.7\mathrm{ms}$ 和 $t = 90\mathrm{ms}$ 时不同管径下的凝固界面几何形状。从这两个时刻可以看出，管径越小，凝固层的尺寸越大。凝固界面曲线随着管径增大整体沿坐标右移，也就是向喷管出口方向移动。这是由于喷管直径越大，其与熔体的接触面积也越大，因此热量供应较多，凝固速度相对缓慢，且凝固界面向管口方向推

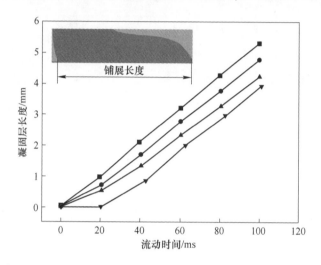

图 1-44　不同喷管直径凝固层铺展尺寸

（—■—: $D_\mathrm{m} = 0.2\mathrm{mm}$；—●—: $D_\mathrm{m} = 0.5\mathrm{mm}$；—▲—: $D_\mathrm{m} = 1.0\mathrm{mm}$；—▼—: $D_\mathrm{m} = 2.0\mathrm{mm}$）扫码查看彩图

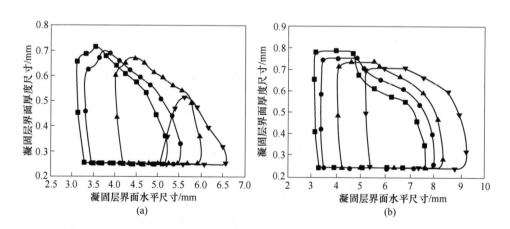

图 1-45　不同喷管直径时的凝固层界面形状

（a） $t = 42.7\mathrm{ms}$；（b） $t = 90\mathrm{ms}$

（—■—: $D_\mathrm{m} = 0.2\mathrm{mm}$；—●—: $D_\mathrm{m} = 0.5\mathrm{mm}$；—▲—: $D_\mathrm{m} = 1.0\mathrm{mm}$；—▼—: $D_\mathrm{m} = 2.0\mathrm{mm}$）

进，相比管径小时界面向前移。需要指出的是，为了防止熔体的溢出，大管径喷管在相同铸轧间隙时需要匹配较小的熔体流速，因此并不能提高加工效率，单位时间内形成的熔敷层长度依然相同。主要结论如下：喷管管径大小主要影响熔敷层宽度和凝固界面相对出口的位置，大口径喷管使凝固界面前移，而小口径喷管可使熔敷层凝固时间缩短。

为了分析铸轧间隙的影响，固定喷管直径为1mm，设定铸轧间隙 δ 分别为 800μm、500μm、300μm 和 200μm，基板运动速度 50mm/s，熔体温度 510K，空气和基板温度 298K，模型其他参数均保持相同。图1-46 和图1-47 分别给出了 $t=$ 45ms 和 $t=75$ms 时不同间隙下的凝固层形貌。可以看出，随着铸轧的进行，凝固层在长度和厚度方向均增长。铸轧间隙越小，凝固界面越靠近喷管出口，当 $\delta=$ 200μm 时，凝固界面已很接近出口，观察 45ms 和 75ms 两个时刻，凝固界面在出口处的位置变化不大，说明已达到平衡态。此时熔体仍可以从凝固界面形成的狭小间隙流出，但在实际工艺试验中需注意此种情况可能会导致喷管出口阻塞。

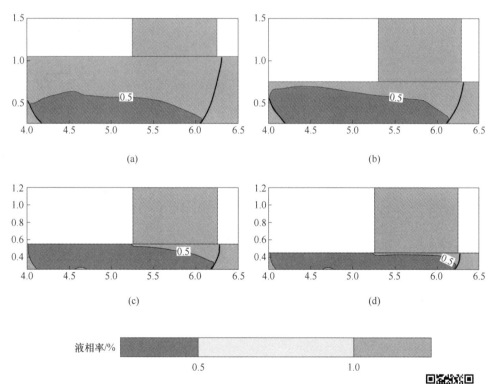

图 1-46　$t=45$ms 时不同铸轧间隙的锡金属凝固层状态
(a) $\delta=800$μm；(b) $\delta=500$μm；(c) $\delta=300$μm；(d) $\delta=200$μm

扫码查看彩图

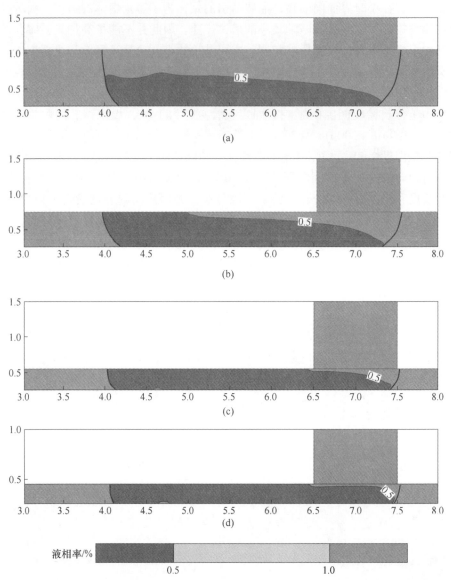

图 1-47 $t=75\text{ms}$ 时不同铸轧间隙的凝固层状态

(a) $\delta=800\mu\text{m}$；(b) $\delta=500\mu\text{m}$；(c) $\delta=300\mu\text{m}$；(d) $\delta=200\mu\text{m}$

扫码查看彩图

  图 1-48 为不同铸轧间隙下的锡金属的平均液相率变化曲线。需要指出的是，第 1.2.2.3 节规定，气体所在单元的液相体积分数定义为 1。图 1-48 的曲线实际上反映了固相金属在整个空气域所占比例。可以看出，铸轧间隙越小，液相率降

低越快,这说明凝固时间也越快。因此,铸轧间隙对凝固的影响存在如下规律:铸轧间隙大小不影响熔敷层长度,仅影响熔敷层厚度向尺寸,铸轧间隙越大,叠层堆积的效率越高,但同时加工精度下降。铸轧间隙越小,凝固界面越靠近喷管出口,叠层厚度减小,加工精度提高,但容易阻塞喷管出口,控制难度加大。采用较小的铸轧间隙可使熔敷层凝固时间缩短,这会对后续叠层之间的层间结合性能造成影响。

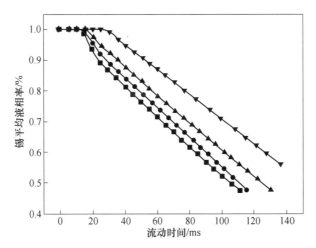

图 1-48 不同铸轧间隙时的平均液相率变化

(——■—:δ_1=200μm; ——●—:δ_2=300μm; ——▲—:δ_3=500μm; ——▼—:δ_4=800μm)

1.2.4.7 基板性质和熔体温度的影响

在金属构件微尺度铸轧过程中,基板充当了运动平台和结晶器的作用,因此基板的性质对于铸轧过程的顺利进行有重要的影响。针对基板性质分两种情况讨论:一种是基板的表面粗糙度;另一种是基板的预热温度。下面分别讨论这两种因素对微尺度铸轧时熔体凝固界面造成的影响。

基板表面粗糙度可以用接触热阻来表征,一般来说,粗糙度越高,接触热阻越大。文献 [59,60] 中给出了基板粗糙度和热阻的对应关系(见表1-5),分别为基板设置不同的热阻值,模型的其他参数如上文所述一致。图1-49是不同粗

表 1-5 接触热阻和表面粗糙度的关系[59,60]

表面粗糙度/μm	接触热阻/m² · K · W⁻¹
0.06	1.8×10^{-6}
0.07	2.5×10^{-6}
0.56	3.1×10^{-6}
3.45	5.7×10^{-6}

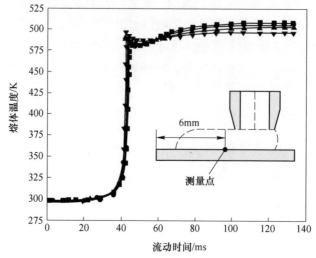

图 1-49 不同基板粗糙度测量点的温度变化

（—■—:$R=0.06\mu m$；—●—:$R=0.07\mu m$；—▲—:$R=0.56\mu m$；—▼—:$R=3.50\mu m$）

扫码查看彩图

糙度基板的测量点温度变化曲线，可以看出，测量点的温度同时升高，达到峰值后存在短暂的调整阶段，最后表面光滑的基板温度值较高，粗糙的基板温度则较低。这是由于接触热阻越大，导热效率越差。同样，基板粗糙度也影响液相率的变化，如图 1-50 所示，可以看出，粗糙度较低的基板熔体凝固稍快，但总的看来，无论是温度还是液相率变化，其差异并不大。因此，基板粗糙度对微尺度铸轧中凝固的影响很小。

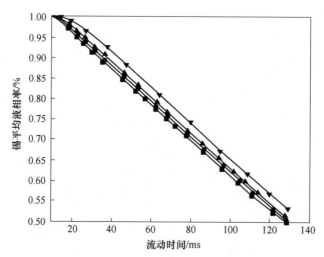

图 1-50 不同基板粗糙度的平均液相率变化

（—■—:$R=0.06\mu m$；—●—:$R=0.07\mu m$；—▲—:$R=0.56\mu m$；—▼—:$R=3.50\mu m$）

基板温度同样是影响微尺度铸轧的重要因素。现设定基板温度分别为298K、350K、400K和450K，锡熔体温度为510K，空气温度298K，模型其他参数均相同。由图1-51和图1-52可见，基板温度对测量点温度和熔体液相率有明显的影响。基板温度越高，测量点所能达到的峰值温度和平衡温度也就越高。基板温度越低，熔体凝固速度越快，其影响作用比基板粗糙度要明显。

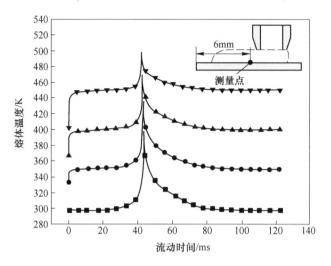

图1-51　不同基板温度测量点的温度变化

（—■—: T_{s1}=298K；—●—: T_{s1}=350K；—▲—: T_{s1}=400K；—▼—: T_{s1}=450K）

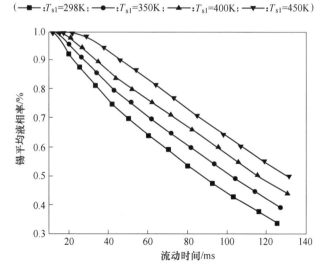

图1-52　不同基板温度的平均液相率变化

（—■—: T_{s1}=298K；—●—: T_{s2}=350K；—▲—: T_{s3}=400K；—▼—: T_{s4}=450K）

不同基板温度下 t=40ms 和 t=80ms 两个时刻的凝固层形态分别如图1-53和

图 1-54 所示。可以看出，当采用恒温基板时，熔体各部位凝固层生长比较均匀。但基板温度对熔体凝固速度影响明显，基板温度越低，固然可以起到细化晶粒的

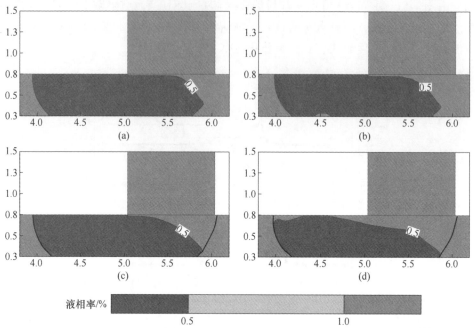

图 1-53 t=40ms 时不同基板温度的铸轧区凝固层状态

（a）T_s=298K；（b）T_s=350K；（c）T_s=400K；（d）T_s=450K

扫码查看彩图

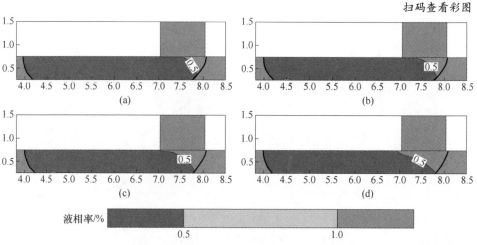

图 1-54 t=80ms 时不同基板温度的铸轧区凝固层状态

（a）T_s=298K；（b）T_s=350K；（c）T_s=400K；（d）T_s=450K

扫码查看彩图

作用，但可能导致凝固层生长至喷管出口处，使熔体出流间隙变小，流动会受到影响，如图 1-53(a) 和(b) 所示。综上所述，基板温度主要影响喷管出口端凝固层的位置，对其选择需配合合适的熔体温度，以保证喷管出口的凝固层界面稳定在合理的范围。在工艺条件允许的情况下，这里推荐使用带温控装置的恒温基板。

相比铸轧间隙、基板粗糙度等因素，对熔体温度的控制更容易实现。设定熔体温度分别为 510K、530K、550K 和 570K，喷管运动速度 50mm/s，熔体流速 25mm/s，基板和空气层初始温度 298K，模型的其他参数均相同。图 1-55 和图 1-56 分别是基板测量点温度和熔体液相率变化曲线，可以看出，熔体温度的升高会导致测量点温度也随之升高，各曲线最后均稳定在 500K 左右，这是由于该点处的熔体已经凝固，热传导接近平衡态。熔体温度对凝固影响明显，由液相率曲线可看出，熔体温度越高，其凝固速度明显减慢。通过 40ms（见图 1-57）和 90ms（见图 1-58）两时刻的凝固界面状态也可看出，熔体温度会明显地影响凝固，加热温度越高，凝固层生长缓慢，如图 1-58(d) 所示，在第 90ms，凝固界面厚度约为铸轧间隙的 $\frac{1}{4}$，且尚未形成连续的凝固层，这可能会在后一层堆积时导致前一层出现坍塌。因此，对熔体温度的选择同样要结合基板散热条件和铸轧间隙等因素考虑。本节推荐对于锡熔体加热温度较高的情况（≥570K），对恒温基板施加主动冷却措施。

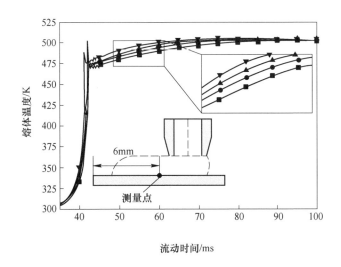

图 1-55　不同熔体温度时测量点的温度变化

（ —■— : $T_{m1}=510K$ ；—●— : $T_{m2}=530K$ ；—▲— : $T_{m3}=550K$ ；—▼— : $T_{m4}=570K$ ）

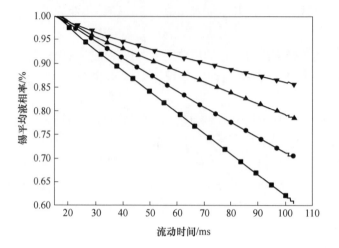

图 1-56　不同熔体温度时的平均液相率变化

（ —■—: T_{m1}=510K ；—●—: T_{m2}=530K ；—▲—: T_{m3}=550K ；—▼—: T_{m4}=570K ）

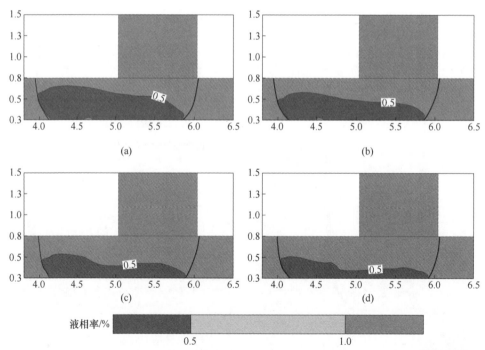

图 1-57　t = 40ms 时不同熔体温度的铸轧区凝固层形状

（a）T_m = 510K；（b）T_m = 530K；（c）T_m = 550K；（d）T_m = 570K

扫码查看彩图

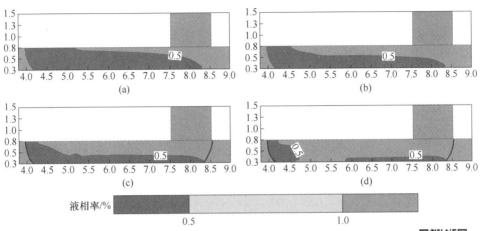

图 1-58 $t=90\text{ms}$ 时不同熔体温度的铸轧区凝固层形状

（a）$T_\text{m}=510\text{K}$；（b）$T_\text{m}=530\text{K}$；（c）$T_\text{m}=550\text{K}$；（d）$T_\text{m}=570\text{K}$

扫码查看彩图

1.2.4.8 数值计算中的其他若干问题讨论

在微尺度铸轧数值仿真过程中也发现了一些不满足工艺要求的情况，下面集中对这几种现象进行探讨。

首先是金属熔体的"过流"和"欠流"现象。所谓过流，就是指熔体流速相对基板运动速度过快，将会导致熔体溢流到喷管四周，导致无法成型出形状规则的熔敷层，或者凝固造成出口堵塞，其模拟结果如图 1-59 和图 1-60 所示。所

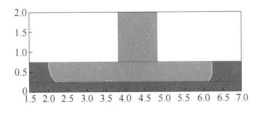

图 1-59 过流时的熔体形态

扫码查看彩图

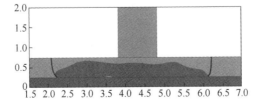

图 1-60 过流时的凝固层界面

扫码查看彩图

谓欠流,是指熔体流速跟不上基板运动速度,导致熔敷层中断不连续,其模拟结果如图 1-61 和图 1-62 所示。这两种现象均是熔体流速和基板运动速度未能合理匹配造成的。

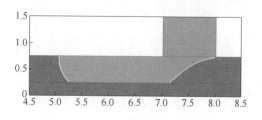

图 1-61 欠流时的熔体形态

扫码查看彩图

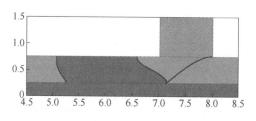

图 1-62 欠流时的凝固层界面

扫码查看彩图

因此,为了避免过流和欠流现象,在工艺实际实施时首先要根据理论值和模拟值确定基板运动速度和熔体流速的大致匹配范围,再经过反复调试得到理想的工艺参数值。

其次,在喷管出口处可能形成熔滴震荡现象,这种现象产生的原因通常是由于熔体的表面张力过大或者外部压强过小造成,使得熔体无法顺利流出,呈微滴状震荡,造成气体回流到喷管内,无法形成正常的熔流,模拟结果如图 1-63 所示。解决这种问题的办法在于加大外部压强或者降低金属熔体的黏度和表面张力。

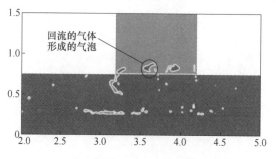

扫码查看彩图

图 1-63 喷管出口端熔滴震荡现象

　　另外一个需要防止的情况是熔敷层的凝固界面增长过快导致喷管出口堵塞，这将会引起无法出流或流动不稳定，模拟结果如图1-64所示。在数值仿真中发现，基板间隙过小、基板温度过高和熔体温度相对过低均会导致这种现象发生，因此同样需要对相关工艺参数进行合理的选择和匹配。

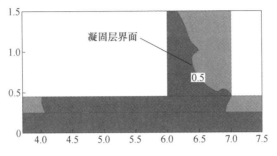

扫码查看彩图

图1-64　铸轧区的凝固层增长过快堵塞喷管出口

　　以上所述各类不理想情况在实际工艺试验中是应该避免的，因为这将会导致金属构件微尺度铸轧工艺无法顺利进行。

1.2.5　小结

　　本节重点阐述了金属构件微尺度铸轧成型数值计算方法的基础理论，基于有限体积法建立了微尺度铸轧的数值计算模型，研究了其流动场、温度场和凝固界面的变化行为，并探讨了相关工艺参数（基板间隙、熔体流速、基板温度、管径等）对其所造成之影响。为第1.3节工艺试验的开展提供了若干规律性的指导。

1.3　金属构件微尺度铸轧成型工艺试验

　　上文主要从理论分析和数值计算的角度对金属构件微尺度铸轧成型的若干问题进行了探讨，但理论分析和数值计算不能完全取代实验。为了发现并解决工艺具体实施过程中的各种问题，开展试验研究工作非常必要，这就首先需要搭建一个能够开展金属构件微尺度铸轧成型的试验平台。下面从试验平台的搭建到工艺过程的实施进行介绍。

1.3.1　恒液位熔炉设计与加工

　　熔炉用于熔化金属材料，控制并监测熔体的流动状态。目前在金属构件无模成型领域，主要存在压电陶瓷驱动式和气压驱动式[61]两种熔体驱动方式。前者是将压电陶瓷置于加热装置内部，但由于压电陶瓷居里温度的限制，一般最高温度不能超过300℃；而气压驱动式克服了压电陶瓷工作温度的限制，且具有结构简单、无须内部制动器、控制方便等优势。因此，本试验装置拟采用气压驱动金属熔体。

以往的金属熔滴成型技术是依靠一定频率的压力脉冲喷射金属熔滴，未考虑液位变化带来的影响。而本书的金属微尺度铸轧成型，则是在恒定液位下实施的，应尽量消除液位变化对熔体出口速度的影响。为此设计了如图 1-65 的恒定液位结构。在大气压作用下，最初腔室 1 和 2 的液位均稳定在 C 处，缓慢从阀 B 抽气，腔室 2 气压降低，液位上升，而腔室 1 液位下降，最终下降至 E 处达到平衡。此时关闭阀 B，从阀 A 向腔室 1 加压，熔体从出口流出，损失的熔体从腔室 2 中补充。腔室 1 的液位便可稳定在 L。由于腔室 2 的容积相比腔室 1 较大，补充的熔体流速缓慢，由此带来的沿程损失可忽略不计。

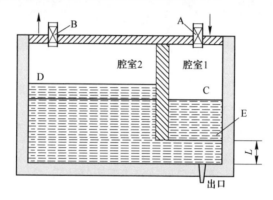

图 1-65   恒定液位结构原理图
A—充气阀；B—抽气阀；C，D，E—液位

根据恒定液位原理，设计了金属构件微尺度铸轧用电熔炉，其整体结构和各组成部件分别如图 1-66 和图 1-67 所示。熔炉主要由外锅、内锅、压盖和垫圈组成。内锅底部与外锅有通孔相连以恒定液位，出口端与外锅通过焊接方式连接。压盘上有四个监测孔，监测 A 孔用于热电偶温度控制，B 孔用于内锅压力监测，C 孔用于外锅压力监测，D 孔是外锅的抽气阀。同时，在内锅的出口端处预留了温度监测点。铜垫圈用于内锅、外锅和压盖之间的密封。本次试验选用熔点较低的锡金属，因此熔炉材质选择为铝合金。加热方式为电阻丝加热，外锅外壁包裹一层电阻丝衬套，同时以石棉保温。熔体出口端内径设计为 0.5mm，根据流体静力学的计算结果，直径为 0.5mm 的孔径依靠表面张力可维持约 60mm 的锡液。保守起见，设计出口端的长度 L 为 55mm。

1.3.2   微尺度铸轧工艺试验平台搭建

在前期研究工作的基础上，为了开展试验研究，搭建了金属微尺度铸轧成型

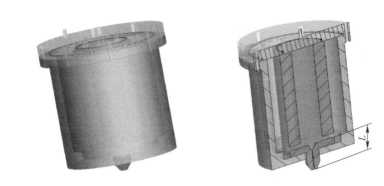

图 1-66 金属熔炉整体结构及剖面

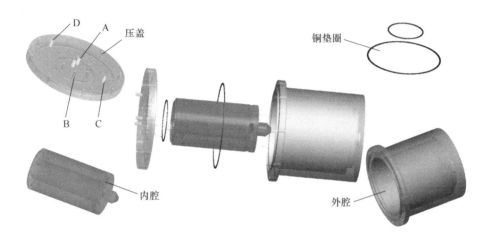

图 1-67 金属熔炉各部件分解图

试验平台。试验系统的总体结构如图 1-68 所示，主要包括以下五个子系统：（1）运动控制系统，即控制三维工作台按照指定的图像轨迹运行；（2）温度控制系统，即控制熔炉内温度以熔化金属材料；（3）压力控制系统，即调节熔炉内腔和外腔的压力以控制熔体的流动状态；（4）视频采集系统，即使用 CCD 摄像机对金属熔体沉积情况进行监测；（5）图形文件系统，即生成三维模型所需的二维截面数据。下面分别对各子系统做简单介绍。

1.3.2.1 运动控制系统

运动系统用于控制基板以一定的速度按照预定的图形轨迹运动，其运动精度是影响成型件尺寸精度的重要因素。由滚珠丝杠滑台+伺服电机组成三维运动机构如图 1-69 所示，用于实现基板在 X、Y、Z 轴方向的运动。滑台的定位精度为 $\pm 0.001mm$，X、Y 轴的滑台行程为 200mm，Z 轴行程为 150mm，运动速度调节范围为 $0.01 \sim 20mm/s$。滑台由伺服系统驱动，伺服单元选用日本松下 MINAS A5 系

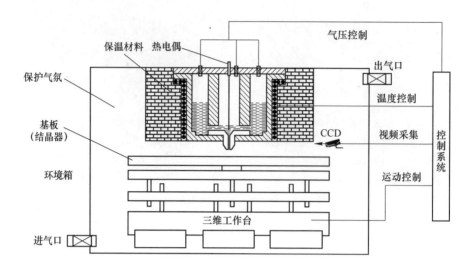

图 1-68   金属构件微尺度铸轧试验装置的总体结构

列伺服电机及其配套的交流伺服驱动器[62]，驱动器由 200V 三相正弦交流电供电，载入运动控制器的脉冲信号驱动电机旋转，电机运动位置由旋转编码器确定。辅助 I/O 信号接口连接 Leetro MPC6225 控制卡，通过手控盒调节工作台 X、Y 和 Z 轴方向的运动。

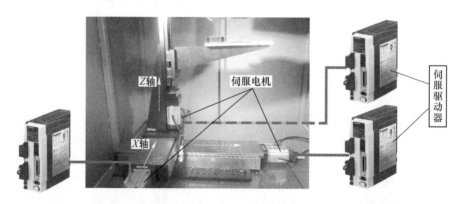

图 1-69   三维运动控制机构

1.3.2.2   温度控制系统

温度控制系统用于熔炉温度的调控，从而影响金属材料的流动状态。一般情况下，炉内温度要高于材料的熔点，以锡金属（熔点 232℃）为试验材料，加热温度一般在 250~300℃。本试验中，熔炉升温和保温通过电阻丝加热实现，降温则是自然冷却，具有升温单向性、大惯性、大滞后的特点。因此，温控系统采用数值 PID 算法+移相触发可控硅的方法[63]。温控器选用 XMTF-908 智能 PID 温控器[64]，包含模糊逻辑 PID 调节和参数自整定功能等先进控制算法，测温范围为 0~1600℃。可控硅电压调节器由整流电路和触发电路两部分组成，调压方式主要有移相触发和过零触发两种[65,66]。著者采用可控硅移相控制方式，最大功率 3000W，调压范围 0~220V。温度传感器有热电偶和热电阻两种，均属于接触式测温。这里选用铠装 WRN-K 型热电偶，测温范围 0~1100℃，允许误差±1.5℃。这样，通过 PID 连续调整可控硅调压器，达到连续控制电阻丝负载功率和炉温的目的。温控系统如图 1-70 所示。

图 1-70　熔炉温度控制系统

1.3.2.3　压力控制系统

气压控制系统用于调整熔炉内腔室和外腔室的压力，以控制金属熔体的液位和出口端流速，如图 1-71 所示。气压控制系统主要由气缸、电动抽气泵、气压传感器和电磁换向阀等元件组成；气缸与熔炉内腔相连，用于向内腔施加压力，选用 SC 标准气缸，缸径 50mm，行程 300mm；电动气泵与熔炉外腔连接，用于抽气以提升液位；其工作最大电压为 13V，抽气量 6L/min；通过电磁阀控制阀门开关，型号为德力西 4V210-08，标准电压为 AC220V；气压传感器用于监测熔炉内的气压状态，根据微尺度铸轧流体静力学的理论计算，气压控制精度在百帕量级；选用 GB-3000E 数显型压力传感器，量程-0.1~0.1MPa，显示精度 100Pa。

1.3.2.4　视频采集系统

由于微尺度铸轧时，金属熔体的流动和凝固是在微小的间隙中发生的。为了观测并分析工艺实施状态，需要安装一套视频采集系统。视频采集系统主体部分由千兆网面阵 CCD 摄像机和图像采集卡组成[67]。CCD 摄像机的型号选用微视 MVC685DAM[68]，帧率可达 110fps，分辨率为 659×494，光学尺寸 1/2 英寸，通过逐行扫描得到物体图像，采用千兆以太网进行数据传输。图像采集卡将摄像机拍摄的图像提取出来，并保存到计算机上，再通过图像分析软件进行处理。CCD 摄像机安装在一个可伸缩支架上，以方便从不同角度对试验过程进行观察。视频采集装置如图 1-72 所示。

电磁换向阀

气压传感器

气缸

电动气泵

图 1-71 气压控制系统

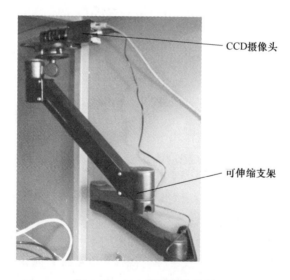

CCD摄像头

可伸缩支架

图 1-72 CCD 视频采集装置

1.3.2.5 图形文件系统

为了尽快开展试验研究，这里没有采用通过对三维模型逐层切片得到二维图形轮廓数据的方法，因为那样涉及较多的软件二次开发。而是采用现有的激光雕刻软件输入相应的图形文件，控制工作台相对喷管按照预设的图形轨迹运动。激光雕刻软件识别 CorelDraw 的 ".DST"和 AutoCAD 的 ".DWG"两种文件格式，其操作界面如图 1-73 所示[69]。在该软件中可设置切割速度、循环次数等工艺参数，将制定好的工艺文档导入 MPC 控制卡[70]，便可由手控盒载入工艺文档并实施。

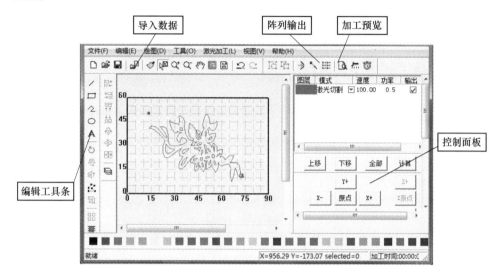

图 1-73　激光雕刻软件操作界面

1.3.2.6　整套试验系统

金属构件微尺度铸轧试验装置主要由上文介绍的各个子系统组成的，每个子系统具有不同的功能。调节各子系统的工作参数，使其相互配合，达到进行微尺度铸轧工艺试验的目的。整套试验系统的硬件实物图如图 1-74 所示。

1.3.3　微尺度铸轧工艺试验实施与结果

1.3.3.1　试验实施

在自行搭建的金属构件微尺度铸轧设备上进行试验，主要目的为了验证工艺实施的可行性并探索合适的工艺参数。材料选用云南锡业公司出产的 Sn99.3/Cu0.7 焊锡条，熔点为 230℃。将适量焊锡条（5~7 根）放入熔炉外腔室，温控器温度设置为 260℃，接通电源开始升温。由于升温过程存在惯性滞后，温度会出现较大的波动，波动范围在±50℃之间。经 PID 自整定调整，保温约 40min 达到温度平衡。此时液态锡会从出口端流出，接通电动抽气泵，调节电源电压可控制泵的抽气量，从而起到调节熔炉内气压的目的。外腔气压降低导致内腔液位下降，锡熔液在出口端呈悬浮态，不再流出。此时接通气缸电源缓慢施压，通过气压传感器调节合适的压力，以得到合适的熔体出口速度。此时，在激光雕刻软件

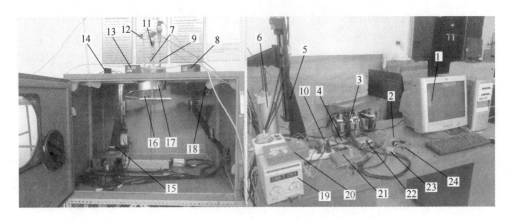

图 1-74   金属构件微尺度铸轧试验装置

1—计算机；2—气缸开关；3—松下伺服驱动器；4—运动系统电源盒；5—气缸电源盒；
6—气缸滑轨；7—气缸；8—出口端温控器；9—外腔气压传感器；10—热电偶；
11—内腔气压传感器；12—电磁阀；13—熔炉温控器；14—可控硅调压器；15—三维运动台；
16—基板；17—电熔炉；18—CCD 摄像机；19—气泵可调电源；20—手控面板；
21—MPC 控制卡；22—控制卡电源；23—运动系统开关；24—气压微调旋钮

中输入预定的图形文件，并设置相应的基板运动速度，保存为工艺文档，加载至控制卡。通过手控盒调入工艺文档，并将基板上升至预定的间隙尺寸，同时启动工艺程序，便可进行试验。试验过程中可通过 CCD 摄像头实时观测金属熔体的流动和凝固情况。

1.3.3.2   试验结果

经过试验研究发现，熔体的出口速度与基板运动速度应当相互匹配，工艺才能顺利实施。如果基板运动速度相比熔体出口速度要快，则熔体将会不连续，出现了"拉断"现象，如图 1-75 所示。如果基板运动速度相比熔体出口速度慢，则过量的熔体将会来不及铺展，最终在熔炉出口部位堆积凝固，使熔体无法顺利流出，发生"堵塞"现象，如图 1-76 所示。因此，要使微尺度铸轧工艺能够顺利地进行，需要合理地匹配基板运动速度、熔体出口速度和间隙尺寸这三个参数之间的关系。

经过反复试验尝试，得到了能实现铸轧过程稳定进行的工艺参数。当初始间隙尺寸设定为 800μm 时，调节基板运动速度 25mm/s，通过气缸向熔炉内腔施加气压约 2100Pa，抽气泵从熔炉外腔抽气，电源电压约 6.0V，外腔气压约为 −5500Pa。通过 AutoCAD 绘制所需 2D 图形，导入激光雕刻软件，设置合适的启刀位置，根据零件高度设定加工循环次数，基板每走完一次 2D 图形轨迹，将 Z 轴降低 600μm，这样逐层堆积形成 3D 实体。稳定铸轧过程如图 1-77 所示。绘制了几种不同形状的 2D 图形，通过上述工艺参数得到的对应的 3D 柱形实体零件

图 1-75 铸轧过程中的熔体断流现象　　　图 1-76 铸轧过程中的喷嘴堵塞现象

如图 1-78 所示。通过合理匹配参数实现了金属构件微尺度铸轧试验的稳定进行，验证了该工艺实施的可行性，同时也为进一步深化研究工作提供了实践经验。

图 1-77 金属构件微尺度铸轧工艺实施过程

然而在试验过程中也发现了许多问题，最主要的便是需要对试验系统进行改进升级。目前该试验装置的各个子系统是独立操作的，这给快速控制调节各子系统的工作参数带来了难度。因此需要将试验装置的各个子系统整合在一个操作软件中统一控制。同时还需提高装置运动系统、气压系统、温度系统的控制精度，从而为进一步研究各工艺参数对成型构件尺寸精度和力学性能的影响规律奠定硬件基础。

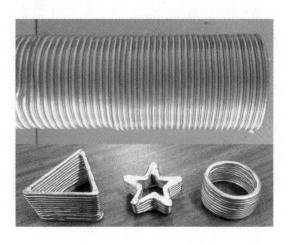

图 1-78　采用微尺度铸轧制造的几种不同形状的柱形零件

 本章小结

本章主要对金属构件微尺度铸轧成型技术进行了基础研究，从理论分析、数值计算和物理试验等角度对微尺度铸轧成型涉及的若干关键工艺力学问题进行了探讨。建立了相对应的理论解析模型和数值计算模型，并搭建了试验平台，初步开展了金属构件微尺度铸轧成型工艺试验。主要得到了以下研究结论。

（1）基于传热学理论建立了微尺度铸轧的重熔热交换模型，指出合理地控制温度可以一定的熔化率熔化同质固体，从而达到叠层界面的冶金结合。

（2）基于相变传热学建立了微尺度铸轧成型的凝固相变模型，指出基板温度和出口温度对固液分界面的移动有重要影响。维持稳定的固液分界面所需的出口端温度 t_δ 为金属熔点温度 t_m 的 $1 + (n - 1)\dfrac{k_s}{k_l}$ 倍，推荐位置系数 n 取 $1 \sim 1.1$。增大压强差可提高熔体出口速度，且铝熔体对压差的反应相比锡熔体更为敏感。将熔敷层假设为连续均匀的几何结构，研究了熔体流速和基板运动速度的匹配关系，指出铸轧间隙和喷管直径是影响流速匹配的重要因素。

（3）基于计算流体力学理论，采用有限体积法和 VOF 模型，建立了金属构件微尺度铸轧的数值计算模型。研究表明，在熔体出口端的流场分布比较复杂，存在涡流，液-气界面处存在气体扰动现象。由于空气无法及时逸出会导致在凝固层中形成气泡，一般来说，熔体出口速度越大，铸轧间隙越小，形成的气泡越明显。随着铸轧的进行，凝固界面沿竖直和水平向逐渐增长，竖直向长高至铸轧间隙，水平向沿喷管出口延伸，并且越靠近喷管，凝固层越薄，凝固界面呈斜向下圆弧状。研究还表明，喷管直径、铸轧间隙、基板性质和熔体温度等工艺参数对于微尺度铸轧时的温度场、凝固界面变化具有显著影响。在实际应用中，需要对以上工艺参数进行合理的选配。同时还指出，在实际工艺实施中，要避免一些不合理的工艺状况，如熔体的"过流"和"欠流"问题、熔滴震荡以及凝固过快导致出口堵塞等现象。

（4）设计并加工了恒液位的电熔炉，搭建了金属构件微尺度铸轧成型试验平台，包括运动控制、温度控制、视频监测、环境箱等子系统。在此基础上开展了初步的试验研究，验证了工艺实施的可行性，并成型出几种不同几何形状的柱形零件。但仍需要从控制系统、监测系统、运动系统和熔炉系统等多方面对试验装置进行改进，并需对成型零件的几何精度、微观组织和结合界面力学性能进行深入研究。

参 考 文 献

［1］ Levy G N, Schindel R, Kruth J P. Rapid manufacturing and rapid tooling with layer manufacturing（LM）technologies, state of the art and future perspectives［J］. CIRP Annals-Manufacturing Technology, 2003, 52（2）：589-609.

［2］ 陈光南，李正阳，彭青，等. 金属构件移动微压铸成型方法：中国，CN201310139419.0［P］. 2013-04-22.

［3］ 李岳林. 工程热力学与传热学［M］. 北京：人民交通出版社，2013.

［4］ 贾力，方肇洪. 钱兴华. 高等传热学［M］. 北京：高等教育出版社，2003.

［5］ 胡汉平. 热传导理论［M］. 北京：中国科学技术大学出版社，2010.

［6］ Hatch J. E. Aluminum：Properties and Physical Metallurgy［M］. ASM International, 1984.

［7］ Kund N K, Dutta P. Numerical simulation of solidification of liquid aluminum alloy flowing on cooling slope［J］. Transactions of Nonferrous Metals Society of China, 2010, 20：898-905.

［8］ Alexiades V, Solomon A D. Mathematical Modeling of Melting and Freezing Processes［M］. Washington：Hemisphere Publishing Corporation. 1993.

［9］ Ozisik M N. Heat Conduction［M］. New Jersey：John Wiley & Sons, 1993.

［10］ Goodman T R. The heat-balance integral and its application to problems involving a change of phase［J］. Trans. ASME, 1958, 80（2）：335-342.

［11］ Wood A S. A new look at the heat balance integral method［J］. Applied Mathematical Modelling, 2001, 25（10）：815-824.

［12］ Sadoun N, Si-Ahmed E K, Colinet P. On the refined integral method for the one-phase Stefan problem with time-dependent boundary conditions［J］. Applied Mathematical Modelling, 2006, 30（6）：531-544.

［13］ 刘永杰，令锋. 边界条件随时间变化 Stefan 问题的一种热平衡积分解法［J］. 内蒙古大学学报：自然科学版，2010, 41（6）：625-631.

［14］ Li H J, Wang P, Qi L, et al. 3D numerical simulation of successive deposition of uniform molten Al droplets on a moving substrate and experimental validation［J］. Computational

Materials Science, 2012, 65: 291-301.

[15] Bruce C A. Dependence of ink jet dynamics on fluid characteristics [J]. IBM Journal of Research and Development, 1976, 20 (3): 258-270.

[16] 李杨, 齐乐华, 罗俊, 等. 金属熔滴气动按需喷射特性试验研究 [J]. 西安交通大学学报, 2011, 45 (5): 69-73.

[17] Brandes E, Brook G. Smithells Metals Reference Book [M]. London: Butterworth-Heinemann, 2003.

[18] 徐林峰. 均匀液滴喷射微制造技术基础研究 [D]. 西安: 西北工业大学, 2005.

[19] 王挺. 板坯连铸结晶器内流动传热和凝固收缩的数值模拟 [D]. 西安: 西安建筑科技大学, 2012.

[20] 魏巍. 板坯连铸结晶器内流场和温度场的研究 [D]. 秦皇岛: 燕山大学, 2009.

[21] 干勇, 仇圣桃, 萧泽强. 连续铸钢过程数学物理模拟 [M]. 北京: 冶金工业出版社, 2001.

[22] Anderson J D. Computational Fluid Dynamics [M]. New York: McGraw-Hill, 1995.

[23] Versteeg H K, Malalasekera W. An Introduction to Computational Fluid Dynamics: the Finite Volume Method [M]. Pearson Education, 2007.

[24] Brent A D, Voller V R, Reid K J. Enthalpy-Porosity technique for modeling convection-diffusion phase change: Application to the melting of a pure metal [J]. Numerical Heat Transfer, Part A Applications, 1988, 13 (3): 297-318.

[25] Mbaye M, Bilgen E. Phase change process by natural convection-diffusion in rectangular enclosures [J]. Heat and Mass Transfer, 2001, 37 (1): 35-42.

[26] Banki R, Hoteit H, Firoozabadi A. Mathematical formulation and numerical modeling of wax deposition in pipelines from enthalpy-porosity approach and irreversible thermodynamics [J]. International Journal of Heat and Mass Transfer, 2008, 51 (13): 3387-3398.

[27] Voller V R. An overview of numerical methods for solving phase change problems [J]. Advances in Numerical Heat Transfer, 1997, 1 (9): 341-380.

[28] Hirt C W, Nichols B D. Volume of fluid (VOF) method for the dynamics of free boundaries [J]. Journal of Computational Physics, 1981, 39 (1): 201-225.

[29] Nichols B D, Hirt C W, Hotchkiss R S. SOLA-VOF: A solution algorithm for transient fluid flow with multiple free boundaries [R]. Los Alamos Scientific Lab., NM (USA), 1980.

[30] Hirt C W, Nichols B D. A computational method for free surface hydrodynamics [J]. Journal of Pressure Vessel Technology, 1981, 103 (2): 136-141.

[31] Youngs D L. Time-dependent multi-material flow with large fluid distortion [J]. Numerical Methods for Fluid Dynamics, 1982, 24: 273-285.

[32] Youngs D L. An interface tracking method for a 3D Eulerian hydrodynamics code [J]. Technical Report, 1984.

[33] Voller V R, Swaminathan C R. ERAL Source-based method for solidification phase change [J]. Numerical Heat Transfer, Part B Fundamentals, 1991, 19 (2): 175-189.

［34］刘夷平, 黄为民, 王经. 利用焓-多孔介质法对垂直 Bridgman 生长 CdTe 的数值模拟［J］. 材料研究学报, 2009, 20（3）: 225-230.

［35］付鑫, 黄禹, 张鹏, 等. 微细通道内液氮流动沸腾的流型特性［J］. 机械工程学报, 2009, 45（9）: 302-306.

［36］甘云华, 徐进良, 周继军, 等. 微尺度相变传热的关键问题［J］. 力学进展, 2004, 34（3）: 399-407.

［37］ANSYS FLUENT 15.0 users guide manual. ANSYS Inc., USA, 2013.

［38］Brackbill J U, Kothe D B, Zemach C. A continuum method for modeling surface tension［J］. Journal of Computational Physics, 1992, 100（2）: 335-354.

［39］隋洪涛, 李鹏飞, 马世虎, 等. 精通 CFD 动网格工程仿真与案例实战［M］, 北京: 人民邮电出版社, 2013.

［40］沈灵. 基于超声空化的振动边界作用流场的数值模拟［D］. 北京: 清华大学, 2011.

［41］杨中喜, 耿浩然, 陶珍东, 等. 液态 Sn 的粘度及其熔体微观结构的变化［J］. 原子与分子物理学报, 2004, 21（4）: 663-666.

［42］Moser Z, Gasior W, Pstruś J, et al. Surface-tension measurements of the eutectic alloy（Ag-Sn 96.2at.%）with Cu additions［J］. Journal of Electronic Materials, 2002, 31（11）: 1225-1229.

［43］Ghafouri-Azar R, Shakeri S, Chandra S, et al. Interactions between molten metal droplets impinging on a solid surface［J］. International Journal of Heat and Mass Transfer, 2003, 46（8）: 1395-1407.

［44］Incropera F P. Fundamentals of heat and mass transfer［M］. New Jersey: John Wiley & Sons, 2011.

［45］曾祥辉, 齐乐华, 蒋小珊, 等. 金属熔滴与基板碰撞变形的数值模拟［J］. 哈尔滨工业大学学报, 2011, 43（3）: 70-74.

［46］Pasandideh M, Bhola R, Chandra S, et al. Deposition of tin droplets on a steel plate: simulations and experiments［J］. International Journal of Heat and Mass Transfer, 1998, 41（19）: 2929-2945.

［47］Pasandideh M, Chandra S, Mostaghimi J. A three-dimensional model of droplet impact and solidification［J］. International Journal of Heat and Mass Transfer, 2002, 45（11）: 2229-2242.

［48］Butty V, Poulikakos D, Giannakouros J. Three-dimensional presolidification heat transfer and fluid dynamics in molten microdroplet deposition［J］. International Journal of Heat and Fluid Flow, 2002, 23（3）: 232-241.

［49］Tian D W, Wang C Q, Tian Y H. Effect of solidification on solder bump formation in solder jet process: Simulation and experiment［J］. Transactions of Nonferrous Metals Society of China, 2008, 18（5）: 1201-1208.

［50］Aziz S D, Chandra S. Impact, recoil and splashing of molten metal droplets［J］. International Journal of Heat and Mass Transfer, 2000, 43（16）: 2841-2857.

[51] 唐家鹏. FLUENT14.0 超级学习手册 [M], 北京：人民邮电出版社, 2013.

[52] Issa R I. Solution of the implicitly discretised fluid flow equations by operator-splitting [J]. Journal of Computational Physics, 1986, 62 (1): 40-65.

[53] 曾祥辉. 熔滴沉积过程中与基板碰撞及凝固的数值模拟研究 [D]. 西安：西北工业大学, 2007.

[54] 李渊, 朱彤, 曹甄俊. 时间步长对有限容积法数值模拟的影响分析 [J]. 计算机仿真, 2009 (3): 117-120.

[55] Carslaw H S, Jaeger J C. Conduction of Heat in Solids [M]. London: Oxford University Press, 1959.

[56] Mehdi-Nejad V, Mostaghimi J, Chandra S. Air bubble entrapment under an impacting droplet [J]. Physics of Fluids, 2003, 15 (1): 173-183.

[57] Mehdi-Nejad V. Modelling flow and heat transfer in two-fluid interfacial flows, with applications to drops and jets [D]. Toronto: University of Toronto, 2003.

[58] 宋云超. 气液两相流动相界面追踪方法及液滴撞击壁面运动机制的研究 [D]. 北京：北京交通大学, 2013.

[59] Kamnis S, Gu S. Numerical modelling of droplet impingement [J]. Journal of Physics D: Applied Physics, 2005, 38 (19): 3664-3673.

[60] Shakeri S, Chandra S. Splashing of molten tin droplets on a rough steel surface [J]. International Journal of Heat and Mass Transfer, 2002, 45 (23): 4561-4575.

[61] Duthaler G M. Design of a drop-on-demand delivery system for molten solder microdrops [D]. Boston: Massachusetts Institute of Technology, 1995.

[62] 松下 MINAS-A5 系列交流伺服马达驱动器使用说明书. Japan: Panasonic Corp., 2009.

[63] 郭刚. 晶闸管整流器微机控制系统的研究与开发 [D]. 长沙：湖南大学, 2013.

[64] XMTF-908 智能 PID 温控器使用说明书. 北京金立石仪表科技有限公司, 2013.

[65] 白美卿, 高富强. 电阻炉炉温控制中的可控硅触发技术 [J]. 自动化仪表, 1996, 17 (2): 28-31.

[66] 陈海滨, 田瑞利. 电镦过程中可控硅移相触发和过零触发电路的比较 [J]. 现代电子技术, 2003 (18): 58-59.

[67] 郭伟. 基于面阵 CCD 的钢板几何尺寸测量系统的研究 [D]. 太原：太原科技大学, 2013.

[68] 微视 MVC685DAM/C-GE110 千兆网 CCD 摄像头说明书. 北京微视新纪元科技有限公司, 2013.

[69] 激光雕刻切割控制系统 DSP5.3 操作说明书. 乐创自动化技术有限公司, 2010.

[70] MPC6515 激光雕刻与切割控制器操作手册. 乐创自动化技术有限公司, 2010.

2 大型磨辊类耐磨结构件硬面堆焊数值仿真

随着我国电力及建材工业的迅速发展，大型电厂、水泥厂普遍采用各种磨粉设备粉碎煤矿石和水泥物料。这些制粉设备的工作环境恶劣、磨损率很高，如果不能正常运行，将极大地影响出粉的产量和质量。因此，如何以方便有效的方式对其关键耐磨部件进行维修维护，成为延长设备使用寿命、提高生产经济效益的关键问题。

磨辊/磨盘瓦是电厂和水泥厂磨粉设备的主要工作部件，利用磨辊和磨盘对置于两者之间的物料进行直接压碎和研磨来实现制粉，其损耗率很高，需要经常维修和更换。待磨物料对磨辊/磨盘形成三体高应力磨料磨损，主要存在切削磨损、塑性疲劳磨损和脆性相断裂三种磨损机制[1]。物料中的硬质颗粒对耐磨件表面造成显微切削、犁沟塑变和碳化物破碎与剥落，经过反复的犁沟-碾平导致裂纹的形成和扩展，造成磨辊/磨盘瓦的耐磨层大块脱落或者磨损不均匀，几乎失去碾压作用。裂纹扩展至基体甚至会导致设备的断裂破坏，严重影响设备的安全生产运行。因此，磨辊/磨盘瓦在磨损后必须及时修复或更换，以保证设备正常的磨粉功能。

硬面堆焊通过堆焊的方式将硬面材料熔敷于普通金属零件的工作表面，以赋予基体特殊使用性能或使受损机械零部件恢复外形尺寸[2]。硬面堆焊实现了退役机械零部件的再制造，显著提高零部件工作面的耐磨损、耐腐蚀和抗疲劳等性能，延长了机械产品在恶劣工况下的服役寿命。水泥和电力行业常用的大型磨辊类耐磨结构件，其具有体积大、经济价值高、维修更换困难等特点。在实际生产中越来越多地采用硬面堆焊技术对磨辊类耐磨件进行堆焊再制造和复合制造。通过相关文献调研可知，目前针对耐磨焊丝、耐磨层金相组织和其力学性能测试的实验研究较多，而针对电厂和水泥厂常用的大型磨辊类耐磨结构件的硬面堆焊再制造和复合制造的数值计算研究则较少。为了科学预见并处理硬面堆焊过程中的工艺力学问题，本章主要对大型磨辊的硬面堆焊开展数值仿真研究，以期望促进该技术的发展和应用。

2.1 磨辊的硬面堆焊技术

为了加深对硬面堆焊技术的认识，以便于建立合理的反映硬面堆焊工艺过程的数值计算模型，有必要对磨辊的硬面堆焊技术进行介绍，主要涉及堆焊工艺和材料、磨辊堆焊再制造以及复合制造三个方面。下面进行简单叙述。

2.1.1　硬面堆焊工艺和材料

　　目前国内电厂和水泥厂所用磨辊的材质大多是高铬铸铁，其硬度高、耐磨性好，但抗冲击韧性差。硬面堆焊产生的热应力和材质性能不匹配导致堆焊层表面产生均匀分布的、非穿透性网格裂纹，如图 2-1 所示。这有助于表面热应力的释放，在一定程度上降低了堆焊层剥落的风险。但在堆焊层内部还存在较大的残余应力，在高载荷工况下与工作应力叠加、累积，使裂纹向不同方向扩展，形成层状裂纹，导致堆焊层局部发空而出现大范围剥落，裂纹延伸至基体甚至会使磨辊在磨机运行时突然断裂，常见的两种失效形式如图 2-2 所示。

图 2-1　硬面堆焊层表面龟裂

(a)　　　　　　　　　　　　　　　　　　　(b)

图 2-2　磨辊失效形式

(a) 磨辊在磨机中断裂；(b) 磨辊硬面堆焊层剥落

　　企业中常用的磨辊硬面堆焊工艺主要有自保护药芯焊丝明弧堆焊和埋弧堆焊两种[3]。其中明弧堆焊前无须烘干焊剂，焊后不必清渣，便于采用空气和水雾喷洒的方式强制冷却，易于实现自动化生产、质量好、效率高、成本低，具有较大的技术优势，已经成为磨辊硬面堆焊领域的主要工艺方法。明弧堆焊和埋弧堆焊的综合指标对比见表 2-1。

表 2-1　明弧堆焊和埋弧堆焊综合指标对比[3]

对比指标	对比内容	明弧自动焊	埋弧自动焊
耗材及成本	堆焊材料	药芯焊丝	药芯焊丝
	焊丝价格/元·kg^{-1}	40~60	40~60
	熔剂消耗/元·kg^{-1}	0	1
	堆焊成本	较低	较高
制造效率 （ϕ3.2mm 焊丝）	适用电流/A	400~500	350~400
	堆焊速率/kg·h^{-1}	9~12	7~9
	单层焊道厚度/mm	≥3	≥2.5
生产条件	脱渣性能	无脱渣问题	脱渣困难
	烟雾	有，需抽风装置	无
	弧光	有，需加遮护板	无
	自动化程度	高（无须专人看管）	中（需要专人看管）
	劳动强度	偏低	偏高
焊道性能	焊道稀释率/%	20~40	20~40
	焊道冷却速度	稍快	稍慢
	堆焊层硬度	表面硬度高	表面硬度稍低

硬面堆焊中采用的合金材料是影响其性能的重要因素，与磨辊基体大多存在性能差异，因此在硬面堆焊时要考虑堆焊合金和磨辊基材的匹配。堆焊材料主要包括铁基、碳化钨基、镍基和钴基等类型。各类堆焊合金的化学成分和微观组织见表 2-2。堆焊材料熔敷于零件工作面形成合金层，其主要特征和性能参数见表2-3。其中铁基堆焊合金经成分、组织调整，可以在较大范围内改变堆焊层的硬度、耐磨性、耐蚀性及抗冲击性能[4]。铁基堆焊合金品种较多，按合金成分和冷却速度不同，堆焊层组织可以是马氏体、珠光体、奥氏体等，其分类如图 2-3所示。

表2-2　常用堆焊合金化学成分与组织结构

合金系	细分	合金	合金元素/%											基体组织	硬度
			C	Si	Mn	Cr	Mo	W	Ni	Co	B	V	总量		
铁基	合金钢	低碳低合金钢	0.3	√	√	√							<5	珠光体	200~500HB
		中碳低合金钢	0.3~0.6			√	√						约5	马氏体+残奥	350~550HB
		高碳低合金钢	0.7~1.0			√		√					约5	马氏体	50~60HRC
		Cr-W、Cr-Mo 热稳定钢	<0.6			√	√	√				√		半马或半马氏体	红硬性耐磨
		高铬马氏体钢	0.1~1.5			13							奥氏体	50HRC
		高锰奥氏体钢	0.7~1.2		13								莱氏体	450~500HB
		Cr-Ni 奥氏体钢	<0.2	√	√		√					√	奥氏体	耐蚀抗氧
	铸铁	高速钢	0.7~1.0			3.8~4.5		17~19				1.0~1.5	莱氏体	红硬性耐磨
		马氏体合金铸铁	2~4	√	√	√	√	√	√	√			<15~20	马氏体	耐热、耐蚀
		高铬合金铸铁	1.5~4.0	√	√	22~32	√	√	√	√	√		残奥+共晶碳化物	耐磨
碳化钨		碳化钨	1.5~2.0					<45					碳化物	2500HV
钴基		钴基	0.7~3.0			25~33		3~25		余量			奥氏体+共晶组织	耐磨、耐热
镍基		Ni-Cr-B-Si 合金	≤1.0	2~5		8~18			余量		2.5	Fe5		50~60HRC
		Ni-Cr-Mo-W 合金	<0.1			17	17	4.5	余量				奥氏体+金属间化合	
		Ni-Cu 合金							70	Cu30				

表2-3　各类堆焊合金层的主要特征和性能

堆焊合金		硬度 HRC (HB)	主要特点	主要性能						
				耐金属磨损	耐磨料磨损	耐高温磨损	耐气蚀性	耐高蚀性	耐热性	耐冲击性
马氏体	低合金系	40~60	硬度高、耐磨性好、使用范围广	B	B	C	—	D	C	C
	Cr13 系	40~60	耐蚀耐磨性好、适于中温下工作	B	C	B	B	B	B	C
奥氏体	Mn13 系	200~500	韧性好、加工硬化性大	D	B	D	C	D	D	A
	Mn16-Cr16 系	200~400	高温硬度大、韧性好	B	C	C	B	B	B	B
	高 Cr-M 系	250~350	600~650℃ 的硬度高、抗蚀性好	B	D	B	B	B	B	A
高铬铸铁合金		50~60	耐磨料磨损性优良、耐蚀耐热性好	C	A	A	D	B	B	D
碳化钨合金		>50	抗磨料磨损性很好	D	A	D	D	A	D	D
钴基合金		35~58	高温硬度高、耐磨耐热性良好	B	B	A	A	A	A	C

注：A—优；B—良好；C—中等；D—一般。

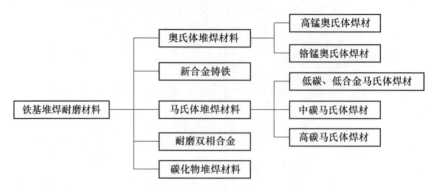

图 2-3　铁基耐磨堆焊材料的分类

2.1.2　磨辊硬面堆焊再制造

所谓再制造工程，是对受损或退役但尚具剩余寿命的废旧零部件进行修复和改造的工程活动。在寿命评估和失效分析的基础上，采用表面工程等先进技术，实现废旧零部件的再服役。再制造工程的重要特征是再制造产品的质量和性能要达到或超过新品[5]。而磨辊堆焊再制造，通常是采用明弧堆焊工艺将药芯耐磨合金焊丝堆焊到受损磨辊表面，恢复其原有的尺寸和功能，实现磨损磨辊的再服役。据统计，堆焊再制造的磨辊其成本仅相当于新辊的30%，而修复后的寿命却提高了近2倍[6,7]。

实际生产中的磨辊硬面堆焊再制造分为离线堆焊再制造和在线堆焊再制造两种[8]。离线堆焊是指将受损的磨辊/磨盘瓦拆卸下来运输到生产基地进行堆焊再制造的方法，适合于磨损量较大，对再制造质量要求较高的耐磨件。ZGM113K型磨煤机磨辊离线堆焊前后如图2-4所示。所谓在线堆焊再制造，是指在不拆除

(a)

(b)

图 2-4　ZGM113K 型磨辊离线堆焊再制造前后
（a）堆焊前；（b）堆焊后

磨机的磨辊/磨盘瓦条件下，直接采用堆焊设备在现场对受损耐磨部件进行药芯焊丝明弧堆焊修复。在线堆焊再制造适合于磨损量不大或紧急情况的处理。LM型立磨磨辊在线堆焊前后如图 2-5 所示。离线及在线堆焊再制造各具优劣和适用范围，见表 2-4。

 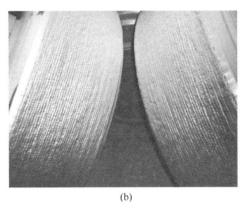

(a)　　　　　　　　　　　　　　　　(b)

图 2-5　莱歇（LM）立磨磨辊在线堆焊再制造前后

(a) 堆焊前；(b) 堆焊后

表 2-4　离线及在线堆焊再制造对比

堆焊再制造方式	优　　势	劣　　势	适用范围
离线堆焊再制造	1. 再制造磨辊/盘尺寸及形状不受限制； 2. 可对修复件进行详细的技术检查，保证再制造质量； 3. 离线堆焊风险小，施工人员劳动条件好	1. 施工周期较长； 2. 拆卸、安装运输费用高，检修成本高； 3. 堆焊后工件需重新安装，存在安全隐患	适合磨损量较大对再制造质量要求较高的耐磨件
在线堆焊再制造	1. 无须拆卸磨辊/盘瓦，节省大量人力、物力等费用； 2. 缩短设备检修停工时间； 3. 施工时间灵活机动； 4. 降低拆卸及安装风险	1. 施工技术要求高； 2. 工装设计难度高； 3. 对施工人员技术要求高，施工空间较小； 4. 施工安全要求严格	适合磨损件磨损不太严重以及处理各类紧急情况

2.1.3　磨辊硬面堆焊复合制造

大型磨辊的制造方式主要有整体铸造、陶瓷复合制造和堆焊复合制造三种，各技术特点见表 2-5[9]。其中整体铸造方式难以成型大型磨辊，能耗高，易产生铸造缺陷，目前已逐步被淘汰。陶瓷复合制造虽然耐磨性能优越，但生产成本高昂，难以大规模推广应用；而堆焊复合制造磨辊由于其技术优势，目前已得到广泛的应用。磨辊硬面堆焊复合制造，是以中碳铸钢（ZG25/35、20SiMn 等）等强度、韧性较好的材料作为磨辊的基体，根据成品设计规格预留 30% ~ 50% 的尺寸作为耐磨堆焊层，然后采用明弧堆焊工艺等将复合碳化物熔敷于磨辊胎体之上，逐层堆焊直至达到成品设计尺寸。其制造工序如图 2-6 所示。

表 2-5　立磨磨辊的制造方式对比

制造方式	制造过程	劣　势	优　势	应用前景
磨辊整体铸造	模具浇铸成型磨辊	1. 热处理工艺要求很高； 2. 成型大型磨辊困难； 3. 易产生铸造缺陷； 4. 能耗高	1. 生产工艺成熟； 2. 制造成本低	逐步被淘汰
陶瓷复合制造	蜂窝状陶瓷片镶嵌在磨辊上	1. 技术不够成熟； 2. 生产成本高昂，制造周期长	1. 复合层硬度高； 2. 耐磨性能超强	难以大规模应用
堆焊复合制造	逐层堆焊专用焊材至预定尺寸	1. 高铬合金类铸铁焊接性差； 2. 重复堆焊次数有限	1. 技术成熟； 2. 韧性和耐磨性好； 3. 不易断裂	大规模应用

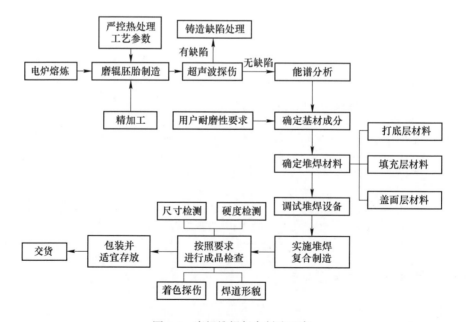

图 2-6　磨辊堆焊复合制造工序

磨辊堆焊复合制造解决了高铬、镍铬系合金材料的脆性高、易开裂、可焊性差等缺陷，节省了大量的贵金属资源，降低了制造成本，使用寿命相比整体铸造磨辊提高了 1.3~1.8 倍[7]。这是一种新兴、科学的磨辊制造工艺，由中碳钢基体提供抵抗高载荷所需的强度、韧性和塑性等综合指标，由硬面堆焊层提供制粉所需的抗磨损性能。由于铸钢基体良好的韧性，降低了复合辊的断裂风险，表面耐磨层的硬度可达 HRC 58~60，其含碳量（质量分数）约 5%，含铬量（质量分数）约 27%。相比常规的高铬铸铁型磨辊，不仅表现出基材韧、塑性好，不易断裂的优点，还具有高硬度、高耐磨性的堆焊层。当复合辊耐磨层达到一定磨损量时，还可在其原基体上多次堆焊再制造，从而重复使用。因此，复合型磨辊已逐步取代整体铸造式磨辊，成为不同型号磨机的最佳选择。堆焊复合制造的Polysuis 57/28 型立磨磨辊如图 2-7 所示。

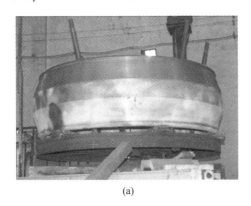 

(a)　　　　　　　　　　　　　　　　(b)

图 2-7　Polysuis 57/28 立磨磨辊堆焊复合制造

(a) 铸钢基体；(b) 堆焊复合制造成品

2.2　磨辊硬面堆焊的数值仿真方法

无论是磨辊堆焊再制造和堆焊复合制造，均要历经反复多次的焊接热循环，由此导致的温度场和应力场的分布及变化是十分复杂的。存在于耐磨层和基体的残余应力在高载荷应力的作用下，将会大大增加耐磨层脱落的风险（包括耐磨层之间的剥离以及耐磨层从辊体上整体脱落），甚至引发磨辊的整体断裂。这是一个亟待研究的问题。而由于硬面堆焊过程的复杂性，采用常规的理论和实验研究手段受到很大限制，因此采用有限元数值仿真研究磨辊硬面堆焊过程中的温度场和应力场，便成为首要的选择。下面对涉及磨辊硬面堆焊的数值仿真方法进行介绍。

2.2.1　常用焊接数值仿真方法

目前焊接领域的数值仿真主要有以下两个方向[10]：一个是针对焊接熔池本

身的仿真研究。即通过研究熔池中发生的熔化、凝固、对流传热、相变等复杂物理过程，来预测焊缝形貌及其微观组织，分析熔池特征与其力学性能之间的关系；另一个是针对焊接结构件本身，结合物理实验，采用合适的热源模型，通过有限差分、有限元等数值计算方法，从宏观角度分析结构件的焊接变形、温度场、应力场及相变。第二个研究方向主要面向工程应用，本章关于大型磨辊硬面堆焊的研究属于后者。在工程应用方面，焊接数值仿真方法主要有以下几类。

（1）移动热源法（瞬态法）。移动热源法是将合理的热源模型施加于焊缝单元，在指定的焊接轨迹上运动并激活加热焊缝单元，形成的温度场是时间和空间的函数。该方法动态模拟整个焊接过程，但计算量较大，应用于大型工程结构件的计算存在困难。

（2）稳态法。稳态法仅计算焊接进入准稳态时刻的温度场、应力场分布等，参与计算的网格数目少，因此计算速度很快，但精度往往不高，实际工程应用中存在局限性。在 SYSWELD 中，常用稳态法进行焊接热源的校核。

（3）分段焊接模拟。分段焊接模拟也称为焊接大步长法[11]，即采用条带状热源模型分段加热焊缝，常用于长直焊缝的处理，提高了计算效率，同时保持了相当的精度。但这种方法对热源作用段的大小有特定要求。

（4）固有应变法。固有应变法最早由日本学者提出[12]，认为固有应变是焊接结束后热应变、塑性应变和相变应变三者残余量之和，且只存在于焊缝及其附近区域。在焊缝区域施加固有应变作为初始条件，经一次弹性有限元计算便可求得最终的残余变形和应力。固有应变法在预测大型复杂结构件的焊接变形方面具有优势。

（5）局部-全局法。局部-全局法的主要思想是将局部模型的计算结果作为初始值应用于全局模型[13,14]。首先选取合适的区域建立有限元模型，经热弹塑性有限元计算得到局部模型的残余应变和焊缝刚度，再利用"宏单元"技术将其作为初始载荷映射到全局模型，经线弹性计算便可得到整个焊接结构的残余应力和变形。

（6）热循环曲线法。热循环曲线法通过物理实验或者热弹塑性有限元计算得到反映焊接工艺状况的热循环曲线，将其作为热载荷施加于整条单道焊缝，之后对多个焊缝隧道加载。这样每条焊缝相当于经历了一次焊接热循环，既节省了计算时间，又能得到比较准确的结果，已得到焊接数值仿真领域学术及工程界的认可[15, 16]。该方法适合于多层多道焊接的数值仿真研究。

综上所述，以上几种焊接数值仿真方法是工程领域中常用的，各具特点，适用对象也不同，需要根据研究问题本身进行合理的选择。考虑到本章所研究的磨辊硬面堆焊工艺的特点，采用热循环曲线法是比较合适的。

2.2.2　热循环曲线法

磨辊硬面堆焊本质上属于多层多道焊，由于焊缝数据众多，需反复堆焊数十层耐磨焊道，由此导致的温度场和应力场十分复杂，采用移动热源法对硬面堆焊全过程进行热弹塑性有限元分析在计算量上是难以接受的。而热循环曲线法进行多道焊的计算比较方便，首先建立局部焊接接头网格模型，经热源校核后进行热弹塑性有限元计算，提取焊缝区的平均热循环曲线，然后再将此热循环曲线逐次加载于对应的焊道。计算流程如图2-8所示。值得注意的是，该热循环曲线也可以通过实验测量获取，如果后续焊缝采用了不同的工艺参数，那么施加于该焊缝的热循环曲线也存在差异。总之，所采用的热循环曲线应能真实反映焊缝经历的热循环历程，这样才能保证精度。目前，国外已有应用热循环曲线法模拟堆焊的先例，如图2-9所示。

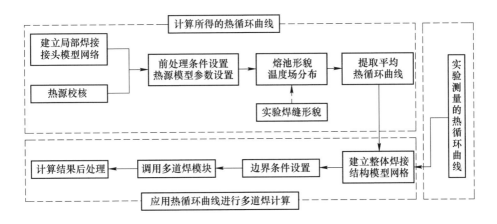

图2-8　热循环曲线用于多道焊计算流程

2.2.3　热弹塑性有限元法

由2.2.2节对热循环曲线法的介绍可知，在通过数值计算获取热循环曲线及后续将其作为热载荷施加于多层焊道的计算中，均采用了热弹塑性有限元法。因此有必要对热弹塑性有限元法进行简单介绍。

热弹塑性有限元计算有如下假设：采用Von Mises准则描述材料的屈服行为；塑性区的材料服从强化准则和流动准则；弹性应变、塑性应变和热应变是可分的；各力学特征、应力、应变在小时间步长内与温度呈线性变化。

热弹塑性有限法在焊接热循环中逐步跟踪热应变来计算热应力和变形，其基本方程如下[17]。

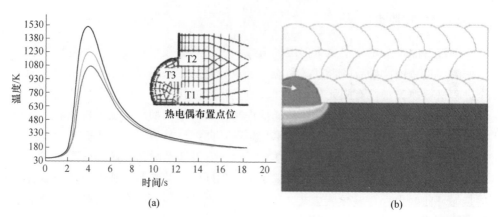

(a)　　　　　　　　　　　　(b)

图 2-9　应用热循环曲线模拟堆焊过程

（a）热循环曲线；（b）二维堆焊模拟

扫码查看彩图

2.2.3.1　应力-应变关系（本构方程）

材料处于弹性和塑性状态下的应力应变关系为：

$$\Delta\boldsymbol{\sigma} = \boldsymbol{D}\Delta\boldsymbol{\varepsilon} - \boldsymbol{C}\Delta T \tag{2-1}$$

式中，$\boldsymbol{D}$ 为弹性或塑性矩阵；$\boldsymbol{C}$ 为与温度相关的向量。

在弹性区：

$$\boldsymbol{D} = \boldsymbol{D}_{e} \tag{2-2}$$

$$\boldsymbol{C} = \boldsymbol{C}_{e} = \boldsymbol{D}_{e}\left(\boldsymbol{\alpha} + \frac{\partial \boldsymbol{D}_{e}^{-1}}{\partial T}\boldsymbol{\sigma}\right) \tag{2-3}$$

式中，$\boldsymbol{D}_{e}$ 为弹性矩阵；T 为温度；α 为线膨胀系数。

在塑性区，设材料的屈服条件为：

$$f(\sigma) = f_{0}(\varepsilon_{p},\ T) \tag{2-4}$$

式中，f 为与温度和塑性应变有关的屈服应力的函数。

材料处于塑性状态时的全应变增量 $\Delta\boldsymbol{\varepsilon}$ 可表示为：

$$\Delta\boldsymbol{\varepsilon} = \Delta\boldsymbol{\varepsilon}_{e} + \Delta\boldsymbol{\varepsilon}_{p} + \Delta\boldsymbol{\varepsilon}_{T} \tag{2-5}$$

式中，$\Delta\boldsymbol{\varepsilon}_{e}$、$\Delta\boldsymbol{\varepsilon}_{p}$ 和 $\Delta\boldsymbol{\varepsilon}_{T}$ 分别表示弹性应变增量、塑性应变增量和热应变增量。

根据塑性流动法则，塑性应变增量 $\Delta\boldsymbol{\varepsilon}_{p}$ 可表示为：

$$\Delta\boldsymbol{\varepsilon}_{p} = \lambda\left\{\frac{\partial f}{\partial \sigma}\right\} \tag{2-6}$$

塑性区的加载与否由 λ 值判定，$\lambda > 0$ 为加载过程，$\lambda < 0$ 为卸载过程，$\lambda = 0$ 时处于中性变载。

2.2.3.2　平衡方程

在焊接结构有限元模型的任一单元内，存在：

$$\Delta \boldsymbol{F}_e + \Delta \boldsymbol{R}_e = \boldsymbol{K}_e \Delta \boldsymbol{\delta}_e \tag{2-7}$$

式中，$\Delta \boldsymbol{F}_e$ 为单元节点外力增量；$\Delta \boldsymbol{R}_e$ 为温度引起的单元初应变等效节点力增量；$\boldsymbol{K}_e$ 为单元刚度矩阵；$\Delta \boldsymbol{\delta}^e$ 为节点位移增量。

$$\boldsymbol{K}_e = \int \boldsymbol{B}^T [\boldsymbol{D}][\boldsymbol{B}] \Delta V \tag{2-8}$$

$$\Delta \boldsymbol{R}_e = \int [\boldsymbol{B}]^T \{C\} \Delta T \Delta V \tag{2-9}$$

式中，$\boldsymbol{B}$ 为包含单元中应变向量和节点位移向量的矩阵。得到单元刚度矩阵 $\boldsymbol{K}_e$ 和单元等效节点载荷 $\Delta \boldsymbol{R}_e$ 后，然后集合成系统总刚度矩阵 $\boldsymbol{K}$ 和总载荷向量 $\Delta \boldsymbol{F}$，这样可求得整个结构的平衡方程组：

$$\Delta \boldsymbol{F} = \boldsymbol{K} \Delta \boldsymbol{\delta} \tag{2-10}$$

式中，$\boldsymbol{K} = \sum \boldsymbol{K}_e$；$\Delta \boldsymbol{F} = \sum (\Delta \boldsymbol{F}_e + \Delta \boldsymbol{R}_e)$。

2.2.3.3 热弹塑性有限元求解过程

热弹塑性有限元法求解焊接问题的过程为：首先将焊接结构划分为有限个单元，计算得到焊接温度场，将此温度场作为热载荷施加于模型节点，这样可以得到温度增量 ΔT_e 对应的各节点位移增量 $\Delta \boldsymbol{\delta}_e$。每个单元的应变增量 $\Delta \boldsymbol{\varepsilon}_e$ 和其对应的单元节点位移增量 $\Delta \boldsymbol{\delta}_e$ 的关系为：

$$\Delta \boldsymbol{\varepsilon}^e = \boldsymbol{B} \Delta \boldsymbol{\delta}_e \tag{2-11}$$

根据应力应变关系式(2-1)，由应变增量 $\Delta \boldsymbol{\varepsilon}_e$ 可得到各单元的应力增量 $\Delta \boldsymbol{\sigma}_e$。这样便可以求解整个焊接过程中的动态应力、应变及最终的残余应力和变形。

2.2.4 SYSWELD 多道焊仿真流程及注意事项

2.2.4.1 仿真流程

SYSWELD 是一款专业焊接仿真软件，由法国 AREVA 公司和 ESI 公司合作开发，完全实现了机械、热传导和金属冶金的耦合计算[18, 19]。本章拟采用其中的 MPA 多道焊模块。首先建立关于硬面堆焊的局部网格模型，根据实际工艺状况调节热源模型参数，并计算其温度场。然后提取焊缝区域的平均热循环曲线，再调用 MPA 模块，将热循环曲线逐次加载于对应的焊道进行计算，便可实现磨辊硬面堆焊的多道焊仿真。基于 SYSWELD 的多道焊数值计算流程如图 2-10 所示。

2.2.4.2 注意事项

在应用 SYSWELD 进行多道焊数值计算时，涉及热源模型的选择校核、材料数据库的二次开发以及网格模型建立规则等，其中的注意事项有必要提及。

A 热源模型的选择及校核

SYSWELD 提供了专业的热源校核模块-Heat Input Fitting[18]，其主要功能在

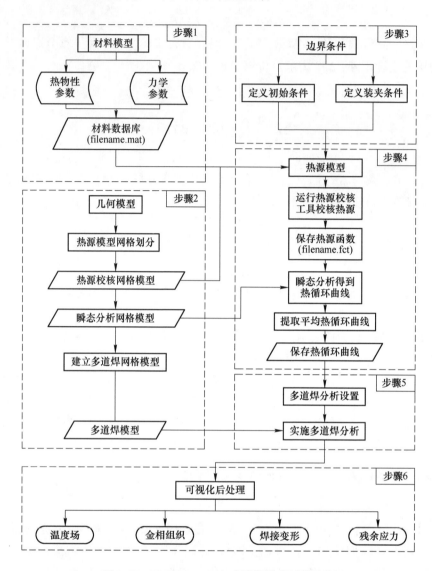

图 2-10 SYSWELD/MPA 多道焊数值计算流程

于调整焊接热源模型参数，通过稳态计算得到熔池的温度场及其形貌，并与实验结果对比，以使其符合实际焊接工艺。为了准确模拟焊接温度场，SYSWELD 提供了三种不同的焊接热源模型，包括高斯表面热源、3D 高斯热源和双椭球形热源[18]。其中高斯表面热源适合于表面热处理，3D 高斯热源适合于激光焊、电子束焊等大熔深的焊接工艺，双椭球热源模型由 Goldak[20,21] 于 1984 年提出，将热源沿焊接方向分成两个椭球体，如图 2-11 所示。具体数学表达式如下。

焊接方向前半部分椭球体内部热流密度分布为：

$$q_{f}(x, y, z, t) = \frac{6\sqrt{3}f_{f}\eta UI}{ab_{1}c\pi\sqrt{\pi}}\exp\left(-\frac{3x^{2}}{a^{2}} - \frac{3y^{2}}{b_{1}^{2}} - \frac{3z^{2}}{c^{2}}\right) \tag{2-12}$$

后半部分椭球体内部热流密度分布为:

$$q_{r}(x, y, z, t) = \frac{6\sqrt{3}f_{r}\eta UI}{ab_{2}c\pi\sqrt{\pi}}\exp\left(-\frac{3x^{2}}{a^{2}} - \frac{3y^{2}}{b_{2}^{2}} - \frac{3z^{2}}{c^{2}}\right) \tag{2-13}$$

式中, η 为电弧热效率; I 为焊接电流; U 为电弧电压; f_{f}、f_{r} 分别为总输入功率在熔池前后两部分的分配系数, $f_{f}+f_{r}=2$; a、b_{1}、b_{2}、c 分别为双椭球热源分布参数, 其中 a 表示熔池长度, b 影响熔宽, c 影响熔深。

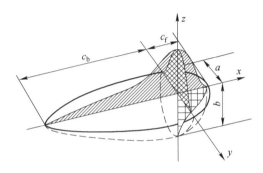

图 2-11　双椭球热源模型

双椭球热源模型考虑了沿板厚向的电弧热量差异, 同时考虑了焊接束流的挖掘和搅拌作用, 适合于手工电弧焊、MIG、TIG 等常规焊接工艺。本章的磨辊硬面堆焊采用自保护药芯焊丝明弧堆焊工艺, 药芯焊丝作为电极, 相当于 MIG 焊, 因此采用双椭球热源模型比较合适。在 SYSWELD 热源模型校核时, 双椭球热源模型的参数值通常根据经验和实验结果确定:

(1) 首先根据经验选取分布参数初始值进行试算, 初值可根据焊接达到准稳态时的熔池实验测量值的比例来确定;

(2) 将试算所得的温度场及熔池形貌与实验结果对比, 有针对性地调整热源模型参数值;

(3) 将修正值代入热源模型再次进行准稳态温度场计算, 如此反复调整直至确定合适的热源模型参数。将校核后的热源函数保存为 "∗.fct" 格式文件, 以方便后续仿真时调用。

B　材料数据库及其二次开发

SYSWELD 的材料数据库提供了常用的钢材、铝合金和铸铁的热物理及力学性能参数, 且考虑了各组成相对材料性能的影响, 包括铁素体、珠光体、马氏体、贝氏体和奥氏体等, 在数据库文件中分别用不同的编号来表示。其中还定义了未填充相，即 ESI 提出的 Chewing gum 法，这种方法避免了生死单元法易出现的单元自锁现象。通过赋予焊缝材料弹性模型、热传导率、比热容等参数一个极小值，近似将未熔敷金属材料处理为热空气，这样不影响已填充的焊道。随着焊道的施加，其各项力学性能参数恢复正常。下面给出定义未填充材料热物理性能的一段程序：

```
Not Yet Deposited Material
TABLES :
FIN TABLES
MATERIAUX :
METALLURGY
PHASE 2
KX (1) = TABLE 1
KX (2) = TABLE 2
C (1) = TABLE 7
C (2) = TABLE 8
RHO (1) = TABLE 13
RHO (2) = TABLE 14
REACTION
TABLE
1 / 1 20 1.0 * -12 1500 1.0 * -12
2 / 1 20 1.0 * -12 1500 1.0 * -12
7 / 1 20 1 1500 1
8 / 1 20 1 1500 1
13 / 1 20 7.82 * -06 1500 7.29 * -06
14 / 1 20 7.82 * -06 1500 7.29 * -06
```

SYSWELD 定义了四种材料塑性模式[19]，分别是理想塑性模型（MODEL 1）、随动强化模型（MODEL 2）、各向同性强化模型（MODEL 3）和混合强化模型（MODEL 11）。在材料数据库文件中可以通过模型代码直接调用这些塑性模型。

本书所研究的磨辊硬面堆焊涉及的磨辊及堆焊合金的材质比较特殊，SYSWELD 材料数据库中没有相关材料，因此需要对其进行二次开发。主要提供了以下三种材料数据库二次开发的方法：第一种是直接修改法，即直接在软件材料库操作界面选取对应材料进行其热物性能和力学性能参数的修改；第二种是文档编辑法，SYSWELD 数据库采用 FORTRAN 77 语言编写，采用文档编辑工具打开数据库文件，然后按照所需修改其中的材料性能参数；第三种是专用工具开发，ESI 开发了建立材料库的专用工具 "Material-Data-Manager"，可以 EXCEL 图表的形式输入材料的性能数据，还可对其塑性应变硬化规律进行修正，保存并输出"＊.mat"格式的材料数据库文件，在进行材料属性设置时便可直接加载该文件。这里采用专用开发工具建立所需的材料库。

C 网格模型建立规则

采用 SYSWELD 进行多道焊模拟，在建立网格模型时需遵守一些特定的规则。将不同类型的单元定义为不同的分组（group），以方便在焊接向导中选择相应的单元。一个完整的模型组包括焊缝组、母材组、换热表面组、约束条件组等。其中 Nodes 节点用于定义机械装夹条件，焊接的开始点和结束点；1-D 线单元用于定义焊接轨迹线、参考线；2-D 面单元用于定义散热表面；3-D 体单元则赋予焊缝及母材的材料属性。以多层多道焊为例，在建立网格模型时需定义如下分组：

（1）焊缝单元分组，分别按照焊接顺序命名为"W1""W2""W3"…"Wn"；

（2）母材单元分组，分别命名为"C1""C2""C3"…"Cn"；

（3）包含所有母材的组"COMPONENTS"，即 C1+C2+C3…+Cn；

（4）包含所有焊道的组"ALL_WELDS"，即 W1+W2+W3…+Wn；

（5）当前正在焊接的第一道焊缝的组"WELD"，即 W1，赋予焊缝材料属性；

（6）尚未熔敷的焊缝组"NOT_WELDED"，即 ALL_WELDS-WELD，赋予虚拟材料属性（Dummy Material）；

（7）散热面分组"AIR"，即母材组"COMPONENTS"的面单元。

值得指出的是，要严格按照以上的命名规定对分组单元进行命名，否则在进行多道焊计算时，SYSWELD 将无法识别各分组单元，这样也就无法对模型赋予相应的材料属性、热源函数、散热函数等。此外，还需要定义焊接线、参考线、焊接起始点、结束点以及起始单元。定义好网格模型后，保存为"＊_mesh_DATA1000.ASC"文件，以便于在 SYSWELD 中进行调用。

2.3 硬面堆焊数值仿真方法验证

第2.2节介绍了磨辊硬面堆焊的数值仿真方法，为验证热循环曲线法模拟多道焊过程的正确性，首先采用热循环曲线法对文献［22］的多道焊过程进行分析。文献［22］对 V 形接头接进行了焊接试验，并采用 X 射线衍射法测量了焊缝区域的残余应力。本节按照第2.2.4节所述的流程对该焊接过程进行数值仿真。对接平板采用的是 ASTM A36 碳素结构钢[23]，其化学成分见表2-6。ASTM A36 是美标碳素结构钢（Ferritic-Pearlitic Steel），执行标准 ASTM A36/A36M-03A，其显微组织主要是铁素体和珠光体。ASTM A36 的热物性参数和力学性能参数分别如图 2-12 和图 2-13 所示[22]。但在 SYSWELD 材料库中并没有 A36 这种材料，通过对比发现，SYSWELD 数据库中的 S355J2G3 钢与 A36 的化学成分类似，见表 2-7。S355J2G3 为欧标低合金高强度结构钢，执行标准 EN10025-2[24]。

表 2-6 ASTM A36 钢的化学成分（质量分数） （%）

C	Mn	P	S	Si	Ni	Cr	Mo	Cu	Fe
0.16	0.69	0.033	0.039	0.21	<0.10	<0.08	<0.10	<0.10	余量

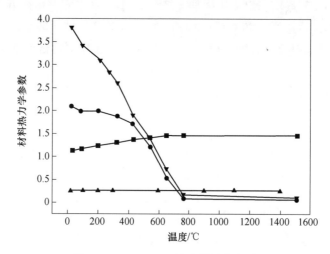

图 2-12 ASTM A36 热力学性能参数

(—■—:热膨胀系数α/×10^{-5}℃$^{-1}$; —●—:杨氏模量E/×10^2GPa; —▲—:泊松比μ; —▼—:屈服应力R_e/×10^2MPa)

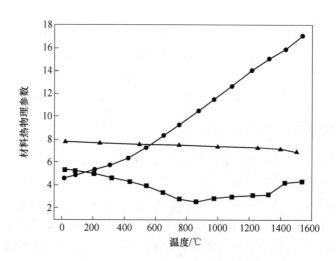

图 2-13 ASTM A36 热物理性能参数

(—■—:热传导率λ/×10W·(m·℃)$^{-1}$; —●—:比热容C/×10^2J·(kg·℃)$^{-1}$; —▲—:密度ρ/×10^3kg·m^{-3})

因此在 S355J2G3 钢的基础上通过材料库生成工具得到 A36 钢的数据文件，并在模型建立过程中加载该文件。焊接试样尺寸为 110mm×30mm×4.5mm，坡口为 V 形，3 道焊缝填充，选取焊缝附近区域的 7 个测量点，采用 X 射线衍射仪对测量点的残余应力进行测量。试件尺寸如图 2-14 所示，测量点位置见表 2-8。焊接工艺采用 TIG 焊，表 2-9 给出了焊接顺序和工艺参数。

表 2-7 S355J2G3 钢的化学成分（质量分数） （%）

C	Mn	P	S	Si	Ni	Cr	Mo	Cu	Fe
0.18	<1.60	0.035	0.035	0.55	<0.30	<0.08	<0.10	<0.10	余量

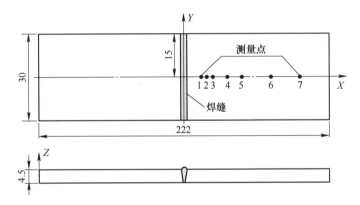

图 2-14 焊接试样和测量点

表 2-8 测量点位置

测量点	1	2	3	4	5	6	7
测量点距离中心线距离/mm	6	8	10	15	20	30	40

表 2-9 焊接顺序和工艺参数

焊接顺序	焊道数	焊接工艺参数		
		电流/A	电压/V	焊速/mm·s⁻¹
	①	85	25	1
	②	85	26	0.75
	③	85	25	0.75

2.3.1 网格模型建立

采用 Visual Mesh 8.0 建立焊接试件的网格模型，主要包括以下两类：一类是用于热源校核及提取热循环曲线的局部网格模型；另一类是用于多道焊模拟的全局网格模型。这两类网格模型分别如图 2-15 和图 2-16 所示。焊缝区域的网格进行细化，而远离焊缝处的网格则较粗。局部网格模型节点数为 21297，单元数目 25536。全局网格模型节点数 24180，单元数目 27886。在输出符合 SYSWELD 计算要求的"＊_mesh_DATA1000. ASC"网格文件前，需按要求对网格进行分组并定义焊接线及参考线等焊接要素。在进行应力分析时，分别对三个点定义 $UX\backslash UY\backslash UZ$、$UY\backslash UZ$、$UZ$ 方向上的约束，施加的刚性约束如图 2-17 所示，以限制模型的移动和转动。

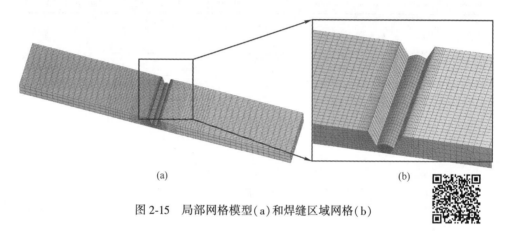

(a)　　　　　　　　　　　(b)

图 2-15　局部网格模型(a)和焊缝区域网格(b)

扫码查看彩图

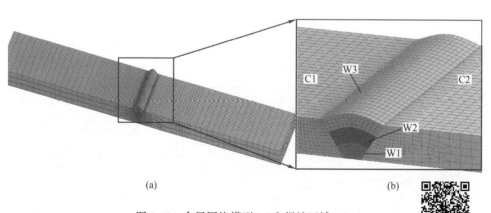

(a)　　　　　　　　　　　(b)

图 2-16　全局网格模型(a)和焊缝区域(b)

扫码查看彩图

2.3.2　热源校核及热循环曲线提取

在进行焊接模拟前，需先对热源进行校核，以获得合理的描述焊接热输入的热源模型。通过计算准稳态温度场，根据第 2.2.4.2 节所述方法调节双椭球模型的热源参数以使焊缝熔池区或热循环曲线与实际相匹配，并保存校核好的热源函数，以"∗.fct"格式命名，校核的热源模型参数见表2-10。准稳态温度场是指焊接过程中温度处于相对平衡的状态。此时所得的焊缝形貌最能反映正确的热源模型。模拟所得的准稳态温度场如图2-18所示，模拟熔池区域与实际焊缝区域的对比如图2-19所示。

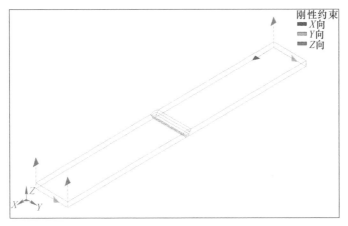

图 2-17　模型约束条件

扫码查看彩图

表 2-10　热源模型参数

Q_f	Q_r	a_f	a_r	b	c	x_0	y_0	z_0	v
36.7	30.6	3	4.5	2	2	0	0	2.086	1

注：SYSWELD中双椭球模型参数意义见第2.2.4.2节。

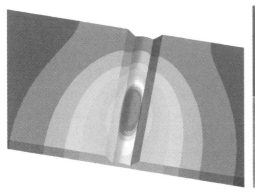

图 2-18　焊缝区准
稳态温度场

扫码查看彩图

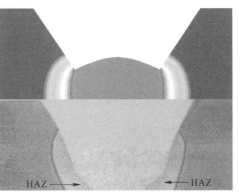

图 2-19　模拟与实验
焊缝区域对比

扫码查看彩图

　　热源模型校正完毕后，调用热源函数进行初道焊的模拟。提取焊缝区节点的热循环曲线并取平均值，保存为"*.trc"格式的函数文件用于多道焊的模拟。焊缝区节点如图 2-20 所示，提取的平均热循环曲线如图 2-21 所示，与实际焊接过程热循环曲线的比较如图 2-22 所示。由图 2-22 可看出，模拟所得的热循环曲线的最高温度要稍高于实验曲线，但总体上基本吻合，因此模拟所得的热循环曲线可用于后续的多道焊仿真。各焊道的起始及终止时间等参数见表 2-11。

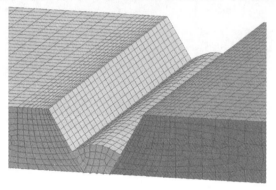

图 2-20　焊缝区节点

扫码查看彩图

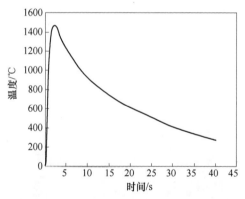

图 2-21　焊缝区平均热循环曲线

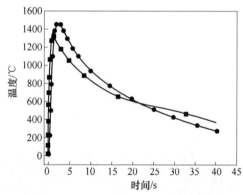

图 2-22　模拟与实验的热循环曲线

（—■—：试验值[22]；—●—：模拟值）

表 2-11　多道焊模拟起始时间

焊道	W1	W2	W3
起始时间/s	0	330	660
终止时间/s	330	660	990
持续时间/s	330	330	330

2.3.3 结果讨论与方法验证

将第 2.3.2 节得到的焊接热循环曲线按照焊接顺序和时间依次加载至每一条焊缝,焊缝按照热循环曲线整体经历一个热循环过程。每道焊缝加热引起的温度场如图 2-23、图 2-24 和图 2-25 所示。由图可看出,焊缝区域温度最高,具有很大的温度梯度,远离焊缝区温度逐渐降低。每道焊缝在焊接开始后的 1.3s 内上升至 1311℃,温度变化趋势与热循环曲线保持一致。单条焊缝焊接结束后在室温环境下冷却 300s,第一条焊缝冷却 300s 后试板最低温度 45℃,第二条焊缝为 54℃,

温度/℃
1238.956
1157.559
1076.162
994.765
913.368
831.971
750.574
669.177
587.780
506.383
424.985
343.588
262.191
180.794
99.397
18.000

扫码查看彩图

图 2-23 第一道焊缝 $t=0.67$s 时的温度场分布

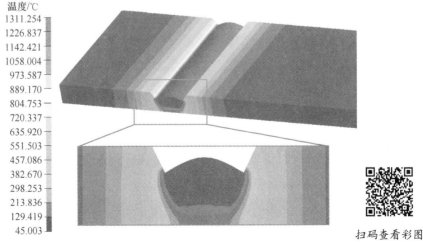

温度/℃
1311.254
1226.837
1142.421
1058.004
973.587
889.170
804.753
720.337
635.920
551.503
457.086
382.670
298.253
213.836
129.419
45.003

扫码查看彩图

图 2-24 第二道焊缝 $t=331.34$s 时的温度场分布

第三条为66℃。这说明前一条焊缝对后一条焊缝有预热作用。以Z方向的位移来衡量角变形，不同焊缝引起的Z向位移量分别如图2-26、图2-27和图2-28所示。由图可看出，每条焊缝焊接结束后均会引起角变形，这是由于在焊接过程中试板上下表面的热收缩不同，并且焊缝本身上宽下窄，收缩量不一致所导致的。第一道焊缝结束后的最大Z向位移为0.564mm，第二道结束后为0.886mm，第三道为1.110mm。可见随着焊道的增加，角变形量变大。虽然后续焊道会在原来的基础上使角变形量更大，但其增大幅度变缓（见图2-29），这与严红丹[25]的研究结果相符。产生这种现象的原因是已冷却的焊道增大了接头的刚度，使其变形较为困难。总之，多道焊中每条焊缝引起的变形的叠加累计效应使其相比单道焊的变形更加严重。

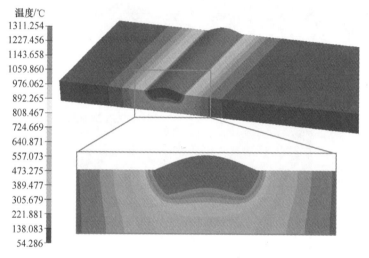

图2-25 第三道焊缝 $t=661.34$s 时的温度场分布

扫码查看彩图

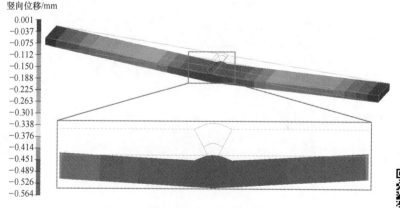

图2-26 第一道焊缝结束后的角变形

扫码查看彩图

竖向位移/mm

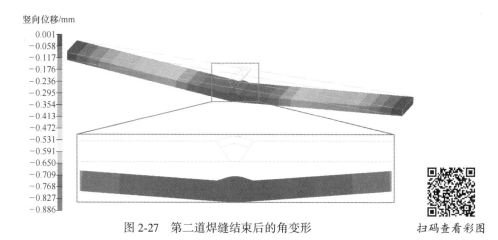

图 2-27 第二道焊缝结束后的角变形

扫码查看彩图

竖向位移/mm

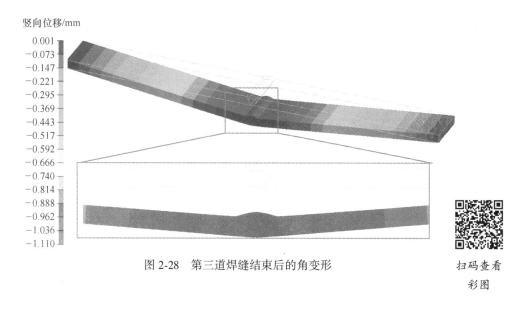

图 2-28 第三道焊缝结束后的角变形

扫码查看
彩图

采用热循环曲线法对该多道焊进行数值仿真,将仿真结果与实验结果对比以验证热循环曲线法的正确性。文献 [22] 测量了焊缝区域不同位置的 7 个点的残余应力,为了进行对比,选取与实验相一致的测量路径(见图 2-30),并读取模拟所得的残余应力,实验与模拟测量的横向以及纵向残余应力对比如图 2-31 所示。由图 2-31 可看出,纵向残余应力的峰值出现在焊缝中心线处,呈拉应力状态,接近 400MPa,在远离焊缝区呈压应力状态;而横向残余应力的峰值较小,最大拉应力出现在近焊缝区(约为 45MPa),远离焊缝区的横向残余应力逐渐减小,并由拉应力转变为压应力,但在数值上均小于纵向残余应力。模拟所得的残

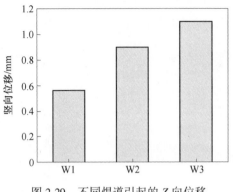

图 2-29 不同焊道引起的 Z 向位移

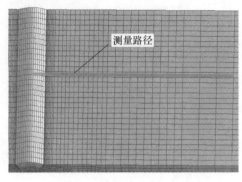

图 2-30 残余应力测量路径

余应力与实验相比变化趋势基本类似，但在个别测量点处的残余应力值差异较大，这是由于计算模型做了大量的简化及实验测量误差所引起的。通过对比可以得出，本章采用的热循环曲线法相比移动热源法具有更快的计算速度，并可以保证相当的计算精度，因此适合对大型磨辊类结构件的硬面堆焊过程进行数值计算。

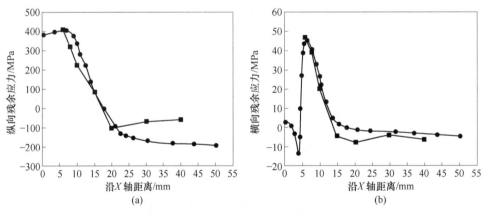

图 2-31 沿 X 轴纵向残余应力(a)和横向残余应力(b)分布

(—■—:实测值；—●—:模拟值)

2.4 磨辊堆焊再制造数值计算

磨辊堆焊再制造，是对已磨损但尚具修复价值的磨辊进行修复使其具备再次服役的能力，传统上称为堆焊修复。本节以 HRM2800 型磨辊的堆焊再制造为例进行数值计算研究，重点考察磨辊基体及修复层的温度场及残余应力场。

2.4.1 HRM2800 型磨辊堆焊再制造工艺过程

图 2-32 为中部磨损呈槽沟状的 HRM2800 型磨辊，材质为高铬铸铁。在实际堆焊再制造前，首先进行基材着色探伤检测，确认无贯穿基材的裂纹，用碳弧气刨去除剩余的堆焊层，将基体上的凹坑等缺陷用高铬铸铁型焊丝填充，并用角磨机将填充后的堆焊层表面打磨平整，最后再将磨损处逐层堆焊至原来的尺寸，完成磨损磨辊的再制造，其工艺过程如图 2-33 所示，堆焊修复中的磨辊如图 2-34 所示。堆焊再制造工艺参数见表 2-12，实际生产工艺流程如图 2-35 所示。因为打底、过渡及盖面层较薄，所以重点考察填充层的堆焊修复过程。

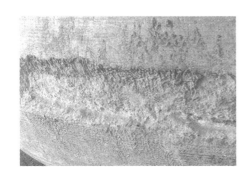 

(a)   (b)

图 2-32 磨损的磨辊

（a）清理前；（b）清理后

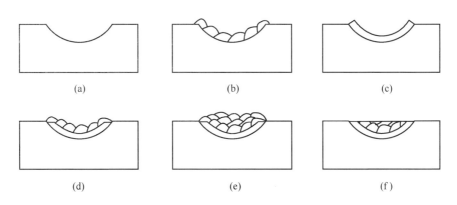

图 2-33 磨辊缺陷处填充修复过程

（a）清理表面；（b）堆焊打底层；（c）打磨平整；

（d）填充层堆焊；（e）填充剩余缺陷；（f）平整堆焊层

图 2-34　堆焊修复过程中的磨辊

表 2-12　HRM2800 型磨损磨辊堆焊再制造工艺参数

名称	焊材 ARCFCW	直径/mm	电流（±50A）/A	电压（±2V）/V	焊速 /mm·min⁻¹	焊层厚度 /mm
打底层	1007	3.2~2.8	400~500	32	1000~2000	1.5
过渡层	1016	3.2~2.8	400~500	32	1000~2000	1.5
填充层	9024	3.2~2.8	450~580	32	1000~2000	15~20
盖面层	9066	3.2~2.8	450~580	32	1000~2000	2~5
检验	采用目测、敲击方法逐层检查各焊层之间的融合与结合状态，发现断层、空洞等缺陷隐患的停止堆焊施工并处理缺陷，待缺陷隐患处理掉后方可正常堆焊					
操作标准	焊枪距离工件 20~25mm，垂直于工件表面，搭接率 20%~30%，表面平整度≤3mm，焊前预热 40℃，层间温度控制在 80℃以下。打底层无须预热，过渡层温度在 50℃以下					

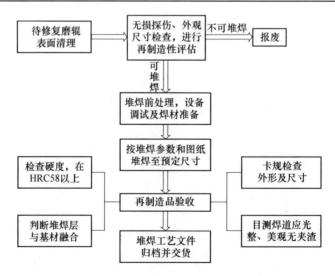

图 2-35　磨辊堆焊再制造工艺流程

2.4.2　材料性能参数计算及材料库建立

高铬铸铁是一种性能优良的抗磨材料，相比合金钢具有高得多的耐磨性，同时具有比一般白口铸铁更好的韧性和强度。一般泛指 Cr 含量（质量分数）在 11%~30%，C 含量（质量分数）在 2.0%~3.6% 的合金白口铸铁[26]。

目前为止，人们主要研究高铬铸铁的抗磨损性能，以实验居多。关于高铬铸铁材料的焊接模拟很少，其高温热物性参数也很少见，这给仿真模拟带来了困难。本节采用 JMatPro 计算其高温热物性参数。JMatPro 是功能强大的金属材料相图和高温性能计算软件，针对不同的材料有不同的模块，根据材料成分可以计算出凝固过程中随温度变化的性能[27,28]。因此，可以通过 JMatPro 计算金属材料在焊态时的热物理参数。该磨辊高铬铸铁牌号是 KmTBCr26，化学成分见表 2-13[29]。采用 JMatPro 的铸铁模块进行计算，需进行合理的参数设定，计算模块如图 2-36 所示。C 在铸铁的中存在形式有石墨和渗碳体（Fe_3C）两种，在白口铸铁中碳几乎全部以 Fe_3C 形式存在，因此将凝固后铸铁的基体类型设定为珠光体。由于母材只有极少一部分被加热至熔化，参与熔池反应，本节选择其充分扩散（平衡态）时的热物理常数。通过凝固计算得到的待修复磨辊母材 KmTBCr26 的高温热物性能参数，如图 2-37 所示。堆焊层材料采用的是北京嘉克公司研发的高铬铸铁型药芯焊丝 ARCFCW9024，其化学成分见表 2-14，计算所得的热物理性能参数如图 2-38 所示。

表 2-13　高铬铸铁 KmTBCr26 化学成分（质量分数）[29]　　　　（%）

C	Mn	Si	Ni	Cr	Mo	Cu	P	S	Fe
3.3	<2.0	1.2	2.5	30	<3.0	<1.2	<0.10	<0.06	余量

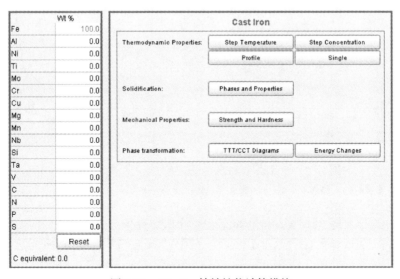

图 2-36　JMatPro 铸铁性能计算模块

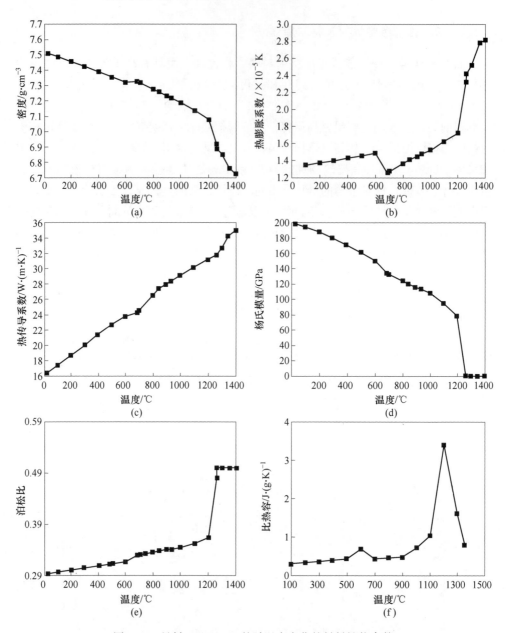

图 2-37　母材 KmTBCr26 的随温度变化的材料性能参数
（a）密度；（b）热膨胀系数；（c）热传导系数；（d）杨氏模量；（e）泊松比；（f）比热容

表 2-14　ARCFCW9024 堆焊层的化学成分（质量分数）　　　　（%）

C	Cr	Mn	Mo	Si	Ni	P	S	Fe
5.5	30	2	2	0.4	4	<0.10	<0.06	余量

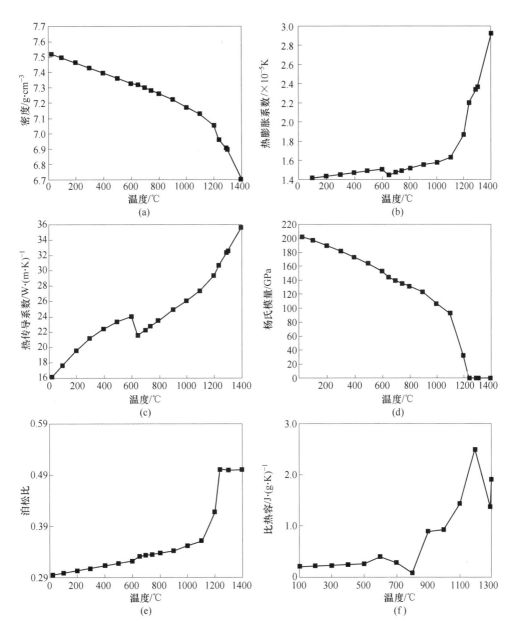

图 2-38　堆焊合金层 ARCFCW9024 随温度变化的材料性能参数

（a）密度；（b）热膨胀系数；（c）热传导系数；（d）杨氏模量；（e）泊松比；（f）比热容

　　由于 JMatPro 软件的铸铁模块没有关于白口铸铁机械性能计算功能，因此其力学性能参数通过查阅文献获得。文献［30］的研究数据显示高铬白口铸铁（Cr，w=34%）在室温下的拉伸强度为 415MPa，700℃时为 200MPa，1000℃为

50MPa。文献［31］对 ASTM A36 钢板堆焊高铬铸铁耐磨层进行了模拟研究，由于脆性材料一般没有屈服状态，将室温下抗拉强度的 90% 定义为其屈服强度，其他温度下的屈服强度按照线性差值折减。本章采取与之类似的办法，得到的高铬铸铁屈服应力曲线如图 2-39 所示。

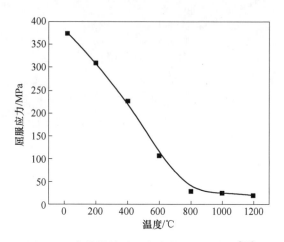

图 2-39   高铬铸铁随温度变化的屈服应力[30]

按照第 2.2.4.2 小节中的材料数据库生成方法，采用计算得到的高温性能参数，对高铬铸铁材料和堆焊填充材料的数据库进行二次开发，分别命名为"W_HighCrCastIron. mat"和"W_ARC9024. mat"文件，在 SYSWELD 焊接向导模块中加载该材料库文件进行仿真。由于打底层和盖面层相比填充层一般很薄，为了简化起见，忽略打底和盖面层材料的差异，仅认为磨辊和堆焊填充层材料不同。

2.4.3 堆焊再制造网格模型建立

建立合适的网格模型是进行数值模拟的关键。进行磨辊堆焊再制造数值模拟时，需要建立两类网格。一种是模拟堆焊再制造过程的全局网格，其几何尺寸如图 2-40 所示，一种是热源校核和获取热循环曲线的局部网格，几何尺寸如图2-41 所示。堆焊再制造并不是为了连接金属构件，而是对工件表面进行改性或恢复因磨损及加工误差而造成的尺寸不足。该过程与平板堆焊类似，因此建立平板堆焊模型作为局部网格，用于校核热源和获取热循环曲线。为了简化起见，近似认为磨辊的磨损部位和修复焊道为矩形，这并不影响对堆焊再制造所引起的温度场及残余应力分布的规律性的认识。由于磨辊尺寸较大，进行三维计算需要占据大量的计算资源，因此仅选取磨辊的二维截面进行仿真计算。二维模型节点数 72447，单元数 72346。两类网格模型分别如图 2-42 和图 2-43 所示。对全局网格模型施加刚性位移约束界条件，以限制模型的移动和转动。

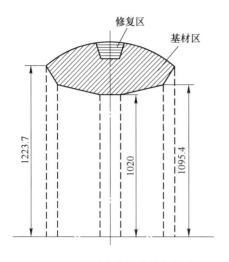

图 2-40 再制造磨辊的几何尺寸

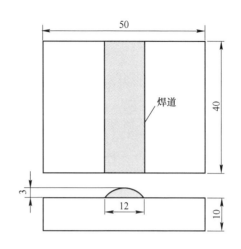

图 2-41 热源校核模型几何尺寸

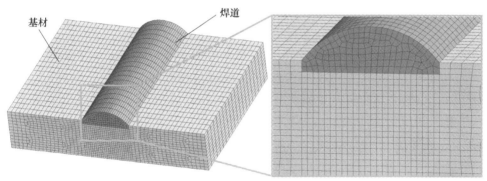

图 2-42 热源校核局部网格模型

扫码查看彩图

2.4.4 热源校核及热循环曲线提取

热源校核采用了与磨辊实际堆焊工艺一致的参数和焊道形貌进行温度场的计算，选取平板堆焊局部模型进行热源校核。起弧后 2s 以内，堆焊温度场进入准稳态。熔池形态基本不再变化，准稳态温度场分布如图 2-44 所示。可以看出，模拟的熔池最高温度约为 2000℃，这与文献 [32] 中所描述的熔池中心最高温度一致。调整热源模型的参数，模拟所得的焊缝熔池区和热影响区如图 2-45 所示，认为在 1500℃ 以上形成熔池，这与文献 [31] 所设定的高铬铸铁耐磨层的熔化温度一致，热影响区温度为奥氏体转化温度，约为 750℃[33]。得到校核好的热源模型并保存为 "*.fct" 格式文件。调用该热源函数文件进行平板堆焊温

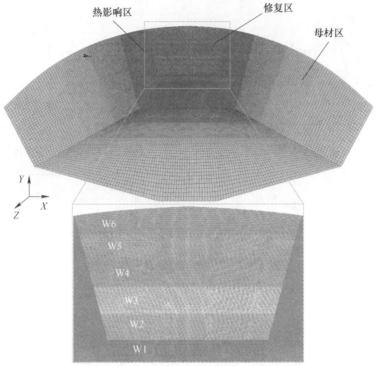

图 2-43 磨辊堆焊再制造全局网格模型

扫码查看彩图

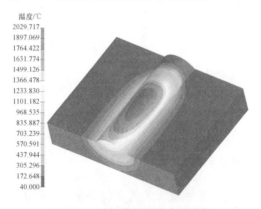

图 2-44 平板堆焊准稳态温度场

图 2-45 热源校核模拟的熔池区（温度高于 1500℃）

扫码查看彩图

度场的模拟，提取焊缝截面节点上的平均热循环曲线（见图 2-46），保存为"Repair _ Weld. trc"格式的函数文件，采用该热循环曲线代替移动热源进行多道焊的数值仿真。

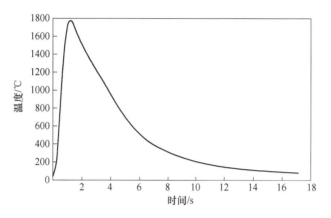

图 2-46　堆焊再制造平均热循环曲线

2.4.5　仿真过程及结果讨论

为了模拟刨平部分焊层时的应力释放，将焊道 W2 作为刨平层。首先堆焊前两层，然后将 W2 设为虚拟材料（dummy materials），计算去除材料后的平衡态；然后再计算 W2~W6 的堆焊过程，此时 W1 作为已填充金属层。仿真流程如图 2-47 所示。

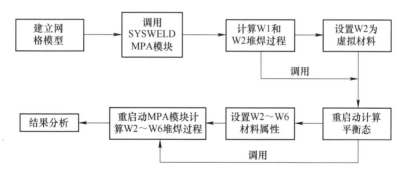

图 2-47　磨辊堆焊再制造数值仿真流程

硬面堆焊再制造磨辊时，需严格控制工艺参数[34]。一般要求磨辊基体初始温度不低于 40℃，本节设定磨辊基体的预热温度和环境温度均为 40℃，控制层间温度在 80℃以下。磨辊堆焊再制造数值仿真设定的参数条件见表 2-15。

表 2-15 磨辊堆焊再制造数值仿真参数

焊道	W1	W2	W3	W4	W5	W6
层间温度/℃	40	80	80	80	80	80
开始时间/s	0	15	30	45	60	75
持续时间/s	15	15	15	15	15	15
热循环曲线	平均热循环曲线 Repair _ Weld. trc					
磨辊基材	W _ HighCrCastIron. mat （高铬铸铁 KmTBCr26）					
堆焊材料	W _ ARC9024. mat （ARCFCW9024）					

根据仿真流程和设定的工艺参数进行磨辊堆焊再制造的数值仿真。主要包括以下三部分：W1~W2 堆焊模拟；去除 W2 层平衡态计算；W2~W6 堆焊模拟。下面分别对其模拟结果进行讨论。

2.4.5.1 W1~W2 堆焊模拟

图 2-48 为第一道焊缝 W1 不同时刻的温度场。可以看出，在初始时刻 $t = 0.245s$ 时，焊缝整体升温，最高温度约 209℃；$t = 4.22s$ 时，焊缝升温至最高温

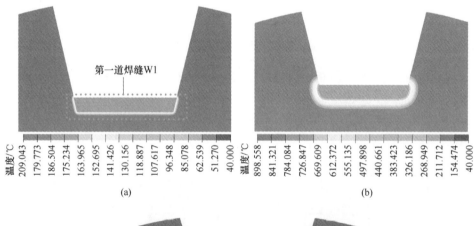

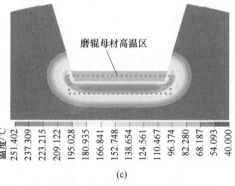

图 2-48 堆焊 W1 时不同时刻的温度场分布

（a）$t = 0.245s$；（b）$t = 4.22s$；（c）$t = 15s$

扫码查看彩图

度后开始降温；$t=15\text{s}$ 时，焊缝降温至 80℃，焊接热循环过程结束，此时与焊缝相连接的底部基材区域温度较高，可达 250℃，这会造成较大的热应力，导致焊缝与母材脱层。第二道焊缝 W2 的温度场变化情况与 W1 类似，如图 2-49 所示。W2 对 W1 施加一次热作用，但峰值温度低于前一次热循环，在 $t=30\text{s}$ 第二道焊缝堆焊结束时，最高温度出现在 W1 焊缝所在的区域。随着加热过程进行，磨辊基材的热影响区域也随之扩大，并向磨辊的径向深处扩展。由于整个加热过程由热循环曲线控制，因此保证了层间温度满足实际堆焊工艺要求。

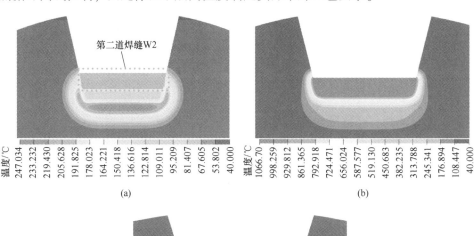

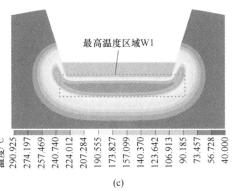

图 2-49　堆焊 W2 不同时刻的温度场分布
(a) $t=15.245\text{s}$；(b) $t=18.726\text{s}$；(c) $t=30\text{s}$

扫码查看彩图

　　图 2-50 和图 2-51 分别显示了 W1 和 W2 堆焊所引起的 X 向（S11）、Y 向（S22）及 Z 向（S33）残余应力。可以看出，W2 引起的残余应力区域范围要大于 W1，这是由于 W2 在 W1 的基础上又对母材和焊缝施加了一次热循环作用。由图 2-50 可知，W1 造成的 S11、S22、S33 三个方向的残余应力峰值分别为 599MPa、481MPa、751MPa，W2 引起的三向残余应力峰值分别为 600MPa、493MPa、763MPa。W2 引起的残余应力峰值稍大于 W1。两种情况均是沿 Y 向

（S22）的残余应力峰值及分布区域较小，周向残余应力（S33）最大，这与 Deng 等[35]所做的多道焊对接 9Cr-1Mo 钢管的周向应力的分布规律相类似，在数值上则与 Heinze 等[36]所做的多道焊接 S355J2 厚板的纵向应力相接近。过大的周向应力会导致实际堆焊修复时在焊道表面产生大量龟裂状的横向短裂纹。从图 2-51 和图 2-52 来看，残余拉应力分布在焊缝及其与基体交界处，且最大值出现在焊趾区域。同时，在拉应力区的底部及周边分布着与之平衡的压应力，但 S11 中压应力分布基本位于拉应力区的下部，而 S33 压应力则包围拉应力区呈环绕状。随着堆焊层数的增加，上一层的应力状态也随之改变，W2 堆焊完毕后，W1 的拉应力值变小，且有部分区域由拉应力态转变为压应力状态。这与 Jiang 等[37]研究的不锈钢复合板堆焊修复的残余应力分布规律相一致。

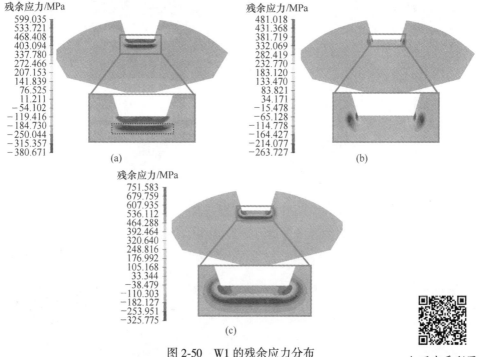

图 2-50　W1 的残余应力分布
（a）轴向应力 S11；（b）径向应力 S22；（c）周向应力 S33

扫码查看彩图

　　磨辊基材及堆焊层属于高铬铸铁型脆性材料，以最大主应力原理判断其易失效部位[31]。图 2-52 为 W1 和 W2 的最大主应力分布云图。可以看出，W1 和 W2 的最大主应力峰值分别为 751MPa 和 763MPa，在焊缝中部分布较均匀，两端差异较大。焊缝区域呈拉应力态，焊缝底部呈压应力态，且最大拉应力出现在焊缝与磨辊基材交界的焊趾区域。这是因为该区域几何过渡尖锐易产生应力集中，是堆焊修复的薄弱区域，易造成破坏。因此，在堆焊修复时应将待修复区打磨平整，避免尖锐的几何过渡。同时也表明，后一层焊道会对前一层焊道及其周围的应力重分布产生影响。

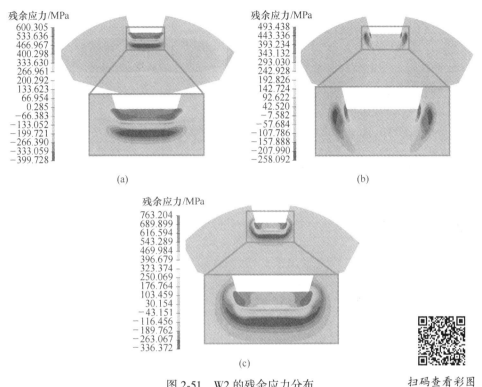

图 2-51 W2 的残余应力分布

（a）轴向应力 S11；（b）径向应力 S22；（c）周向应力 S33

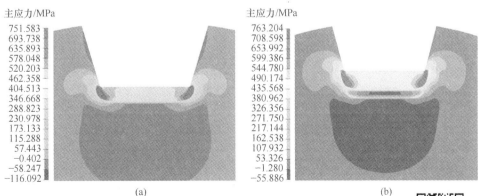

图 2-52 最大主应力分布

（a）W1；（b）W2

扫码查看彩图

2.4.5.2 去除 W2 的平衡态计算

将焊道 W2 设置为虚拟材料，模拟刨平焊缝的过程。设置好材料属性和工艺参数，调用上一步的计算文件，重启动进行计算。图 2-53 和图 2-54 分别是去除 W2 前后的温度场和最大主应力分布对比图，可以看出，去除 W2 前后的温度峰值分别为 290℃ 和 220℃，最大主应力峰值分别为 763MPa 和 650MPa。表明去除 W2 后的温度有一定程度的降低，但其分布形态没有明显的变化。温度场仍是 W1 层所在区域温度最高，沿磨辊径向呈辐射状降低；最大主应力仍出现在堆焊层与基材交界的焊趾区域，焊缝区域呈拉应力态，沿焊缝周围逐渐由拉应力转变为压应力。由于去除 W2 层带来的影响，其压应力的作用区域和大小均有所改变，这表明去除 W2 层后磨辊堆焊修复区的残余应力得到释放，重新达到新的平衡态。

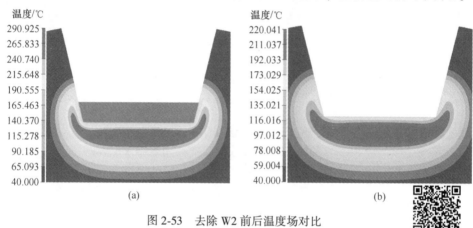

图 2-53　去除 W2 前后温度场对比

（a）去除 W2 前；（b）去除 W2 后

扫码查看彩图

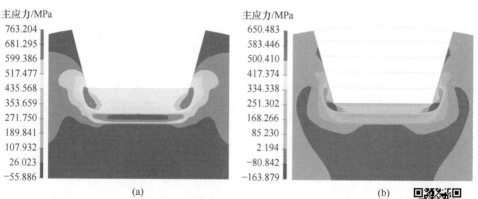

图 2-54　去除 W2 前后最大主应力对比

（a）去除 W2 前；（b）去除 W2 后

扫码查看彩图

2.4.5.3 W2-W6 堆焊仿真

完成去除 W2 的平衡态的计算后，首先要更新网格模型。定义 W1 为已完成组，命名为"WELD_FINISHED"组、"ALL_WELDS"组、"WELD"组和"NOT_WELDED"组包含的焊缝均需重新定义，散热面组"AIR"也需将已完成的焊缝 W1 的散热面单元包括进来。然后调用上一步平衡态计算所得的结果文件，重启动工程文件，使用 SYSWELD/MPA 模块进行 W2~W6 的堆焊数值计算。

A 温度场分析

在平衡态计算结果的基础上重新进行 W2~W6 的堆焊仿真。图 2-55 为 W2~W6 的温度场分布云图。可以看出，由于采用热循环曲线控制焊接热循环过程，W2~W5 堆焊完毕后的层间温度均保持在 80℃。W6 堆焊完毕后在室温下保持30s，由于已完成堆焊层和 W6 焊层间的热传导，W6 焊层的温度要高于 80℃，但其最高温度为 262℃，低于其他焊层的最高温度。总体看来，每道堆焊层形成的温度场的分布形态基本类似，最高温度均是在靠近焊层的底部出现，沿磨辊径向温度逐渐降低，呈圆弧状扩散。在每层焊道的焊趾处温度较高，这将导致较大的热应力。随着堆焊层数的增加，热影响区的范围也在扩大，且已堆焊完毕的焊层反复受到多次热循环作用。

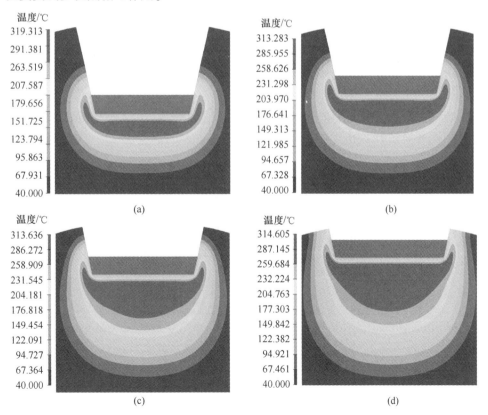

(a)

(b)

(c)

(d)

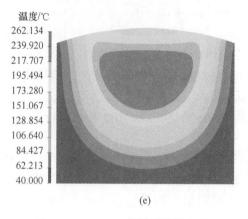

扫码查看彩图

图 2-55 W2~W6 堆焊后的温度场

(a) W2；(b) W3；(c) W4；(d) W5；(e) W6

选取磨辊修复区域的中心线作为温度测量点分布线，如图 2-56 所示。该直线上测量点在不同焊道堆焊终了时的温度曲线如图 2-57 所示。由图 2-57 可看出，在靠近外表面处，由于 W2~W5 均存在未堆焊的焊道，此时测量的温度其实是环境温度，保持恒定为 40℃。W2~W5 的曲线形状和数值大小类似，但存在一定的延迟，这是由于在测量时未堆焊层造成的。温度曲线上升至约 80℃时保持恒定，形成一个平台区，该平台长度即为当前焊道的高度。曲线均是在靠近焊缝下部时温度迅速上升，最大值约为 300℃，远离焊缝处温度逐渐下降，但是随着堆焊层数的增加，热影响区域范围扩大，曲线有逐渐平缓的趋势。W6 堆焊完毕后，整个堆焊过程结束，由于在空气中保持了 30s，因此最高温度有所降低，曲线整体趋势相比其他较为平缓。

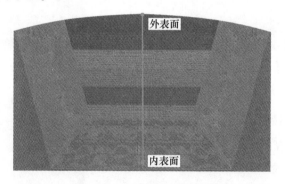

扫码查看彩图

图 2-56 温度测量点分布线

B 残余应力分析

对比分析每层焊道堆焊结束后残余应力，最大主应力分布如图 2-58 所示。

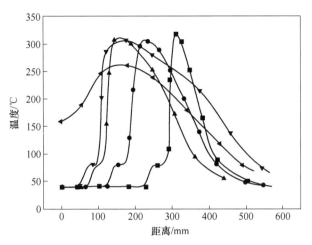

图 2-57　不同焊道堆焊后沿测量线的温度曲线

（—■—:W2；—●—:W3；—▲—:W4；—▼—:W5；—◀—:W6）

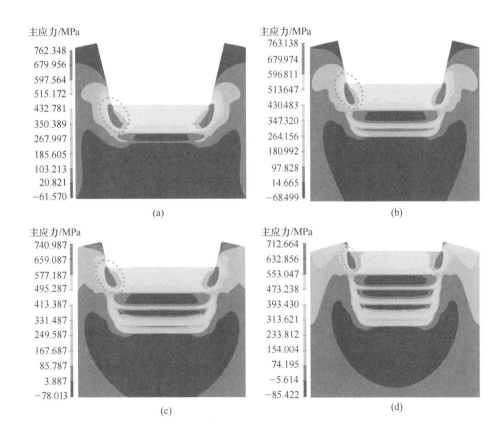

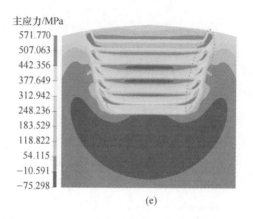

(e)

图 2-58   W2~W6 堆焊后的最大主应力分布云图

(a) W2；(b) W3；(c) W4；(d) W5；(e) W6   扫码查看彩图

由图可看出，不同焊道的最大拉伸主应力出现的位置基本相同，都出现在堆焊层与磨辊基体的交界面的焊趾处（见图中虚线框）。焊缝区域呈拉应力状态，焊缝底部呈压应力状态，而在焊缝两端的焊趾又转变为拉应力，拉应力区和压应力区在堆焊修复区交替出现，在修复区底部的磨辊基体处全部呈压应力态，在其两端则呈拉应力态。这在 W6 中分布尤其明显。

　　分别选择两条路径对残余应力进行测量，如图 2-59 所示。测量路径 1（P1）位于堆焊区中间位置，测量路径 2（P2）位于堆焊层与磨辊修复区交界处。图 2-60 为沿 P1 测量的残余应力，可以看出，在未堆焊的区域，残余应力为零。随着堆焊过程的进行，曲线逐渐向左移动。图 2-60(a)、(c)、(d)分别表示轴向应力、周向应力和最大主应力。这三种残余应力的曲线形状和变化趋势类似，但数值不同。测量点到达已堆焊层时，迅速出现较大的拉应力，且在焊缝区域范围内保持稳定，然后迅速下降至压应力，这表明在每层焊道堆焊完毕后在底部存在较

图 2-59   残余应力测量点分布线   扫码查看彩图

大的压应力区。随着距离的增加，残余应力逐渐上升，并趋于零，说明远离堆焊修复区的磨辊基体残余应力很小。从 W3~W6 的曲线出现了从拉应力态到压应力态的波动，这是后一道焊缝与前一道焊缝之间的应力状态改变造成的，随着堆焊层数的增加，曲线波动的次数也随之增加，但波动的幅度有减小的趋势。这种应力状态的波动在 W6 曲线中表现尤为明显，由于 W6 的计算有 30s 的冷却时间，这起到了应力释放的作用，因此应力值相比其他焊缝较小，应力变化幅度也相对较小，且拉应力态和压应力态的转变更有规律。图 2-60(b) 为径向应力，可以看出，堆焊修复区的径向应力均为压应力；且随着距离的增大而减小，减小到一定数值后，有增大的趋势。W6 焊道的径向应力曲线与其他焊层明显不同，这是由于应力释放的原因。

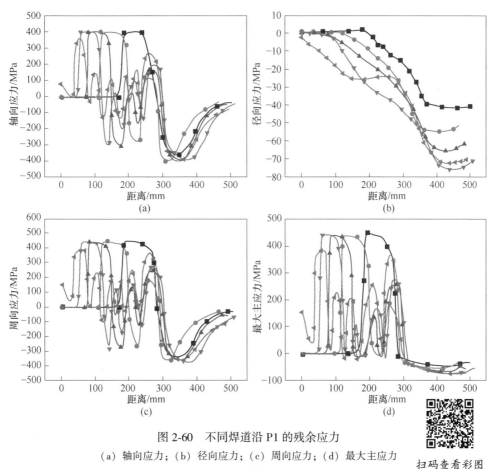

图 2-60　不同焊道沿 P1 的残余应力
(a) 轴向应力；(b) 径向应力；(c) 周向应力；(d) 最大主应力
(■:W2；●:W3；▲:W4；▼:W5；◀:W6)

扫码查看彩图

图 2-61 为沿 P2 的残余应力分布，与堆焊区中部的应力状态明显不同。轴向应力和径向应力曲线形状相似，如图 2-61(a) 和(b) 所示。可以看出，在接近焊

趾区，存在较大的残余拉应力，随后应力逐渐减小，轴向存在较大的压应力，而径向的压应力则较小。随着堆焊层数增多，出现了一定的应力波动，但后一道焊层的波动幅值小于前一道焊层，这是由于后续焊层对已堆焊层有加热作用，相当于进行了一次热处理，使其应力释放的原因。轴向应力相比径向应力的变化幅值更大，堆焊完 W6 焊层后，应力变化幅值明显减小，应力分布趋向均匀。周向应力和最大主应力曲线变化相似，如图 2-61(c) 和 (d) 所示。可以看出，在接近焊趾区，应力上升很快，在焊层范围内，应力缓慢上升至最大值，远离焊层，应力迅速减小，直至出现压应力，但压应力数值小于拉应力数值。同样，周向和最大主应力也存在波动，但与上述其他应力分布类似，波动幅度在已堆焊层减小，但随着堆焊层数增加波动次数也增加。W6 焊层堆焊完毕后，两种应力主要呈拉应力态，且变化较为均匀。

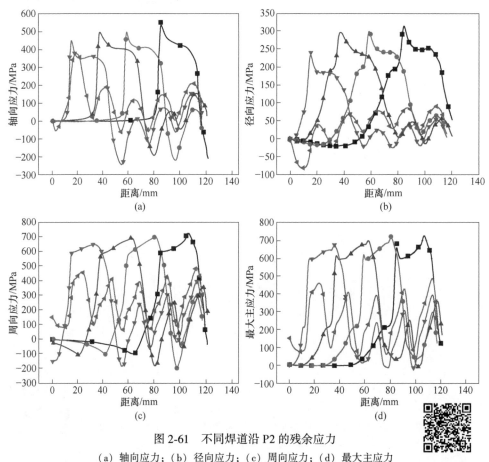

图 2-61　不同焊道沿 P2 的残余应力

(a) 轴向应力；(b) 径向应力；(c) 周向应力；(d) 最大主应力

(—■—:W2；—●—:W3；—▲—:W4；—▼—:W5；—◄—:W6)

扫码查看彩图

堆焊层数对残余应力峰值的影响如图 2-62 所示，可以看出，残余应力峰值随着堆焊层数的增加而降低，从 W1 层到 W6 层，周向、轴向和径向残余应力分别降低了约 23.7%、30.1% 和 56.9%。这是由于后续堆焊层的热作用相当于对已堆焊层施加了一次去应力回火热处理，这与 Jiang 等[37]研究得出的结论一致。

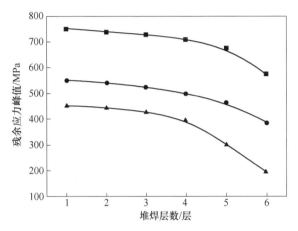

图 2-62　堆焊层数与残余应力峰值间的关系

（-■-:周向应力；-●-:轴向应力；-▲-:径向应力）

2.4.6　小结

通过磨辊堆焊再制造的仿真研究可以得出，在堆焊修复区域以拉应力为主，其中周向拉应力最大，轴向应力次之，径向应力最小，较大的残余拉应力会对堆焊修复层及磨辊与焊层的结合界面区域造成不利影响；同时在相邻堆焊层之间也存在压应力转变区，但相比拉应力，其数值和作用区域均较小，在远离堆焊区的磨辊基体处存在较大范围的压应力。这表明多层堆焊修复区的应力分布状态复杂，变化梯度大，堆焊的层数越多，这种倾向越明显，需要制定合理的堆焊修复工艺以避免较大的拉应力造成堆焊修复层和磨辊基体的断裂破坏。

2.5　磨辊堆焊复合制造数值仿真

磨辊堆焊复合制造即是采用芯部为中碳铸钢、外部熔敷堆焊耐磨层的方式制成复合磨辊（composite grinding roller）。芯部具有良好的韧性、强度和塑性，而堆焊层提供高的耐磨性能。由于具有不易断裂、使用寿命长、可重复堆焊再制造等优势，磨辊堆焊复合制造越来越受到煤矿及电力等行业的青睐，但采用其工艺的最大风险便是堆焊层的剥落，堆焊层越厚，这种风险便越大。多道热循环引起的残余应力对耐磨层剥离有重要的影响，有必要对其进行研究。

2.5.1 ZGM95 型磨辊堆焊复合制造工艺过程

目前对于简单的中小型结构件的焊接仿真很多，但是针对磨辊堆焊复合制造的整体数值模拟研究却少见相关报道。本节以 ZGM95G 型磨辊为例，对磨辊堆焊复合制造全过程进行数值仿真，研究多层多道热循环对磨辊基体温度及残余应力的影响，以便为合理制定堆焊工艺参数、及时预知危险易破坏区域提供一定的参考。堆焊复合制造仿真流程如图 2-63 所示。合理的堆焊工艺参数和堆焊材料对于基体与堆焊层的结合性能具有重要影响，本节采用的磨辊堆焊复合制造工艺参数见表 2-16。

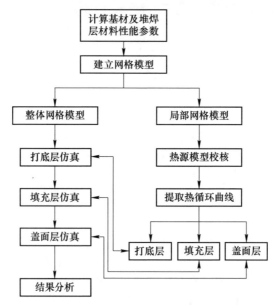

图 2-63　磨辊堆焊复合制造仿真流程

表 2-16　ZGM95G 型磨辊堆焊复合制造工艺参数

名称	焊材 ARCFCW	直径 /mm	电流（±50A） /A	电压（±2V） /V	焊速 /mm·min⁻¹	焊层厚度 /mm
打底层	1007	2.5	400~450	32	1000~2000	2
过渡层	1007	3.2~2.8	450~580	32	1000~2000	3
填充层	9024	3.2~2.8	450~580	32	1000~2000	20
盖面层	9061	3.2~2.8	450~580	32	1000~2000	5
焊前检验	堆焊前进行着色探伤，确认基体内部无裂纹后进行堆焊施工；堆焊前用钢刷彻底打磨掉磨辊基体表面的铁锈、油污和灰尘等					
操作标准	焊枪距离工件 20~25mm，垂直于工件表面，焊道搭接率 20%~30%，焊后表面平整度≤3mm，堆焊前预热至 40℃，层间温度控制在 80℃以下；打底层无须预热，过渡层温度在 50℃以下					

2.5.2 基材及堆焊合金层性能参数

本节针对 ZGM95G 型磨辊的堆焊复合制造进行仿真研究。该磨辊基材材质为低合金铸钢 ZG20SiMn，为锻件用结构钢，铸态组织为珠光体和铁素体。具有良好的塑性、较高的强度和低温冲击韧性，机加工性能及焊接性良好，广泛应用于水压机立柱、横梁、水轮机叶轮及导杆等零部件[38]。目前在磨辊堆焊复合制造中常用于成型磨辊/盘的基体，其化学成分见表 2-17[39-41]。打底层和过渡层采用的焊丝为 ARCFCW1007，堆焊材质为铁基合金，具有良好的延性和韧性，可防止裂纹向基体扩展，其化学成分见表 2-18。填充层为抗磨损焊丝 ARCFCW9024，材质为高铬高碳铁基硬质合金，与第 2.4 节堆焊再制造采用的焊丝相同。盖面层为高抗磨损焊丝 ARCFCW9061，常用于承受高度磨损和中度冲击部位的硬面堆焊，材质也为高铬高碳铁基硬质合金，其化学成分见表 2-19。利用金属材料性能模拟软件 JMatPro 进行计算，其中 ZG20SiMn 的性能计算采用钢铁模块，其他堆焊层合金采用铸铁模块计算。这三种材料的高温热物性参数分别如图 2-64、图 2-65 和图 2-66 所示。堆焊合金层 ARCFCW1007 和 ARCFCW9061 同属高铬铸铁，材料的屈服应力参考图 2-39 取值。

表 2-17 铸钢 ZG20SiMn 化学成分 （质量分数）[39-41] （%）

C	Mn	Si	Ni	Cr	P	S	Mo	Fe
0.16~0.22	1.0~1.5	0.60	≤0.4	≤0.3	≤0.025	≤0.025	≤0.15	余量

表 2-18 ARCFCW1007 堆焊合金层的化学成分 （质量分数） （%）

C	Cr	Mn	Mo	Si	Ni	P	S	Fe
2.8	25	1.5	—	—	—	—	—	余量

表 2-19 ARCFCW9061 堆焊合金层的化学成分 （质量分数） （%）

C	Cr	Mn	Mo	Si	Ni	P	S	Fe
5.6	32	2	2	0.4	4	<0.10	<0.06	余量

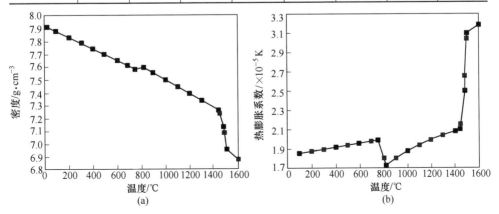

(a)   (b)

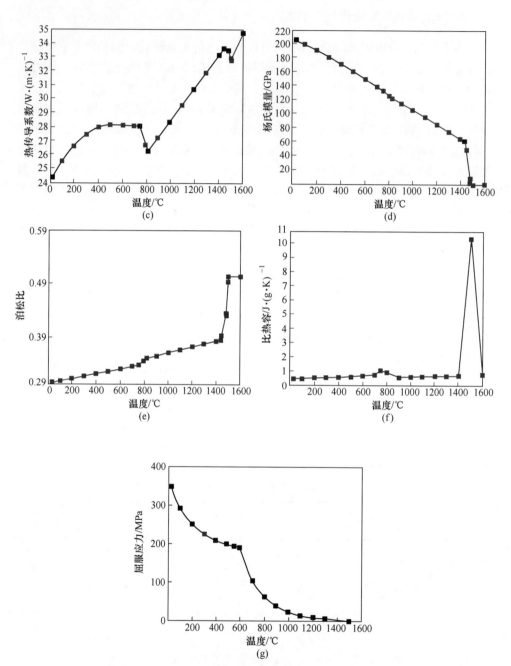

图 2-64   堆焊合金层 ZG20SiMn 随温度变化的材料性能参数

（a）密度；（b）热膨胀系数；（c）热传导系数；（d）杨氏模量；

（e）泊松比；（f）比热容；（g）屈服应力

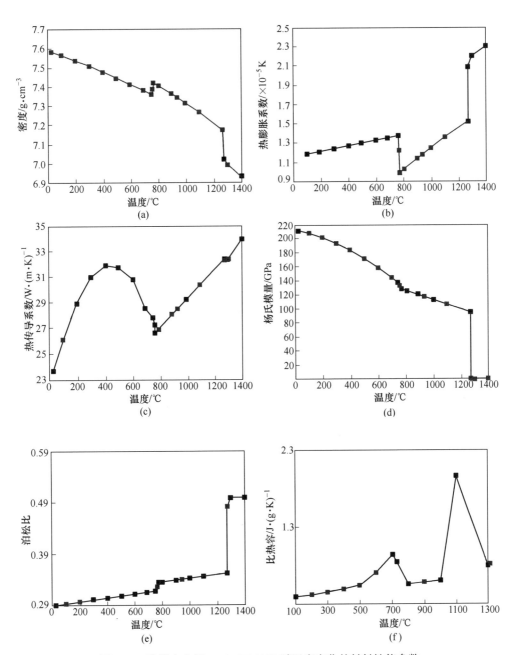

图 2-65　堆焊合金层 ARCFCW1007 随温度变化的材料性能参数
(a) 密度；(b) 热膨胀系数；(c) 热传导系数；
(d) 杨氏模量；(e) 泊松比；(f) 比热容

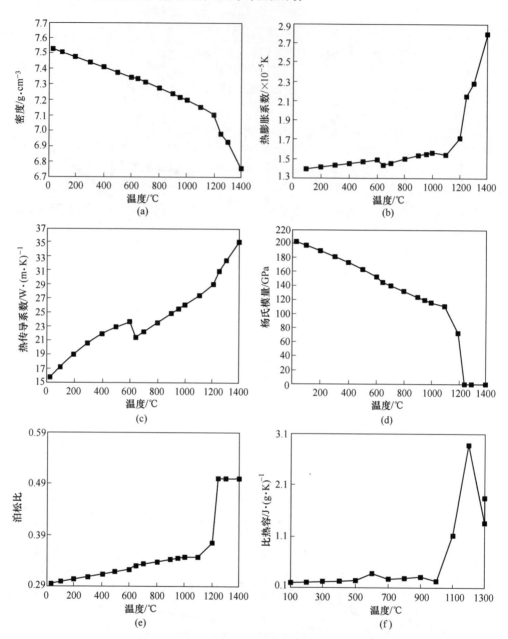

图 2-66　堆焊合金层 ARCFCW9061 随温度变化的材料性能参数

（a）密度；（b）热膨胀系数；（c）热传导系数；（d）杨氏模量；（e）泊松比；（f）比热容

　　根据计算得到的材料高温性能参数，采用材料数据管理工具对 SYSWELD 材料库进行二次开发。生成 SYSWELD 可兼容的数据库文件，分别命名为"W _ ZG20SiMn. mat""W _ ARC1007. mat"和"W _ ARC9061. mat"文件，其中填充层选用的焊丝型号与第 3.5 节磨辊堆焊再制造的填充层相同,因此直接调用"W_ARC9024. mat"文件。在 SYSWELD 焊接向导模块中加载这些材料库文件,分别对不同的堆焊层赋予相应的材料属性。

2.5.3 堆焊复合制造网格模型建立

磨辊堆焊复合制造数值仿真同样需要建立两种类型的网格:一种是局部网格模型,用于热源校核和热循环曲线的获取;另一种是整体网格模型,用于磨辊堆焊复合制造的模拟仿真。以平板堆焊作为局部模型,其几何尺寸如图 2-67 所示,网格模型如图 2-68 所示。打底层、填充层和盖面层均采用该平板堆焊模型校核热源。由表 2-16 的堆焊复合制造工艺参数可得,复合磨辊打底层与过渡层采用的焊丝材质相同,将这两层合并为一层(统称为打底层),厚度为 5mm;填充层厚度为 20mm,分为 4 层,盖面层厚度为 5mm,复合辊几何尺寸如图 2-69 所示,各堆焊层划分示意图如图 2-70 所示。为简化起见,近似认为堆焊层的焊道为矩形。磨辊沿 Y 轴对称,为节省计算资源,选取模型的一半建立二维网格模型(见图 2-71),整体模型的节点数为 18027,单元数 18346。堆焊层焊道的网格模型如图 2-72 所示,施焊方向如箭头所示。堆焊层共有 128 个焊道,W1 表示第一个焊道,依次类推。W1 ~ W24 为打底层焊道,W25 ~ W110 为填充层焊道,W111 ~ W128 为盖面层焊道。在进行堆焊仿真分析时需在模型的对称面上施加对称约束边界条件。

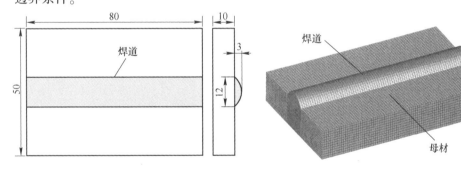

图 2-67 磨辊复合制造热源校核模型几何尺寸   图 2-68 磨辊复合制造热源校核网格模型

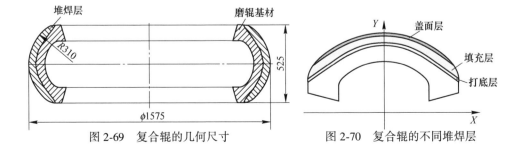

图 2-69 复合辊的几何尺寸   图 2-70 复合辊的不同堆焊层

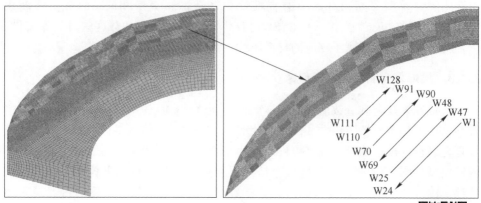

图 2-71　复合辊网格模型

扫码查看彩图

2.5.4　热源校核与热循环曲线提取

　　在本节的磨辊堆焊复合制造仿真中，涉及三种堆焊焊层，即打底层、填充层和盖面层。因为每一层所起的作用不同，所以采用的焊丝材质和堆焊工艺参数也不尽相同。这直接影响对应焊层的热源分布形式，进而导致所受热循环影响的不同，也就是各焊层有其对应的热循环曲线。为了尽可能详尽地实现磨辊堆焊复合制造的仿真模拟，需要得到各个焊层对应的热循环曲线。在本节分析中，由于各层焊道形貌差别不大，且决定焊缝熔宽的主要因素为电压，而各堆焊层电压相同，电流差别也不大，因此采用了同样的平板堆焊网格模型用于校核热源和获取热循环曲线。

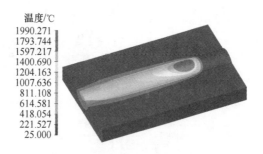

扫码查看彩图

图 2-72　打底层平板堆焊准稳态温度场

2.5.4.1　打底层热源校核及热循环曲线

　　打底层焊丝材质为 ARCFCW1007，基板材质为 ZG20SiMn。首先进行热源校核，工艺参数与表 2-16 中打底层参数保持一致，打底层无须预热和强制冷却，设置初始温度为室温 25℃。利用 SYSWELD 中的热源校核工具校核热源，不断调节热

源模型的参数直至得到合适的熔池形貌。得到校核好的热源模型后并保存为
"Base_Coat.fct"文件。调用该函数文件进行平板堆焊仿真。可以看出，在起弧
后 2s 内，平板堆焊温度场达到准稳态，熔池形貌基本不再变化，准稳态温度场
分布如图 2-72 所示。同时，达到准稳态后的堆焊熔池和热影响区如图 2-73 所示，
认为在 1500℃以上形成熔池[31]，热影响区温度约为 750℃。提取准稳态温度场
中焊缝截面节点的热循环曲线并做平均化处理，打底层热循环曲线如图 2-74 所
示。将热循环曲线保存为"Base_Coat_Curve.trc"格式的函数文件，用于磨辊
复合制造中打底层焊道的仿真。

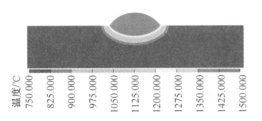

温度/℃　750.000　825.000　900.000　975.000　1050.000　1125.000　1200.000　1275.000　1350.000　1425.000　1500.000

扫码查看彩图

图 2-73　打底层热源校核模拟的熔池区（温度高于 1500℃）

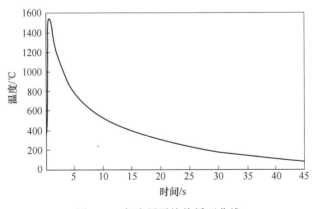

图 2-74　打底层平均热循环曲线

2.5.4.2　填充层热源校核及热循环曲线

填充层焊道包括 W47~W110，材质为 ARCFCW9024，堆焊时需预热至 40℃
左右，准稳态温度场如图 2-75 所示，熔池区和热影响区如图 2-76 所示，熔池温
度设定为 1500℃[31]，热影响区温度为 750℃。提取焊缝截面节点的平均热循环
曲线（见图 2-77），保存为名为"Packed_layer_Curve.trc"的函数文件，用于
填充层焊道的计算。

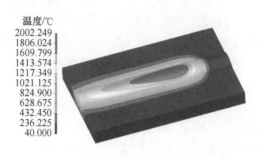

图 2-75　填充层平板堆焊准稳态温度场

扫码查看彩图

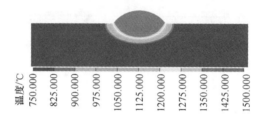

图 2-76　填充层热源校核模拟的熔池区（温度高于 1500℃）

扫码查看彩图

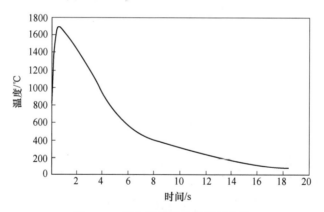

图 2-77　填充层的平均热循环曲线

2.5.4.3　盖面层热源校核及热循环曲线

磨辊复合制造盖面层的焊道包括 W111～W128，焊丝材质为 ARCFCW9060。平板堆焊模拟采用与实际盖面层堆焊相同的材料和工艺参数，预热温度为 40℃。所得的准稳态温度场如图 2-78 所示，熔池区和热影响区如图 2-79 所示。提取焊缝截面各节点的热循环曲线并平均化处理，所得平均热循环曲线如图 2-80 所示，保存成名为 "Cover _ Layer _ Curve. trc" 的函数文件，用于磨辊堆焊复合制造盖面层的仿真。

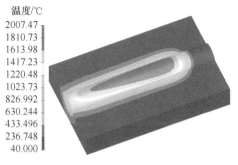

图 2-78 盖面层平板堆焊
准稳态温度场

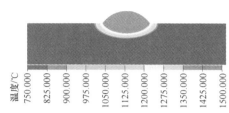

图 2-79 盖面层热源校核模拟的熔池区
（温度高于 1500℃）

扫码查看彩图　　　　　　　　　　　　　　扫码查看彩图

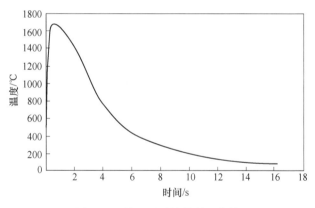

图 2-80 盖面层平均热循环曲线

2.5.5 磨辊复合制造仿真过程

在磨辊堆焊复合制造时，为了防止堆焊层的脱落以及焊道裂纹向磨辊基体延伸，打底层、填充层和盖面层需要选用不同材质的焊丝。使用 SYSWELD/MPA 多道焊模块进行多道焊分析时，"ALL＿WELDS"组只能针对全部焊道赋予同一种材料。这便给磨辊堆焊复合制造的仿真实现带来了困难。为了克服这一困难，采用分步仿真的方法。首先对全部焊道"ALL＿WELDS"组均赋予打底层的材料属性 ARCFCW1007，只计算打底层焊道组 W1～W24，保存计算结果。建立填充层仿真重启动工程文件，更新网格模型，将 W1～W24 定义为"WELD＿FINISHED"，赋予剩余焊道组 W25～W128 的材料属性为 ARCFCW9024，调用打底层的计算文件，重启动计算填充层焊道 W25～W110，保存结果文件。同样，

建立盖面层仿真重启动工程文件，更新网格模型和材料属性，定义 W1~W110 为
"WELD _ FINISHED"，将未熔敷的焊道 W111~W128 定义为 " ALL _ WELDS"，
调用上一步计算的结果文件，在此基础上完成盖面层的堆焊仿真。磨辊堆焊复合
制造数值计算具体实现流程如图 2-81 所示。

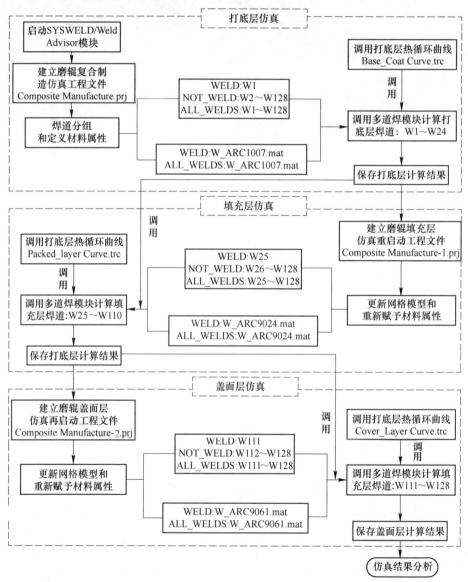

图 2-81　基于 SYSWELD/MPA 的磨辊复合制造数值计算流程

为了提高计算效率，选取磨辊模型的一半进行计算。限制对称面节点沿 X 方
向位移，选取另外两节点分别施加 UX/UY 和 UY 方向的约束，如图 2-82 所示。

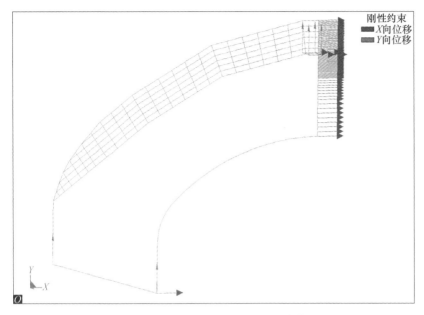

图 2-82 磨辊复合制造仿真模型约束条件

扫码查看
彩图

　　在实际磨辊堆焊复合制造过程中，当环境温度低于 5℃ 时，磨辊需预热至 40℃。环境温度高于 5℃，则无须预热，随着打底层的堆焊，磨辊整体温度会升高，为填充层和盖面层的堆焊施工起到预热的作用。本节设定磨辊打底层堆焊初始温度为 25℃，无须附加冷却措施。各层间温度控制在 80℃ 以下。填充层和盖面层需施加水雾冷却措施，水量大小依工件转半周后焊道表面干燥为据。通过改变对流换热系数来模拟水雾冷却效果，冷却系数取 800。冷却效果在热循环曲线中得到了体现。将第 2.5.4 节得到的各堆焊层的热循环曲线用于各堆焊层的计算，数值模型参数条件见表 2-20。各层焊道的堆焊起始时间见表 2-21，各焊道均由对应的热循环曲线控制，前一条焊缝堆焊结束下一层堆焊立即开始，其中最后一条堆焊结束后冷却至 3998s。

表 2-20　磨辊堆焊复合制造仿真参数

堆焊层	焊道	开始时间/s	持续时间/s	热循环时间/s	磨辊材料数据库	焊层材料数据库	热循环曲线	层间温度/℃
打底层	W1～W24	0	1080	45	W_ZG20SiMn.mat	W_ARC1007.mat	Base_Coat Curve.trc	25

堆焊层	焊道	开始时间/s	持续时间/s	热循环时间/s	磨辊材料数据库	焊层材料数据库	热循环曲线	层间温度/℃
填充层	W25~W110	1080	1548	18	W_ZG20SiMn.mat	W_ARC9024.mat	Packed_layer Curve.trc	80
盖面层	W111~W128	2628	288	16	W_ZG20SiMn.mat	W_ARC9061.mat	Cover_Layer Curve.trc	80

表2-21 磨辊复合制造各条焊缝堆焊时间

	焊道	W1	W2	W3	W4	W5	W6	W7	W8	W9	W10	W11	W12
打底层	开始/s	0	45	90	135	180	225	270	315	360	405	450	495
	结束/s	45	90	135	180	225	270	315	360	405	450	495	540
	焊道	W13	W14	W15	W16	W17	W18	W19	W20	W21	W22	W23	W24
	开始/s	540	585	630	675	720	765	810	855	900	945	990	1035
	结束/s	585	630	675	720	765	810	855	900	945	990	1035	1080
填充层	焊道	W25	W26	W27	W28	W29	W30	W31	W32	W33	W34	W35	W36
	开始/s	1080	1098	1116	1134	1152	1170	1188	1206	1224	1242	1260	1278
	结束/s	1098	1116	1134	1152	1170	1188	1206	1224	1242	1260	1278	1296
	焊道	W37	W38	W39	W40	W41	W42	W43	W44	W45	W46	W47	W48
	开始/s	1296	1314	1332	1350	1368	1386	1404	1422	1440	1458	1476	1494
	结束/s	1314	1332	1350	1368	1386	1404	1422	1440	1458	1476	1494	1512
	焊道	W49	W50	W51	W52	W53	W54	W55	W56	W57	W58	W59	W60
	开始/s	1512	1530	1548	1566	1584	1602	1620	1638	1656	1674	1692	1710
	结束/s	1530	1548	1566	1584	1602	1620	1638	1656	1674	1692	1710	1728
	焊道	W61	W62	W63	W64	W65	W66	W67	W68	W69	W70	W71	W72
	开始/s	1728	1746	1764	1782	1800	1818	1836	1854	1872	1890	1908	1926
	结束/s	1746	1764	1782	1800	1818	1836	1854	1872	1890	1908	1926	1944
	焊道	W73	W74	W75	W76	W77	W78	W79	W80	W81	W82	W83	W84
	开始/s	1944	1962	1980	1998	2016	2034	2052	2070	2088	2106	2124	2142
	结束/s	1962	1980	1998	2016	2034	2052	2070	2088	2106	2124	2142	2160
	焊道	W85	W86	W87	W88	W89	W90	W91	W92	W93	W94	W95	W96	W97
	开始/s	2160	2178	2196	2214	2232	2250	2268	2286	2304	2322	2340	2358	2376
	结束/s	2178	2196	2214	2232	2250	2268	2286	2304	2322	2340	2358	2376	2394
	焊道	W98	W99	W100	W101	W102	W103	W104	W105	W106	W107	W108	W109	W110
	开始/s	2394	2412	2430	2448	2466	2484	2502	2520	2538	2556	2574	2592	2610
	结束/s	2412	2430	2448	2466	2484	2502	2520	2538	2556	2574	2592	2610	2628

	焊道	W111	W112	W113	W114	W115	W116	W117	W118	W119
盖面层	开始/s	2628	2644	2660	2676	2692	2708	2724	2740	2756
	结束/s	2644	2660	2676	2692	2708	2724	2740	2756	2772
	焊道	W120	W121	W122	W123	W124	W125	W126	W127	W128
	开始/s	2772	2788	2804	2820	2836	2852	2868	2884	2900
	结束/s	2788	2804	2820	2836	2852	2868	2884	2900	3998

2.5.6 磨辊复合制造仿真结果讨论

按照第 2.5.5 节给出的仿真流程对磨辊堆焊复合制造进行研究，得到堆焊复合制造过程中的温度场、应力场等信息，这有助于深入了解多道热循环对磨辊基材和耐磨堆焊层的影响。下面对仿真结果进行分析。

2.5.6.1 温度场分析

打底层堆焊的温度场如图 2-83 所示，图 2-83(a)和(b)分别显示了第 12 道和第 24 道焊缝堆焊结束后的温度分布。随着堆焊过程的进行，磨辊整体温度逐渐上升，由 25℃ 上升到 80℃，受热影响区范围扩大，但最高温度在 180℃ 左右，且最高温度位于堆焊焊道的后下方区域，这是由于堆焊焊道受热循环曲线控制，强制冷却到特定温度的原因。填充层焊缝数目较多，分析第 35 条、第 58 条、第 80 条和第 110 条焊缝堆焊结束后的温度场，如图 2-84 所示。由图 2-84 可以看出，随着填充层堆焊的进行，热影响区域逐渐扩大，在第 110 条焊缝堆焊结束后的热影响区最大，这是由于热量不断积累，同时向磨辊低温度区热传导的结果。第

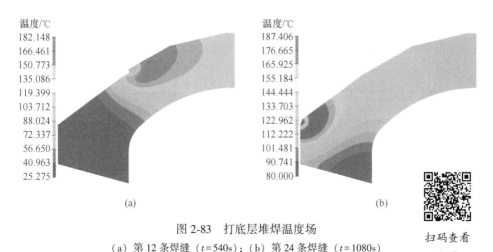

(a) (b)

图 2-83 打底层堆焊温度场

(a) 第 12 条焊缝 ($t = 540s$)；(b) 第 24 条焊缝 ($t = 1080s$)

扫码查看
彩图

35 条焊缝结束后最高温度为 297℃，然后逐渐升高，至第 80 条达到 336℃，但是随后的第 110 条焊缝则略有降低，达到 325℃，这是由于填充层焊缝数目多且堆焊时间长，引起的温度变化较为明显。盖面层堆焊引起的温度变化如图 2-85 所示，可以看出，盖面层堆焊过程较短，最高温度基本维持不变，随着堆焊的进行，热影响区扩大，但相比填充层要小得多。

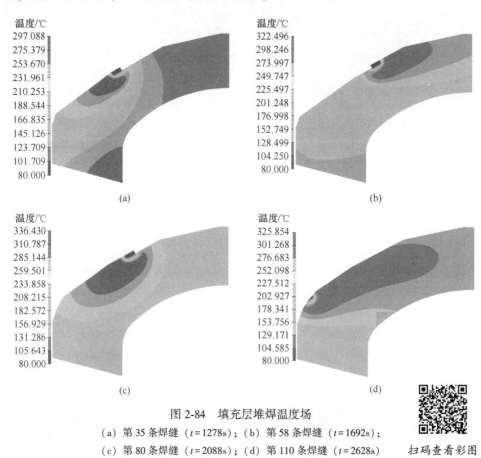

图 2-84 填充层堆焊温度场

(a) 第 35 条焊缝（$t=1278s$）；(b) 第 58 条焊缝（$t=1692s$）；
(c) 第 80 条焊缝（$t=2088s$）；(d) 第 110 条焊缝（$t=2628s$）

扫码查看彩图

磨辊堆焊复合制造总计堆焊 6 层，选取了 8 条路径测量每一层堆焊完毕后的温度和残余应力。P1 和 P2 分别位于磨辊基体内部和表面，P3～P7 位于各堆焊层的交界面处，P8 位于第六层的外表面，如图 2-86 所示。首先对位于这 8 条测量路径上的温度进行分析。图 2-87 是沿 P1 的温度分布，可以看出，前三层堆焊使磨辊基体内部的温度显著升高，但最高温出现的位置与该层堆焊结束的位置有关，最高温度区在磨辊的大端和小端交替出现。堆焊后三层时的温度变化不明显，这是由于 P1 位于磨辊内部，距离堆焊层外部较远，P1 温度逐渐趋于均匀。P2 位于磨辊基体的外表面，温度变化如图 2-88 所示。由图 2-88 可以看出，前三层堆焊时温度的变化较为明显，且最高温度交替在磨辊大端和小端出现；而后三层温度变化较为平缓，第六层和第四层的温度曲线趋势类似，数值上与第五层接近。这说明堆焊层数越多，测量路径温度就越均匀。图 2-89 是沿路径 P3 的温度曲线，变化情况与图 2-88 类似，只是在第一层和第二层堆焊结束的焊缝（W24 和 W47）处略有不同。沿 P4 的温度分布曲线如图 2-90 所示，P4 位于第 2 层和第 3 层的交界处。由图 2-90 可以看出，第 2 层和第 3 层曲线数值接近，但最高温

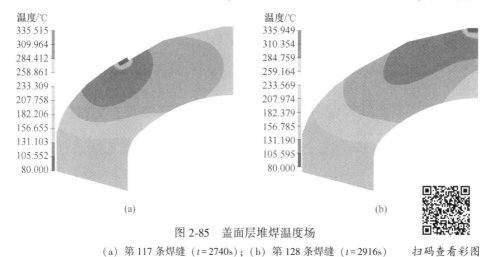

图 2-85　盖面层堆焊温度场

（a）第 117 条焊缝（$t = 2740$s）；（b）第 128 条焊缝（$t = 2916$s）　扫码查看彩图

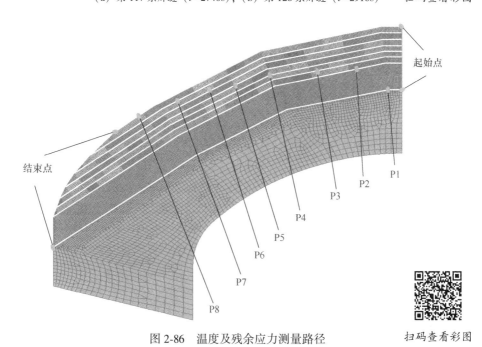

图 2-86　温度及残余应力测量路径

扫码查看彩图

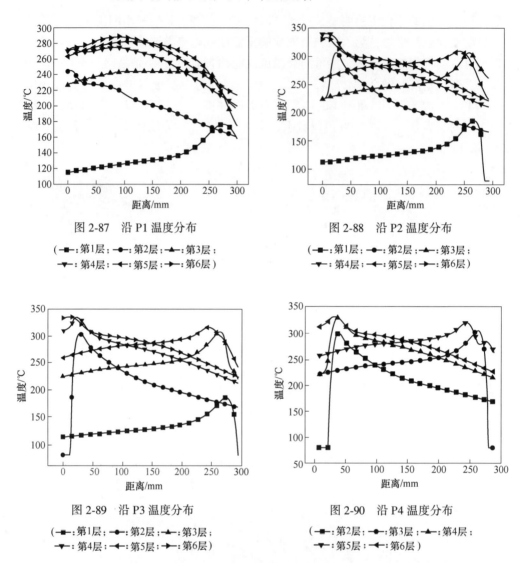

图 2-87 沿 P1 温度分布

（—■—：第1层；—●—：第2层；—▲—：第3层；
—▼—：第4层；—◄—：第5层；—►—：第6层）

图 2-88 沿 P2 温度分布

（—■—：第1层；—●—：第2层；—▲—：第3层；
—▼—：第4层；—◄—：第5层；—►—：第6层）

图 2-89 沿 P3 温度分布

（—■—：第1层；—●—：第2层；—▲—：第3层；
—▼—：第4层；—◄—：第5层；—►—：第6层）

图 2-90 沿 P4 温度分布

（—■—：第2层；—●—：第3层；—▲—：第4层；
—▼—：第5层；—◄—：第6层）

度出现位置不同，基本沿测量曲线中心对称；第 4 层和第 5 层曲线也呈对称形状，但变化较为平缓；第 6 层曲线形状与第 4 层接近，但数值上略高于第 4 层。这是由于堆焊层数增加造成热量积累和施焊方向改变的原因。P5 位于第 3 层和第 4 层之间，各层堆焊结束后的温度分布曲线如图 2-91 所示。由图 2-91 可以看出，第 3 层曲线和第 4 层曲线沿测量线中心近似对称，第 5 层和第 6 层也呈相同的变化趋势；但随着堆焊层数的增加，沿 P5 的温度上升，但逐渐趋于平缓。P6 位于第 4 层和第 5 层之间，温度曲线如图 2-92 所示。第 4 层和第 6 层的温度趋势类似，但数值比第 6 层稍低。第 5 层曲线与第 4 层曲线数值接近，但变化趋势对称。P7 和 P8 的温度变化与前几条测量路径的变化情况类似，由于位于堆焊层外部，受其他堆焊层的热作用影响较小，靠近堆焊刚结束的焊缝处温度较高，其他测量点温度逐渐下降，但变化趋势较为平缓，分别如图 2-93 和图 2-94 所示。这是由于堆焊层数的增加，磨辊整体受热达到比较稳定的温度，整体温度趋于均匀，但在焊缝局部区域仍然存在较大的温度梯度。

总之，磨辊在多道热循环作用下，随着堆焊的进行，热量逐渐积累，磨辊整体温度上升，热影响区域也随之扩大，最高温度区域总是出现在堆焊焊道的后下方，磨辊受热区域的分布状态受到施焊方向和层数的影响。最高温度区分布方位与施焊方向相同，随着每一层的堆焊交替反复出现。且堆焊层数增加时，热影响区域明显扩大，而当堆焊层数较少时，这种现象并不明显。

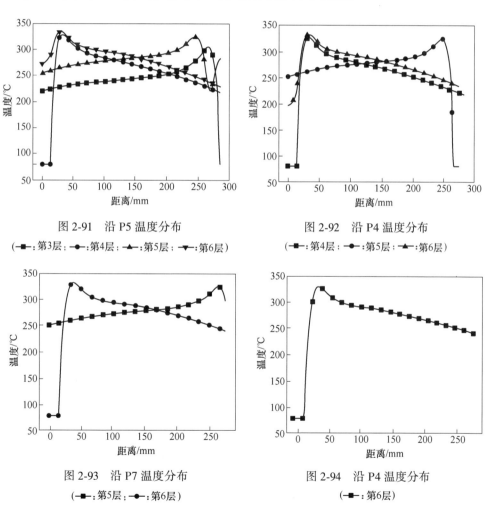

图 2-91　沿 P5 温度分布

（—■—:第3层；—●—:第4层；—▲—:第5层；—▼—:第6层）

图 2-92　沿 P4 温度分布

（—■—:第4层；—●—:第5层；—▲—:第6层）

图 2-93　沿 P7 温度分布

（—■—:第5层；—●—:第6层）

图 2-94　沿 P4 温度分布

（—■—:第6层）

2.5.6.2　残余应力场分析

多道热循环反复作用导致了不均匀的温度场，从而引起不均匀的焊接热应力。尤其针对磨辊堆焊复合制造,堆焊焊缝众多,且各层材料不尽相同,装夹条件、冷却条件和工艺参数等因素均会影响残余应力的大小和分布。由于其复杂性,目前针对磨辊堆焊复合制造的残余应力的模拟仿真研究还比较少,而残余应力对于磨辊基体的断裂、堆焊层的剥落及焊道表面裂纹的延伸扩展均有重要影响,因此有必要对磨辊堆焊复合制造的残余应力分布进行研究。

首先分别对各层堆焊完毕后的磨辊整体残余应力分布进行分析。图 2-95 是打底层堆焊完毕后的残余应力分布云图,可以看出,残余拉应力均出现在堆焊层,至磨辊基体内部逐渐减小,转变为压应力。最大轴向拉应力出现在磨辊大端,约为 388.24MPa,与之对应的磨辊大端下部基体存在较大的残余压应力区,约为−158.7MPa。径向最大拉应力也出现在堆焊层,且在各焊缝区存在交替出现的压应力区。周向应力数值较大,堆焊层同样为拉应力,最大值为 550.9MPa,相邻焊缝间应力大小交替变化。压应力出现在堆焊层下方,最小值为−246.5MPa。填充层堆焊完毕后的残余应力分布如图 2-96 所示,可以看出,对于轴向应力,拉应力区仍出现在堆焊层,但最大值出现在第一层的位置,这是由

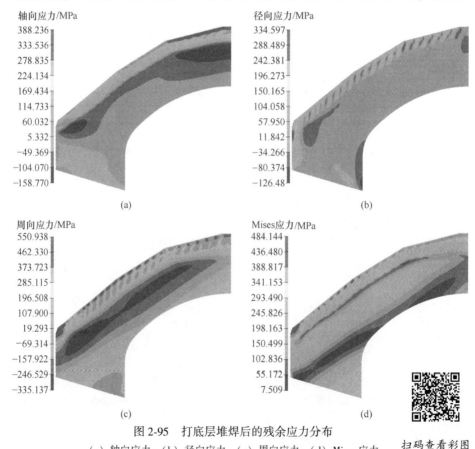

图 2-95 打底层堆焊后的残余应力分布

(a) 轴向应力;(b) 径向应力;(c) 周向应力;(d) Mises 应力

扫码查看彩图

于第一层受热作用次数最多，且受到上层焊缝的约束作用，应力逐渐累积的缘故。图2-96(b)为径向应力云图，可以看出，在焊缝区拉应力与压应力交替出现。最大拉应力值为262.3MPa，较打底层的334.6MPa有所降低。周向拉应力最大值为522.3MPa，在相邻焊缝间拉应力区呈周期性的变化。在堆焊层下方磨辊基体处存在大面积的压应力区，最小值约为−339.6MPa。盖面层堆焊完毕后的残余应力分布如图2-97所示，可以看出，轴向拉应力出现在堆焊层上部分，最大值约为338.4MPa，而第一层已由拉应力部分转变为压应力，说明压应力区域发生了转变，整体向堆焊层移动。径向应力云图如图2-97(b)所示。最大拉应力出现在磨辊的小端，最大值约为260.5MPa，比起打底层和填充层堆焊完毕的径向应力值要小。周向应力云图如图2-97(c)所示，最大值出现在焊缝W128处，约为517.1MPa。拉应力分布状态与填充层类似，但作用范围扩大，应力在堆焊

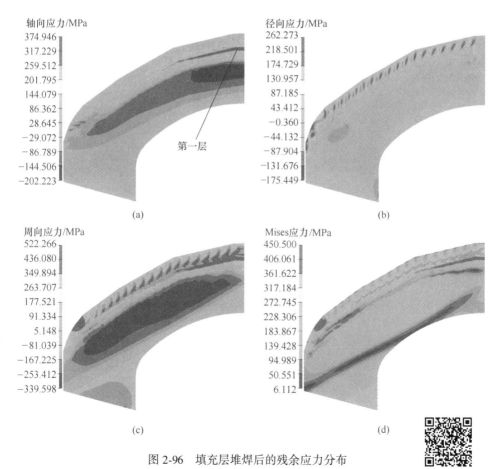

图2-96 填充层堆焊后的残余应力分布

(a) 轴向应力；(b) 径向应力；(c) 周向应力；(d) Mises应力　　扫码查看彩图

层出现规律性的转变。从而可以得出，多道热循环对应残余应力的分布状态和数值大小有重要影响，随着堆焊层数的增加，靠近施焊部位的应力转变剧烈，而远离施焊部位的磨辊基体部位应力转变较为缓和。残余拉应力总是出现在堆焊层，尤其在相邻焊缝交界面处的应力梯度较大。同时，多道热循环可以释放部分残余应力，降低残余拉应力，这与第2.4.5节和文献［37］的研究结论相符合。

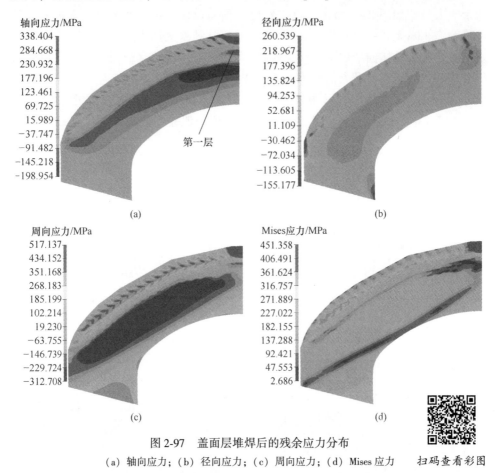

图 2-97　盖面层堆焊后的残余应力分布
（a）轴向应力；（b）径向应力；（c）周向应力；（d）Mises 应力　　扫码查看彩图

同样选取图 2-86 的 8 条测量路径来分析不同堆焊阶段的残余应力变化。图 2-98 为沿 P1 的残余应力曲线，其中 $t = 1080s$、$1494s$、$1890s$、$2268s$、$2628s$、$2916s$ 分别是第 1 层、第 2 层、第 3 层、第 4 层、第 5 层、第 6 层的堆焊结束时间。由图 2-98 可以看出，沿 P1 以压应力为主，轴向应力在靠近磨辊小端处逐渐转变为拉应力，堆焊层数的增加会改变应力的大小，但第 2 层堆焊结束后沿 P1 的应力变化较大，其他层的影响则较小。径向应力和周向应力的曲线中也表现出同样的规律。周向应力在磨辊中部表现为压应力，两端逐渐向拉应力转变。可以看出，随着堆焊的进行，残余压应力数值逐渐增大，但在第5层和第6层堆焊时变化趋于平缓。图 2-99 是沿 P2 的残余应力，可以看出，曲线变化相比 P1 要剧烈。轴向应力在磨辊中部以拉应力为主，在大端和小端存在压应力区，第2层堆焊完毕后应力曲线波动剧烈，这是由于 P2 位于磨辊基体外表面，第2层的堆焊对其应力状态的影响很大。径向应力在靠近大端处，即在 0~125mm 存在交替变化的拉应力与压应力转变区。在 125~300mm 主要以拉应力为主，但在数值上存在波动，且在第2层堆焊后尤为突出，其他各层曲线波动逐渐平缓。周向应力的分布在前四层堆焊时以拉应力为主，但逐渐降低，且趋于平缓，在后两层则出现了压应力区，拉应力值继续降低，曲线波动更加缓和。Mises 应力如图 2-99(d)所示，可以看出，后两层堆焊时的 Mises 应力逐渐减小，且最小值分别位于磨辊测量点的大端和小端。

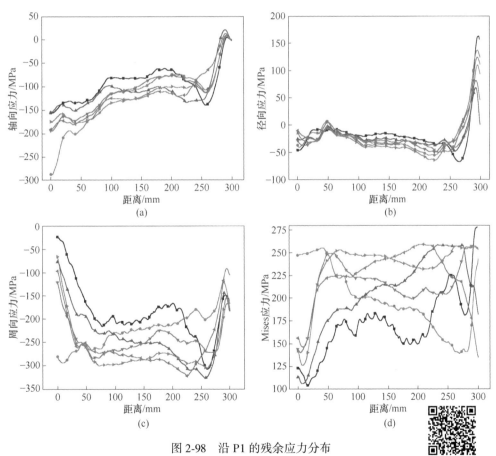

图 2-98　沿 P1 的残余应力分布

（a）轴向应力；（b）径向应力；（c）周向应力；（d）Mises 应力

扫码查看彩图

($\blacksquare$：$t=1080$s；$\bullet$：$t=1494$s；$\blacktriangle$：$t=1890$s；$\blacktriangledown$：$t=2268$s；$\blacktriangleleft$：$t=2628$s；$\blacktriangleright$：$t=2916$s)

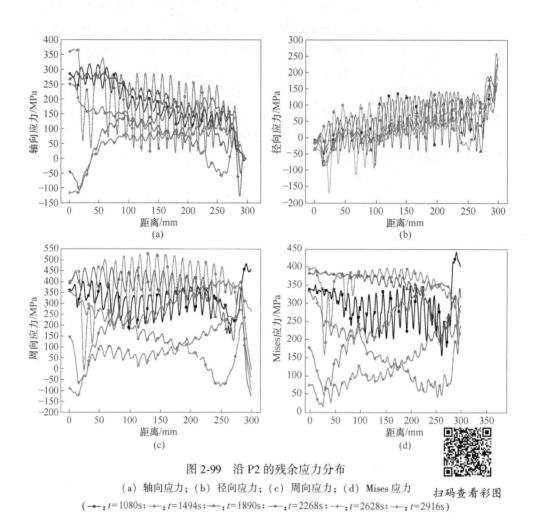

图 2-99 沿 P2 的残余应力分布

(a) 轴向应力；(b) 径向应力；(c) 周向应力；(d) Mises 应力

(—■—：$t=1080s$；—●—：$t=1494s$；—▲—：$t=1890s$；—▼—：$t=2268s$；—◄—：$t=2628s$；—►—：$t=2916s$)

扫码查看彩图

沿 P3 的应力变化如图 2-100 所示，可以看出，轴向应力以拉应力为主，第 2 层、第 3 层和第 4 层应力波动较剧烈，但应力数值在降低。第 5 层堆焊结束后，轴向应力从磨辊小端到大端逐渐降低，由拉应力逐渐转变为压应力，而第 6 层堆焊结束后，小端转变为压应力，到大端逐渐转变为拉应力。径向应力在前两层堆焊结束后变化剧烈，相邻焊缝存在急剧变化的拉应力与压应力转变区，而后三层堆焊结束后的应力波动显著平缓，且应力数值也逐渐降低。周向应力曲线如图 2-100(c) 所示，相比轴向和径向应力，周向应力数值较大，以拉应力为主，随着堆焊层数的增加，应力波动渐平缓并逐渐降低。图 2-101 是 P4 的应力变化曲线，可以看出，第 2 层堆焊完毕后的轴向、径向和周向应力波动平缓，数值最小，这是由于 P4 位于第 2 层的外表面，受其他焊层的约束较小。第 3 层至第 5 层堆焊后，拉应力数值增大，且第4层堆焊完毕后应力波动最为剧烈，第6层堆焊结束后应力波动减缓。径向应力在焊缝处存在拉应力与压应力的交替变化，且随着堆焊层数的增加，波动逐渐平缓。周向应力表现为拉应力，在第2层堆焊结束后最小，随着堆焊的进行，应力数值增大，但变化幅度减小。Mises应力在第2层堆焊结束后最小，第3层至第5层逐渐增大，至第6层降低。曲线波动也是第3层最为剧烈，其他堆焊层逐渐平缓。

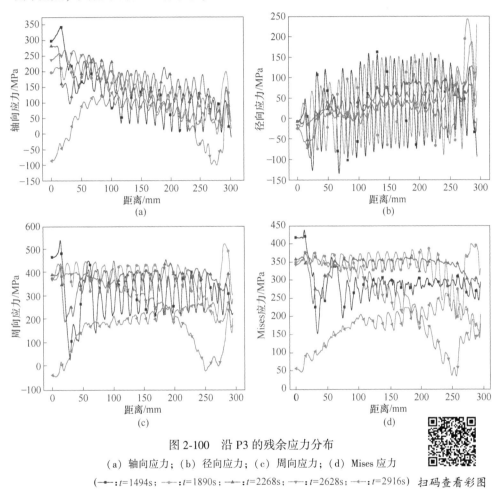

图 2-100　沿 P3 的残余应力分布

（a）轴向应力；（b）径向应力；（c）周向应力；（d）Mises 应力

（—■—：t=1494s；—◆—：t=1890s；—▲—：t=2268s；—▼—：t=2628s；—◄—：t=2916s）扫码查看彩图

图 2-102 是沿 P5 的残余应力变化曲线，与图 2-101 类似，在第 3 层堆焊结束后的应力最小。对于轴向应力，t=2268s 时的应力波动幅度较大，在磨辊大端存在拉应力，沿小端方向逐渐转变为交替变化的拉/压应力；t=2628s 时曲线趋于平缓，堆焊结束后的 2916s，曲线波动幅度和数值均有所增加。径向应力在每层堆焊结束后均表现为交替变化的拉/压应力，且从第 3 层到第 5 层应力波动幅度

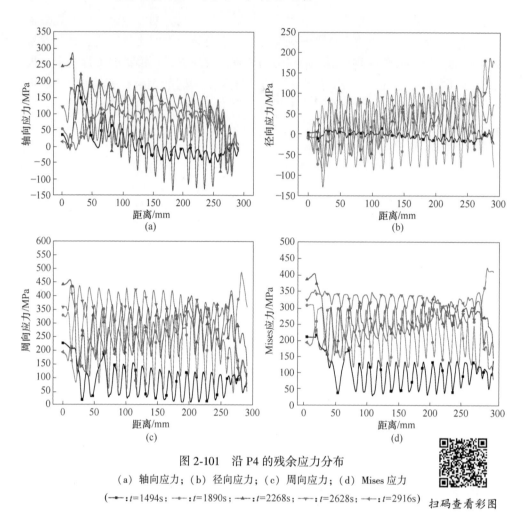

图 2-101 沿 P4 的残余应力分布

（a）轴向应力；（b）径向应力；（c）周向应力；（d）Mises 应力

（━●━:*t*=1494s；━▲━:*t*=1890s；━▲━:*t*=2268s；━▼━:*t*=2628s；━◆━:*t*=2916s）扫码查看彩图

均呈增大趋势，但在第 6 层堆焊结束后，应力波动较为平缓。对于周向应力，影响最为剧烈的是第 4 层堆焊结束后，这是由于 P4 靠近第 4 层。而随后的堆焊层减缓了曲线的波动，但使拉应力数值上升；Mises 应力变化也表现出了类似的趋势。沿 P6 的应力变化如图 2-103 所示，可以看出，第 6 层堆焊后的轴向应力波动幅值最大，在磨辊大端为拉应力，靠近小端处出现压应力。第 4 层和第 5 层堆焊后的应力波动较小，但压应力出现的部位不同。径向应力在第 4 层堆焊后波动最小，第 5 层和第 6 层堆焊后应力波动剧烈，在相邻焊缝处出现交替变化的拉/压应力转变区。周向应力以拉应力为主，*t*=2268s 的应力波动幅值最小，约为 50MPa；在 *t*=2628s 时，应力波动幅值最大，约为 280MPa。第 6 层堆焊后的应力波动幅值有所降低，约为 150MPa。Mises 应力变化趋势与周向应力类似。图 2-104 显示了沿 P7 的应力变化情况，P7 位于第 5 层和第 6 层之间。由图 2-104 可以看出，第5层堆焊完毕后的应力波动较为平缓，应力峰值也较小，第6层堆焊完毕后，应力波动幅度明显上升。轴向应力在磨辊大端表现为拉应力，靠近小端处表现为拉/压应力交替变化，幅值约为210MPa。径向应力表现为在焊缝相邻区域拉/压应力急剧变化，波动幅值约为180MPa。周向应力在第5层堆焊完毕后表现为拉应力，在25~150MPa均匀变化。而相邻焊缝堆焊后，应力变化明显加剧，在−50~250MPa沿焊缝界面起伏。Mises应力也沿着测量焊缝规律性振荡，且相邻堆焊层会明显加剧应力振荡幅值。

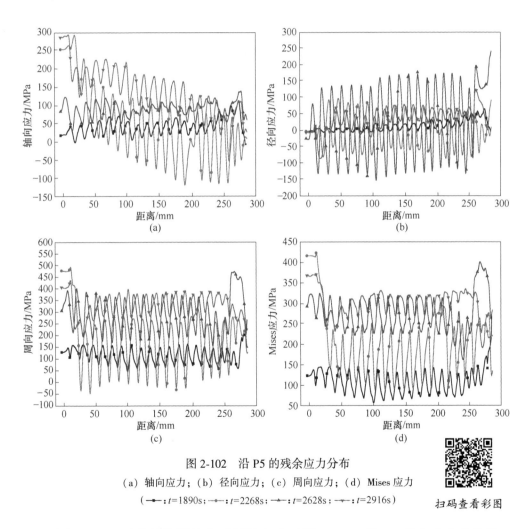

图 2-102　沿 P5 的残余应力分布

（a）轴向应力；（b）径向应力；（c）周向应力；（d）Mises应力

（—•—：$t=1890s$；—◆—：$t=2268s$；—▲—：$t=2628s$；—▼—：$t=2916s$）

扫码查看彩图

图2-105显示的是堆焊结束时刻及空冷至第3998s，沿P8的应力变化曲线，可以看出，经过冷却后，残余应力有了明显的降低。轴向应力和周向应力在磨辊大端处均有拉应力转变为压应力，其他测量点也出现了明显的压应力转变区，但

应力波动幅值没有明显降低，只是整体向压应力区移动。径向应力也在冷却后逐渐向压应力转变，但仍在焊缝交界处存在较大的应力梯度。Mises 应力在冷却后得到了明显的降低，基本在 25~150MPa 变化。图 2-106 为堆焊结束后第 3998s 的不同测量路径的应力变化曲线，可以看出，沿 P1 主要表现为压应力，即堆焊层下部的磨辊基体区主要呈压应力态，沿 P3 和 P5 的轴向应力峰值较大，但波动幅值相比 P7 较小；同样，径向应力和周向应力也表现出同样的趋势。随着测量路径向堆焊层外表面移动，应力主要表现为拉应力，其峰值有所降低，但振幅则明显加大。这说明从堆焊层外表面到磨辊基体内部，存在着由拉应力到压应力的转变，且相邻焊缝间的应力梯度很大，应力峰值存在先增大再减小的过程，最大拉应力出现在第 1 层和第 2 层的交界面处。越远离堆焊层外表面，曲线振荡越趋于平缓。

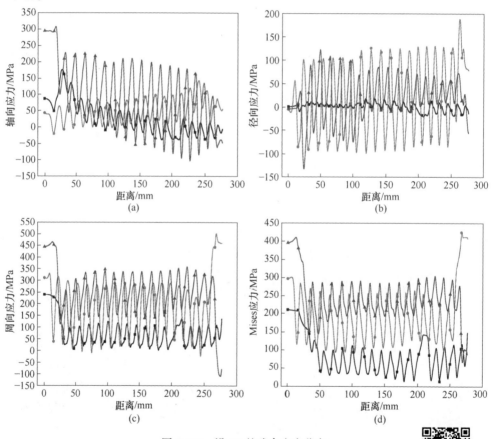

图 2-103　沿 P6 的残余应力分布

（a）轴向应力；（b）径向应力；（c）周向应力；（d）Mises 应力

（—●—：t=2268s；—●—：t=2628s；—▲—：t=2916s）

扫码查看彩图

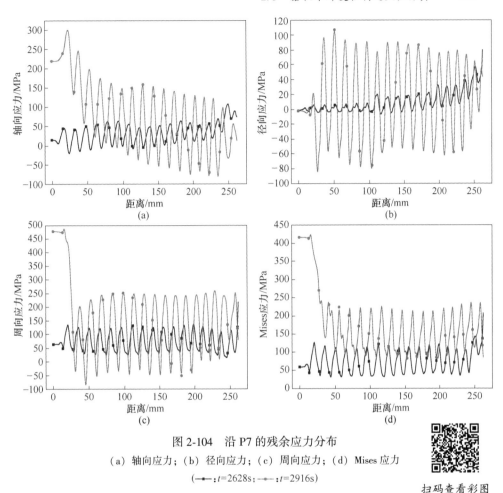

图 2-104 沿 P7 的残余应力分布

（a）轴向应力；（b）径向应力；（c）周向应力；（d）Mises 应力

（—■—：$t=2628$s；——：$t=2916$s）

扫码查看彩图

2.5.7 小结

通过磨辊堆焊复合制造的数值仿真，对堆焊实施过程中和堆焊结束后各测量路径的残余应力进行了分析。发现多道热循环对残余应力的分布和状态均有重要的影响。在堆焊层内部主要存在拉应力，且在相邻焊道处应力梯度很大，应力变化剧烈，各层交界面处的应力受相邻焊层的影响明显，受远离该交界面的焊层影响不明显。磨辊基体内部存在较大的压应力区域，且堆焊层数增多，压应力数值增大。堆焊层处的应力相比磨辊基体内部的应力分布状态更加复杂，交界面处的应力变化更加剧烈，且以交变分布的拉应力为主。这易导致堆焊层的剥落及裂纹扩展至磨辊基体造成断裂。研究还发现，周向应力最大，轴向应力次之，径向应力最小，较大的周向拉应力会导致堆焊层产生大量垂直于焊道的龟裂状表层短裂纹。

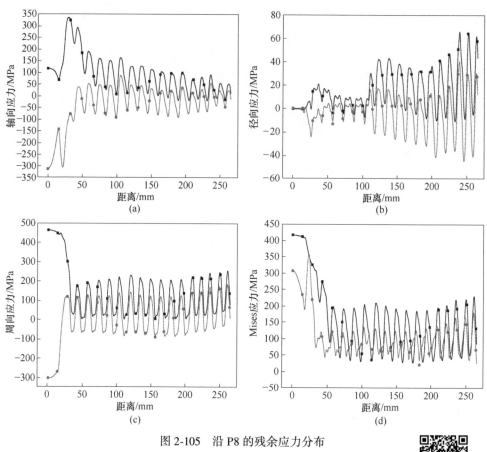

图 2-105   沿 P8 的残余应力分布

（a）轴向应力；（b）径向应力；（c）周向应力；（d）Mises 应力

（—■—: t=2916s；—●—: t=3998s）

扫码查看彩图

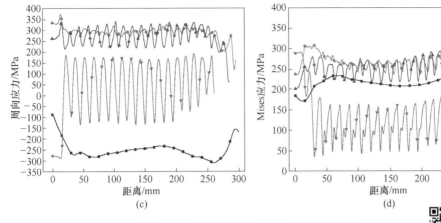

图 2-106　不同路径第 3998s 残余应力分布

（a）轴向应力；（b）径向应力；（c）周向应力；（d）Mises 应力

（━━:路径1；━━:路径3；━━:路径5；━▼━:路径7）

扫码查看彩图

 本章小结

本章提出了实现磨辊堆焊再制造及堆焊复合制造的数值计算方法。针对大型磨辊类结构件，以 SYSWELD/MPA 多道焊模块为软件平台，通过对小型平板试样堆焊的热弹塑性有限元计算，得到了合适的平均热循环曲线，以此作为大型磨辊各对应耐磨层的热载荷。并利用 JmatPro 材料性能及相图计算软件，计算得到了堆焊合金材料及磨辊基材的高温热物性参数。考虑到合金材料体系和堆焊工艺参数的差异性，对磨辊堆焊再制造及复合制造的全过程进行了数值计算，得到了如下结论。

（1）通过实际磨辊硬面堆焊生产调研，总结了磨辊硬面堆焊的工艺类型和生产特点。结合硬面堆焊工艺实施流程，从实际生产中提炼并简化了磨辊堆焊仿真模型，为磨辊堆焊再制造和复合制造的数值建模奠定基础。

（2）磨辊堆焊再制造的仿真表明，最大拉应力出现在焊缝与待修复磨辊坡口的焊趾处，相邻修复层之间存在拉/压应力的转变，磨辊坡口下部存在大范围压应力区。后续焊道可以在一定程度上降低残余应力峰值。

（3）磨辊堆焊复合制造的仿真表明，由于堆焊复合制造焊缝数众多，堆焊层及磨辊受到反复的焊接热作用，其温度场和应力场变化相比堆焊再制造要复杂得多。高温区分布形态与施焊方向有关，堆焊层数增加，热影响区扩大，但磨辊整体温度升高，温度分布趋于均匀。

（4）磨辊复合制造中，已完成的焊层应力状态受相邻焊层的施焊影响较大，受较远焊层的影响较小。应力状态与施焊方向有关，从堆焊层外表面到磨辊基体内部，逐渐由拉应力转变为压应力。堆焊层内部以拉应力为主，但在相邻焊缝的交界面处存在很大的应力梯度。随着堆焊层数的增加，应力峰值上升，但应力振荡幅值降低。焊层增加到一定程度，焊接热作用减弱，起到一定的回火作用，应力峰值下降。堆焊结束后冷却可以在一定程度上降低残余应力并使应力振荡趋于平缓。

（5）无论磨辊堆焊再制造和堆焊复合制造，由于堆焊合金与磨辊母材基体存在材料性能之间的差异，且受到多次焊接热循环作用，堆焊层之间及堆焊层与基体的结合界面处存在较大的应力梯度，并易产生裂纹和气孔等缺陷。从而使结合界面处易产生裂纹并向磨辊基体延伸，造成堆焊层剥落和磨辊断裂，大大提高了磨辊的破坏风险。因此在实际生产和研究活动中，对于耐磨焊层之间以及耐磨层与磨辊基体之间界面结合性能的控制是一个非常值得注意的问题。

参 考 文 献

［1］贾建民，齐纪渝. MPS 中速磨煤机磨辊磨损机理研究［J］. 华北电力大学学报，1998，25（4）：88-91.

［2］单际国，董祖珏. 我国堆焊技术的发展及其在基础工业中的应用现状［J］. 中国表面工程，2002，15（4）：19-22.

［3］丛相州. MPS 辊式中速磨煤机磨辊的磨损机理和修复工艺［J］. 电力建设，2010，27（1）：15-20.

［4］刘跃，张国赏，魏世忠. 铁基堆焊耐磨合金的研究现状［J］. 电焊机，2012，42（5）：58-61.

［5］徐滨士. 装备再制造工程的理论与技术［M］. 北京：国防工业出版社，2007.

［6］刘振英. 耐磨件堆焊制造及再制造探讨［J］. 新世纪水泥导报，2008（5）：31-34.

［7］刘振英. 磨辊，磨盘衬板堆焊质量的过程控制［J］. 四川水泥，2011，4：8.

［8］刘振英. 堆焊再制造技术在水泥粉磨设备耐磨件上的应用［J］. 四川水泥，2012（5）：100-104.

［9］牛冲. 堆焊技术在立式磨磨辊制造中的应用浅析［J］. 价值工程，2012，31（29）：32-33.

［10］武传松，陆皓，魏艳红. 焊接多物理场耦合数值模拟的研究进展与发展动向［J］. 焊接，2012（1）：10-22.

［11］蔡志鹏，赵海燕. 焊接数值模拟中分段移动热源模型的建立及应用［J］. 中国机械工程，2002，13（3）：208-210.

［12］Ueda Y，Yuan M G. Prediction of residual stresses in butt welded plates using inherent strains［J］. Journal of Engineering Materials and Technology，1993，115（4）：417-423.

［13］Michaleris P，Debiccari A. Prediction of welding distortion［J］. Welding Journal，1997，76（4）：173-181.

［14］ 张建勋，刘川，张林杰．焊接非线性大梯度应力变形的高效计算技术［J］．焊接学报，2009（6）：107-112.

［15］ Courtin S, Gilles P. Detailed simulation of an overlay repair on a dissimilar material weld ［C］//ASME 2006 Pressure Vessels and Piping/ICPVT-11 Conference. American Society of Mechanical Engineers, 2006：57-69.

［16］ Manurung Y H P, Lidam R N, Rahim M R, et al. Welding distortion analysis of multipass joint combination with different sequences using 3D FEM and experiment ［J］. International Journal of Pressure Vessels and Piping, 2013, 111：89-98.

［17］ 陈建波．大型复杂结构焊接变形热弹塑性有限元分析［D］．上海：上海交通大学，2008.

［18］ ESI Group. SYSWELD 2010 reference manual. Digital Version 2010.

［19］ ESI Group. SYSWOLD 2010 technical description of capabilities. Digital Version 2010.

［20］ Goldak J, Chakravarti A, Bibby M. A new finite element model for welding heat sources ［J］. Metallurgical Transactions B, 1984, 15（2）：299-305.

［21］ Goldak J, Bibby M, Moore J, et al. Computer modeling of heat flow in welds ［J］. Metallurgical Transactions B, 1986, 17（3）：587-600.

［22］ Chang P H, Teng T L. Numerical and experimental investigations on the residual stresses of the butt-welded joints ［J］. Computational Materials Science, 2004, 29（4）：511-522.

［23］ ASTM A36/A36M-14. Standard Specification for Carbon Structural Steel ［S］. ASTM International, 2014.

［24］ Kumslytis V, Valiulis A, Černašejus O. The influ-ence of temperature-time parameter of welded joints thermal treatment on strength-related characteristics of chromium-molybdenum and low-alloy manganese steels ［J］. Materials Science（Medžiagotyra），2007, 13（2）：123-126.

［25］ 严红丹．平板对接焊接变形的数值模拟［D］．合肥：合肥工业大学，2009.

［26］ 王春景，邓宏运，陈自立，等．高铬铸铁生产及应用实例［M］．北京：化学工业出版社，2011.

［27］ Tamura S, Minamoto S. Thermo-Calc, JMatPro and their applications ［C］//Proceeding of 26th material seminar, Materials Science Society of Japan, 2002：117-123.

［28］ Saunders N, Guo U K Z, Li X, et al. Using JMatPro to model materials properties and behavior ［J］. JOM, 2003, 55（12）：60-65.

［29］ 中国国家标准化管理委员会．GB/T 8263—2010 抗磨白口铸铁件［S］．北京：中国标准出版社，2010.

［30］ Davis J R. ASM specialty handbook：cast irons ［S］. ASM International, 1996, 124.

［31］ Ma L, Huang C, Jiang J, et al. Cracks formation and residual stress in chromium carbide overlays ［J］. Engineering Failure Analysis, 2013, 31：320-337.

［32］ 张文钺，张炳范，杜则裕．焊接冶金学：基本原理［M］．北京：机械工业出版社，1999.

［33］ Aloraier A S, Joshi S. Residual stresses in flux cored arc welding process in bead-on-plate specimens [J]. Materials Science and Engineering: A, 2012, 534: 13-21.

[34] 国家能源局. DL/T 903—2014 磨煤机耐磨件堆焊技术导则 [S]. 国家能源局, 2014.

[35] Deng D, Murakawa H. Prediction of welding residual stress in multi-pass butt-welded modified 9Cr-1Mo steel pipe considering phase transformation effects [J]. Computational Materials Science, 2006, 37 (3): 209-219.

[36] Heinze C, Schwenk C, Rethmeier M. Numerical calculation of residual stress development of multi-pass gas metal arc welding [J]. Journal of Constructional Steel Research, 2012, 72: 12-19.

[37] Jiang W C, Wang B Y, Gong J M, et al. Finite element analysis of the effect of welding heat input and layer number on residual stress in repair welds for a stainless steel clad plate [J]. Materials & Design, 2011, 32 (5): 2851-2857.

[38] 李媛媛, 车欣, 李锋, 等. ZG20SiMn 铸钢的高周疲劳行为 [J]. 铸造, 2013, 62 (5): 393-396.

[39] Dong L, Zhong Y, Ma Q, et al. Dynamic recrystallization and grain growth behavior of 20SiMn low carbon alloy steel [J]. Tsinghua Science & Technology, 2008, 13 (5): 609-613.

[40] Zheng Y, Luo S, Ke W. Effect of passivity on electrochemical corrosion behavior of alloys during cavitation in aqueous solutions [J]. Wear, 2007, 262 (11): 1308-1314.

[41] 王忠. 机械工程材料 [M]. 北京: 清华大学出版社, 2005.

3 基于软计算的智能算法
在焊接领域的数值建模

焊接作为一项传统的金属材料热加工工艺，以其高效率、高质量和低成本等优势在汽车制造、工程机械、飞机船舶等重要工业领域得到了广泛的应用。针对焊接已经开展了大量的工程实验及解析或半解析性质的研究，然而由于焊接本身是一个高度非线性、大量不确定因素相互耦合的热物理过程，迄今为止还未能建立一个通用的反映其真实焊接过程的统一物理模型。传统的经验试凑法使得焊接长期处于"经验学科"的状态，且需要大量的人力和物力支持，而建立在大量简化假设条件上的解析数学模型难以反映焊接过程的本质规律，与实际结果的误差较大，越来越不适合现代高端制造业高精度、高复杂度的要求。这不仅限制了焊接这门学科由"技艺"向"科学"的飞跃，同时也为指导生产实践带来了困难。因此，如何以简捷有效的方法得到关于焊接输入条件与输出结果之间的映射关系，更深入地分析和挖掘焊接过程中各影响因素之间的耦合规律，是一个亟待研究的问题。

随着信息技术和计算机技术的快速发展，采用融合了智能建模算法的软计算技术来分析处理科学与工程领域中的大量数据，实现各种常规方法不便解决的复杂问题的数值建模和参数优化，已经得到了广泛的应用并取得了一定的经济效益。软计算方法是包括神经网络、遗传算法、模糊逻辑等现代智能算法的集合[1]，适合处理焊接这类物理机制复杂且具有大量随机不确定性因素的问题。以往对焊接问题的研究多局限于传统的实验方法或数值计算，采用软计算技术对焊接问题进行的研究则较少。将软计算技术应用于焊接领域，并结合物理试验和数值仿真实验，实现对焊接过程中复杂因素的智能建模，可以深化对焊接问题的研究内涵，拓宽焊接领域的研究外延，不仅有一定的科学意义，还具有重要的工程应用价值。因此，本章重点研究了以人工神经网络、遗传算法、支持向量机算法为代表的软计算技术在焊缝尺寸预测、焊接变形预测及固有变形等方面的数值建模。

3.1 常用智能建模算法

本节研究所用到的软计算工具主要包括人工神经网络、遗传算法和支持向量机算法。下面简要对这三方面的内容进行介绍。

3.1.1 人工神经网络

人工神经网络（ANN，Artificial Neural Network）通过大量人工神经元的简单映射来实现复杂的网络逼近功能，是一种模拟人脑结构及其功能的并行信息处理系统，具有很强的自适应、自学习、自组织能力，可以从训练数据样本中通过学习获取知识，并将这些知识存储于网络中，适合各种非线性系统的建模。本小节主要采用人工神经网络实现焊接过程中各输入工艺因素与输出结果之间的非线性映射，采用的是目前应用最为广泛的 BP 神经网络。下面介绍关于这种网络的基本数学原理[2,3]。

3.1.1.1 人工神经元

人工神经元是组成复杂神经网络的基本信息处理单元，是对生物神经元的模拟和简化。图 3-1 为简化的人工神经元结构，它是一个多输入、单输出的非线性函数映射单元。输入量 x_1，$\cdots$，x_n 与输出量 y_j 之间的映射关系为：

$$y_j = f(I_j) = f\left(\sum_{i=1}^{n} w_{ji} x_i - \theta_j\right) \tag{3-1}$$

式中，$x_i(i = 1, 2, \cdots, n)$ 为从上一个神经元传来的输入信号；w_{ji} 为神经元 i 到神经元 j 之间的连接权值；θ_j 为神经元阈值；$f(g)$ 为激励函数或传递函数。

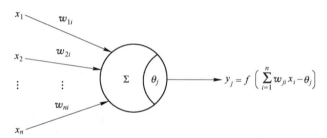

图 3-1 人工神经元模型

激励函数是人工神经元的核心之一，用于控制输入对输出的激活作用，对神经网络处理问题的能力和效果有很大的影响。常用的激励函数有以下几种。

（1）阈值函数，主要包括阶跃函数（Saltus 函数和 Sgn 函数）：

$$Saltus(x) = f(x) = \begin{cases} 1 & (x \geqslant 0) \\ 0 & (x < 0) \end{cases} \tag{3-2}$$

$$Sgn(x) = f(x) = \begin{cases} 1 & (x > 0) \\ -1 & (x \leqslant 0) \end{cases} \tag{3-3}$$

（2）线性函数：

$$f(x) = ax \tag{3-4}$$

（3）双曲函数：

$$f(x) = \tanh x \tag{3-5}$$

（4）对数 Sigmoid 函数：

$$f(x) = \frac{1}{1 + e^{-ax}} \quad (a > 0) \tag{3-6}$$

对数 Sigmoid 函数简称 S 型函数，又被称作压缩函数。它在(0，1)的范围内连续取值并单调可微，具有平滑和渐进性，反映了神经元的饱和特征。调节曲线的参数 a 可控制函数的输出特性，广泛应用于多种神经元模型中。

常用的几种激励函数有线性函数、Saltus 函数及 Sigmoid 函数，其基本曲线如图 3-2 所示。

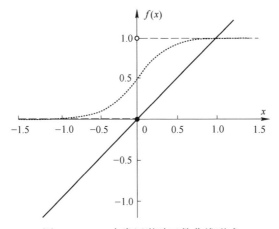

图 3-2　ANN 中常用激励函数曲线形式

（——：线性函数, $a=1$；– – –：Saltus 函数；⋯⋯：Sigmoid 函数, $a=5$）

3.1.1.2　BP 神经网络

BP 神经网络（BPN，Back Propagation Network）是基于误差反向传播算法的多层前向网络，是目前研究最成熟和应用最广泛的神经网络模型，也是本节研究所采用的主要网络模型。BP 神经网络由输入层、隐含层和输出层神经元组成，图 3-3 为典型的三层 BP 神经网络结构，具有 n 个输入层神经元数，m 个隐含层神经元数及 2 个输出层神经元。w_{ij}、θ_k 表示各层神经元之间的连接权值和阈值，$f(\cdot)$ 为传递函数。在 BP 网络结构中，每一层神经元的输出作为后一层神经元的输入，同一层神经元之间没有连接。各层神经元组成了一个非线性映射系统，通过大量人工神经元的复合映射得到了复杂的非线性处理能力。采用 BP 算法对网络进行训练，可使网络从训练数据中学习模糊规则，获得信息处理能力。下面对 BP 算法的算法原理进行介绍。

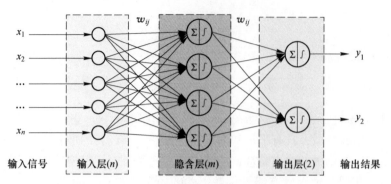

图 3-3　典型三层 BP 神经网络结构

误差反向传播算法（BP 算法）最初由 Paul[4] 提出，其基本思想是最小二乘法，采用梯度搜索技术，通过不断调整网络的连接权值 w_{ij} 和阈值 θ_k 以使期望输出与实际输出之间的误差均方值最小化。BP 算法的学习过程分为网络输入信号的正向传播和误差信号的反向回传两部分。输入信号从输入层开始，经隐含层逐层处理传向输出层，每层神经元的输出仅影响下一层神经元的输入。当网络无法得到期望的输出值时，则转入反向传播。误差信号从输出层经隐含层返回到输入层，并逐层调整各神经元的连接阈值和权值，使网络的实际输出值逐渐逼近期望输出值，如此循环直至误差信号小于预定值为止。

在使用 BP 算法训练网络时，假设共有 N 个训练样本，以其中第 P 个样本对网络进行训练。输入层神经元为 i，隐层神经元为 j，输出层神经元为 k。隐层神经元与输入层神经元之间的连接权值和阈值分别为 w_{ji}、θ_j，输出层神经元与隐层神经元之间的连接权值和阈值分别为 w_{kj}、θ_k。输出神经元的期望输出为 t_k。对于第 P 个样本点，在第 n 次迭代中网络的期望输出 t_k 与实际输出 y_k 之间的误差表示为 $E(n)$（用 E 表示）。BP 算法过程如下所示。

隐层神经元的输出 x_j：

$$x_j = f\Big(\sum_i w_{ji}x_i - \theta_j \Big) = f(\mathrm{net}_j) \tag{3-7}$$

输出层神经元的计算输出 y_k：

$$y_k = f\Big(\sum_j w_{kj}x_j - \theta_k \Big) = f(\mathrm{net}_k) \tag{3-8}$$

第 P 个样本点的误差平方和：

$$E(P) = \frac{1}{2} \sum_k (t_k - y_k)^2 \tag{3-9}$$

所有样本 N 的均方误差：

$$\xi_{AV} = \frac{1}{N} \sum_{P=1}^{N} E(P) \tag{3-10}$$

ξ_{AV}是网络所有权值和阈值及输入信号的函数，称为误差信号的目标函数。学习的目的是使ξ_{AV}达到最小。设定误差要求为$\xi_{AV} \leqslant \varepsilon$，当满足条件时网络停止训练。典型 BP 神经网络的学习算法流程如图 3-4 所示。

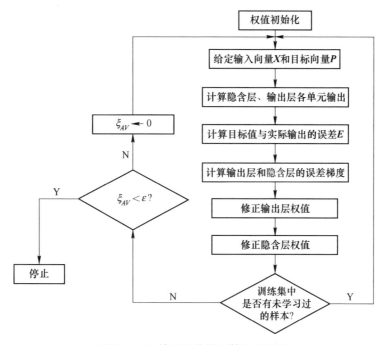

图 3-4 BP 神经网络学习算法流程图

人工神经网络不需任何先验函数的假设，也不需预先给定公式的形式，直接从实验数据挖掘，经过有限次迭代计算得到一个反映实验数据内在规律的数学模型。本质上是一种"黑箱"操作方法，属于维象的"隐式"表达式，无法用数学公式直观表达因素和指标之间的关系，因此在揭示焊接工艺的机理方面存在困难。

3.1.2 遗传算法

遗传算法（GA，Genetic Algorithms）是美国 Michigan 大学的 Holland[5] 于 20 世纪 60 年代提出的一种旨在模拟自然界遗传机制和生物进化规则的并行随机搜索最优化方法。GA 算法基于 Darvin 的进化论和 Mendel 的遗传学说。遗传算法设定一个种群，代表问题的可能潜在解集，该种群是由一定数目的个体组成，每个个体实际上是带有染色体特征的实体。首先对每个个体进行编码，产生初始种群之后，按照适者生存和优胜劣汰的原理，逐代进化产生出越来越好的近似解。在每一代，根据适应度大小挑选个体，然后进行选择、交叉、变异，产生新的种群，末代种群中的最优个体经过解码，即可认为是问题的近似最优解。遗传算法的核心内容包括种群编码、适应度函数、遗传操作等，图 3-5 为标准遗传算法的算法流程。作为一种实用、高效、鲁棒性强的优化算法，遗传算法广泛应用于组合优化、信号处理、自适应控制等领域，是现代智能计算的关键技术。

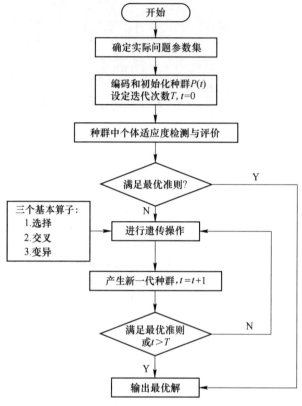

图 3-5   遗传算法流程图

GA 算法的实施流程如下[6,7]。

（1）初始化种群：随机生成 M 个个体作为初始父代群体，记做 $P(0)$。设置进化代数计数器 $t=0$ 及最大进化代数 T。

（2）评价种群：根据优化问题的目标确定适应度函数，计算父代种群中每个个体的适应度值 P_i，并由适应度函数进行评价。

（3）选择操作：从父代种群中按照一定的策略选择个体，适应度 P_i 越大的个体被选中的概率越大。常用的选择方法有轮盘赌法、竞争选择法、稳态复制法等。

（4）交叉操作：从父代种群选择出的两个优秀个体，利用交叉算子，将其部分编码串加以替换重组而生成新的个体。根据编码方式的不同，交叉算子也有多种形式。交叉算子具有全局搜索能力，因而作为遗传算法的主要算子。

（5）变异操作：以一定的变异概率，利用变异算子对种群中某些个体的编码值做出改变，形成新的个体。引入变异算子可以使遗传算法具有局部的随机搜索能力，并维持群体多样性。交叉和变异操作的示意图如图3-6所示。

（6）终止条件判断：通过进化迭代得到全新的父代群体，评价新生种群中个体的适应度，如满足精度要求则停止运算；如不满足，则转入步骤(3)进行循环运算直至结果收敛；或当 $t = T$ 时，选择末代种群中具有最大适应度值的个体，进行解码操作，作为近似最优解输出，终止计算。

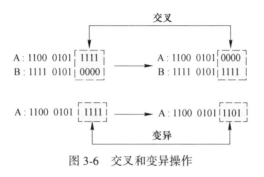

图3-6 交叉和变异操作

3.1.3 支持向量机

支持向量机（SVM，Support Vector Machine）由 Cortes 等[8]于 1995 年提出，是一种基于统计学习理论（SLT，Statistical Learning Theory）的机器学习算法，根据有限的样本在模型的复杂度（即对特定训练样本的学习精度）和预测能力（即无错误地识别任意样本的能力）之间寻求最佳折中，以获得最好的泛化能力。SVM 适合解决小样本、非线性及高维度模式等问题。

基于经验风险最小化原则（ERM 准则）使得传统的机器学习方法对样本以外的数据泛化能力差。而 SVM 算法[9,10]基于 VC 维理论和结构风险最小化原则（SRM 准则），引入了泛化误差界的概念，指出真实风险（问题真实模型与近似模型之间的误差）由两部分组成：一是经验风险，代表了近似模型在给定学习样本上的误差；二是置信风险，代表近似模型对未知样本的预测误差。置信风险有两个影响因素：一是样本数量，给定样本数越多，学习效果越好，置信风险减少；二是分类函数的 VC 维，VC 维越大，推广能力越差，置信风险变大。泛化误差界的公式为：

$$R(w) \leqslant R_{\mathrm{emp}}(w) + \varPhi\left(\frac{n}{h}\right) \tag{3-11}$$

式中，$R(w)$ 为真实风险；$R_{\mathrm{emp}}(w)$ 为经验风险；$\varPhi\left(\dfrac{n}{h}\right)$ 为置信风险。SVM 算法寻

求经验风险和置信风险的和最小化，即结构化风险最小化。

通过引用适当的核函数，支持向量机将输入样本空间映射到高维特征空间，然后在新空间构建回归函数。其中 $K(x_i, x_j) = \phi(x_i)\phi(x_j)$ 为某一非线性函数。输出是中间节点的线性组合，每个中间节点对应一个支持向量，SVM 网络结构如图 3-7 所示。这就使得在高维特征空间采用线性算法进行非线性回归成为可能。

支持向量机中使用的核函数主要有以下四类。

（1）线性核函数：

$$K(x_i, x_j) = x_i^T x_j \tag{3-12}$$

（2）多项式核函数：

$$K(x_i, x_j) = (\gamma x_i^T x_j + r)^p \quad (\gamma > 0) \tag{3-13}$$

（3）径向基（RBF）核函数：

$$K(x_i, x_j) = \exp(-\gamma \| x_i - x_j \|^2) \quad (\gamma > 0) \tag{3-14}$$

（4）Sigmoid 核函数：

$$K(x_i, x_j) = \tanh(\gamma x_i^T x_j + r) \tag{3-15}$$

SVM 的关键在于核函数，通过选用合适的核函数将低维空间输入样本映射到高维空间，然后在高维空间构建回归估计函数。SVM 网络结构如图 3-7 所示。

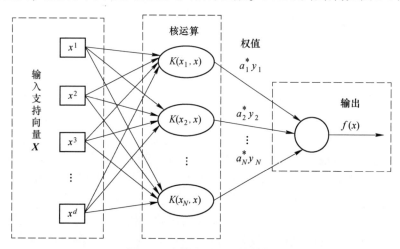

图 3-7　支持向量机网络结构

3.2　GA 优化 BP 神经网络的 TIG 焊缝尺寸预测模型

TIG 焊（Tungsten Inert Gas Arc Welding）又称惰性气体钨极保护焊，广泛应用于手工焊或自动焊接 0.5 ~ 4.0mm 厚不锈钢板[11]。一般来说，焊缝几何形状对接头焊接质量和焊材消耗量有重要的影响。因此，通过合理的工艺参数组合以获得理想的焊缝几何形貌对于提高接头质量和防止焊接缺陷有重要意义。探究焊接工艺参数与焊缝形状尺寸之间的内在规律就显得尤为必要，传统的焊缝尺寸预测方法如数学模型法和回归分析法有很大的局限性，而人工神经网络在处理焊接这类非线性、随机多因素耦合的问题表现出了优势[12-15]。

　　本节采用改进 Taguchi 法得到的 TIG 不锈钢薄板对焊试验数据[16]，建立了焊接工艺参数与焊缝尺寸之间的 BP 神经网络预测模型，并引入遗传算法（GA）优化网络的权值和阈值，优化后的 BP 神经网络提高了预测精度，并具有良好的泛化能力。

3.2.1　GA+BP 神经网络模型

3.2.1.1　BP 神经网络性能评价函数

BP 神经网络一般由输入层、输出层和若干个隐含层组成，是目前应用最为广泛的网络模型。各层网络神经元之间由权值连接，前一层神经元的输出作为后一层神经元的输入，第 j 个神经元的输入信号公式为[3]：

$$\text{input}_j = \sum_{i=1}^{n} w_{ji} x_i + \theta_j \tag{3-16}$$

式中，n 为输入层神经元数目；x_i 为神经元 i 输入信号；w_{ji} 为神经元 i 到神经元 j 的连接权值；θ_j 为阈值。

　　网络的权值和阈值随机初始化，在训练过程中按照 BP 算法不断迭代调整以使网络输出误差最小化。采用以下误差函数来评价网络的性能：

$$\text{MAE}(\%) = \frac{1}{p} \sum_{1}^{p} \left(\frac{|\text{实际值} - \text{预测值}|}{\text{实际值}} \times 100 \right) \tag{3-17}$$

$$\text{MSE} = \frac{1}{p} \sum_{1}^{p} (\text{实际值} - \text{预测值})^2 \tag{3-18}$$

$$\text{SSE} = \sum_{1}^{p} (\text{实际值} - \text{预测值})^2 \tag{3-19}$$

式中，MAE 为平均预测误差；MSE 为均方误差；SSE 为误差平方和；p 为训练样本数。

3.2.1.2　BP 神经网络学习算法

选用基于 Levenberg-Marquardt 优化理论的贝叶斯正则化算法（trainbr 函数）训练网络，trainbr 函数是 MATLAB 神经网络工具箱中的一种训练函数[17]，通过建立一个由各层输出误差、权值和阈值组成的特殊性能参数，并使该参数最小化。trainbr 函数可以提高网络的泛化能力，避免过拟合。在网络训练前，为了消除量纲，通常要对样本数据进行归一化处理。

$$X_n = \frac{2(X - \min(X))}{\max(X) - \min(X)} - 1 \qquad (3-20)$$

式中，X_n 表示归一化后的元素，$X_n \in [-1, +1]$；X 表示输入数据矩阵中的元素。

3.2.1.3 BP 神经网络结构确定

研究表明，一个三层的 BP 神经网络可以任意精度逼近任何非线性连续函数。因此，本小节采用具有单个隐含层的三层 BP 网络。网络的输入和输出神经元数目由实际问题确定，而隐层神经元最优数目在理论上尚无定解[3]。经验表明，一味地增加隐层神经元个数不一定总能提高网络的性能和精度。一般采用经验公式估算 [见式(3-21)]，然后建立相应的网络结构进行训练，对比选择出最优的结果。不同网络结构的预测误差对比见表 3-1，可以看出，当隐层神经元数目为 12 时，网络的预测误差值最小，再增加隐层神经元数目对网络性能的提升影响不大。

$$l = \sqrt{m + n} + a \qquad (3-21)$$

式中，l 为隐层单元数；m 为输入层单元数；n 为输出层单元数；a 为 [1, 10] 之间的整数。

表 3-1   不同结构神经网络训练误差比较

仿真编号	网络结构	误差平方和 SSE	均方误差 MSE	预测平均误差/%	最大误差 /%	最小误差 /%
1	4-2-4	2.6206	0.0409	9.7509	75.0734	0.0961
2	4-3-4	1.3945	0.0218	6.2837	34.0114	0.0938
3	4-4-4	0.8548	0.0134	6.0939	56.6302	0.0879
4	4-5-4	0.2983	0.0047	3.9262	22.3253	0.0573
5	4-6-4	0.2128	0.0033	3.0106	23.7718	0.1114
6	4-7-4	0.1744	0.0027	2.4772	10.0985	0.0414
7	4-8-4	0.0940	0.0015	1.2355	4.6979	0.0045
8	4-9-4	0.1123	0.0018	1.6152	13.6171	0.0035
9	4-10-4	0.1095	0.0017	1.8791	12.7637	0.0207
10	4-11-4	0.0503	7.86×10^{-4}	0.7859	3.8710	0.0024
11	**4-12-4**	**0.0208**	**3.25×10^{-4}**	**0.4379**	**1.3042**	**0.0003**
12	4-13-4	0.0222	3.46×10^{-4}	0.6617	3.5066	0.0053
13	4-14-4	0.0253	3.95×10^{-4}	0.4565	3.1597	0.0120
14	4-15-4	0.0295	3.75×10^{-4}	0.4715	4.3992	0.0021

注：黑体表示通过比选选定的网络结构。

不锈钢薄板 TIG 对接焊中，对焊缝几何尺寸影响参数包括：电弧长度、保护气流量、焊接电流和焊接速度。以这 4 个参数作为网络的输入变量，以焊缝的上余高、下余高、上焊宽和下焊宽值作为网络的 4 个输出变量，焊缝尺寸示意如图 3-8 所示。建立 4-12-4 结构的 BP 神经网络，网络结构如图 3-9 所示。网络输出变量和输入变量的函数关系为：

$$S = f^l \left[\sum W^2 f^s \left(\sum W^1 X \right) \right] \tag{3-22}$$

式中，$S = \begin{bmatrix} s_1 & s_2 & s_3 & s_4 \end{bmatrix}$ 为焊缝尺寸组成的矩阵，即网络的输出变量；$X = \begin{bmatrix} x_1 & x_2 & x_3 & x_4 \end{bmatrix}$ 为焊接工艺参数矩阵，即网络输入变量；f^l 为网络隐含层和输出层之间的线性传输函数；f^s 为输入层和隐含层之间的 S 型传输函数；W^1、W^2 分别为输入层和隐含层、隐含层和输出层之间的连接权值矩阵。

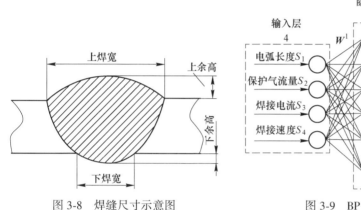

图 3-8　焊缝尺寸示意图　　　　　图 3-9　BP 神经网络结构

3.2.1.4　GA 优化 BP 神经网络流程

遗传算法属于并行随机搜索最优化方法，具有全局寻优等优势。采用 GA 算法优化 BP 神经网络的权值和阈值，将优化结果再赋予神经网络，以提高网络的预测性能。GA 算法优化 BP 神经网络主要包括种群初始化、适应度函数、选择、交叉和变异操作，算法流程如图 3-10 所示[18]。

（1）种群初始化。采用实数编码，每个个体均为一个实数串，由输入层与隐藏层连接权 w_{ji}、隐藏层阈值 b_j、隐藏层与输出层连接权值 w_{kj} 及输出层阈值 b_k 四部分组成 1 个个体，代表一组可能的最佳权值，个体的表达形式为 $[w_{ji}, b_j, w_{kj}, b_k]$。

（2）适应度函数。每个个体的适应度值 f_i 用 BP 神经网络的预测输出和期望输出之间的误差绝对值和 E_i 来表示，适应度高的个体被选择的概率相对较大。

$$f_i = \frac{1}{E_i} \tag{3-23}$$

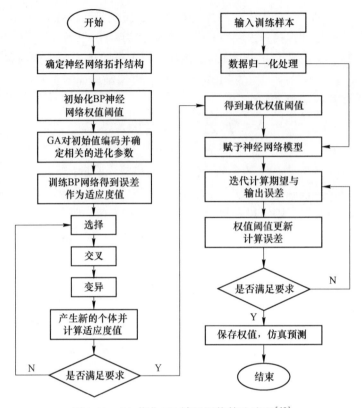

图 3-10　GA 优化 BP 神经网络算法流程[18]

$$E_i = \sum_{k=1}^{n} |d_k - y_k| \qquad (3\text{-}24)$$

式中, i 为种群中的第 i 个个体; n 为网络输出节点数; d_k 为期望输出; y_k 为实际输出。

(3) 交叉和变异。个体采取实数编码, 交叉操作采用实数交叉算子, 利用给定的交叉概率 P_c 重组一对个体而产生新的后代, 第 k 个染色体 a_k 和第 l 个染色体 a_l 在第 j 位的交叉操作方法如式 (3-25) 所示。变异操作选择非均匀变异算子, 以一定的变异概率 P_m 突变产生新的个体, 选取第 i 个个体的第 j 个基因 a_{ij} 进行变异, 变异操作公式见式 (3-26)。

$$\left.\begin{aligned} a_{kj} &= a_{kj}(1-b) + a_{lj}b \\ a_{lj} &= a_{lj}(1-b) + a_{kj}b \end{aligned}\right\} \qquad (3\text{-}25)$$

式中, b 为 $[0, 1]$ 范围内的随机数。

$$a_{ij} = \begin{cases} a_{ij} + f(g)(a_{ij} - a_{\max}) & (r > 0.5) \\ a_{ij} + f(g)(a_{\min} - a_{ij}) & (r \leqslant 0.5) \end{cases} \qquad (3\text{-}26)$$

式中，a_{max} 为基因 a_{ij} 的上界；a_{min} 为基因 a_{ij} 的下界；$f(g) = r_2\left(1 - \dfrac{g}{G_{max}}\right)^2$；$r_2$ 为随机数；g 为当前迭代次数；G_{max} 为最大进化次数；r 为 [0, 1] 范围内的随机数。

（4）计算新产生的个体的适应度值，如果满足要求，则结束；如果不满足，则返回执行第（3）步。

（5）将遗传算法优化的权值阈值赋给神经网络模型，训练网络达到指定的要求，即可进行仿真预测。

3.2.2　焊缝尺寸预测及结果分析

3.2.2.1　TIG 焊实验样本数据

根据文献 [16] 所述，选用逆变式直流氩弧焊机（Hero TIG-250P）进行薄板焊接实验，电极移动速度和保护气氩气的流量分别由伺服电机和气压阀控制。试件材料为 S304 不锈钢板，为单道对接焊缝。电弧长度的取值为 1.7~2.6mm，保护气流量为 8~11L/min，焊接电流为 40~55A，焊接速度为 13.5~15.0cm/min。焊缝几何尺寸由上余高、下余高、上焊宽和下焊宽这 4 个参数表征，具体数值采用高精度三维轮廓测量仪（3D-Hommelewerk profilometer）进行测量。选用 L_{16}（4^5）正交表进行 4 因素 4 水平试验，试验方案和数据见表 3-2[16]。

表 3-2　正交试验方案和数据[16]

试验编号	焊接方案组合				焊缝几何尺寸			
	电弧长度 S/mm	保护气流量 G/L·min^{-1}	焊接电流 C/A	焊接速度 V/cm·min^{-1}	上余高 /mm	下余高 /mm	上焊宽 /mm	下焊宽 /mm
1	1.7 (1)	8.0 (1)	40 (1)	13.5 (1)	0.129	0.163	5.625	5.000
2	1.7 (1)	9.0 (2)	45 (2)	14.0 (2)	0.095	0.140	5.292	5.000
3	1.7 (1)	10 (3)	50 (3)	14.5 (3)	0.125	0.135	5.833	5.208
4	1.7 (1)	11 (4)	55 (4)	15.0 (4)	0.081	0.104	6.083	5.542
5	2.0 (2)	8.0 (1)	45 (2)	14.5 (3)	0.106	0.123	5.583	4.917
6	2.0 (2)	9.0 (2)	40 (1)	15.0 (4)	0.051	0.112	4.667	3.625
7	2.0 (2)	10 (3)	55 (4)	13.5 (1)	0.146	0.195	6.542	6.167
8	2.0 (2)	11 (4)	50 (3)	14.0 (2)	0.057	0.104	4.833	5.083
9	2.3 (3)	8.0 (1)	50 (3)	15.0 (4)	0.116	0.178	6.167	5.167
10	2.3 (3)	9.0 (2)	55 (4)	14.5 (3)	0.162	0.212	6.750	6.250
11	2.3 (3)	10 (3)	40 (1)	14.0 (2)	0.102	0.148	5.125	4.417
12	2.3 (3)	11 (4)	45 (2)	13.5 (1)	0.087	0.106	5.250	4.500
13	2.6 (4)	8.0 (1)	55 (4)	14.0 (2)	0.089	0.112	6.583	6.083
14	2.6 (4)	9.0 (2)	50 (3)	13.5 (1)	0.053	0.108	6.000	5.667
15	2.6 (4)	10 (3)	45 (2)	15.0 (4)	0.040	0.086	5.000	4.250
16	2.6 (4)	11 (4)	40 (1)	14.5 (3)	0.086	0.124	5.167	4.167

注：括号内数字表示正交实验表中各因素的水平。

3.2.2.2   GA 优化 BP 网络

以 TIG 焊接实验数据作为训练集，利用 MATLAB R2008 神经网络工具箱建立 GA 算法优化 BP 神经网络的模型[17]。GA＋BP 模型的参数见表 3-3。根据 3.2.1.4 节给出的算法流程编制 MATLAB 程序对 BP 神经网络权值阈值进行优化，优化所得的网络权值和阈值见表 3-4。迭代进化过程中的种群平均适应度和最佳个体适应度曲线如图 3-11 所示。GA 优化后的种群个体包含了 BP 神经网络的所有权值和阈值，在网络结构已知的情况下，就可以构建一个确定的 BP 神经网络，从而用于仿真和预测。

表 3-3   BP+GA 模型参数

BP 网络参数				
网络结构	训练函数	传输函数	性能目标	迭代次数
4-12-4	贝叶斯正则化算法 trainbr	隐藏层-tansig 输出层-purelin	1.0×10^{-4}	200
GA 算法参数				
种群规模	进化次数	交叉概率	变异概率	个体范围
20	80	0.5	0.2	$[-3 \quad 3]$

表 3-4   优化后的网络权值阈值

输入层隐层间权值 W^1							
-1.7193_{11}	2.3064_{12}	0.3368_{13}	-2.4945_{14}	2.3772_{21}	1.3251_{22}	0.3715_{23}	-2.0166_{24}
1.9400_{31}	-0.9077_{32}	-0.6251_{33}	-1.0547_{34}	-0.6598_{41}	1.0402_{42}	-0.6112_{43}	-1.1896_{44}
-0.0126_{51}	-0.3689_{52}	0.0922_{53}	-2.9299_{54}	1.1688_{61}	-0.3731_{62}	0.9452_{63}	0.2394_{64}
2.0064_{71}	-2.2978_{72}	2.7055_{73}	-2.4278_{74}	0.6578_{81}	1.8881_{82}	1.3341_{83}	-2.1163_{84}
0.4484_{91}	-1.0509_{92}	-0.5995_{93}	0.7868_{94}	-1.3481_{101}	-1.5226_{102}	1.9912_{103}	2.1559_{104}
-0.2615_{111}	-0.9437_{112}	-2.1940_{113}	2.8453_{114}	1.2828_{121}	-0.4376_{122}	-2.6372_{123}	0.4250_{124}
隐层神经元阈值 b^1							
2.9811_{11}	0.3212_{21}	0.0928_{31}	-1.0159_{41}	-0.4199_{51}	-0.0492_{61}	-2.5738_{71}	2.3264_{81}
-2.6150_{91}		-0.3829_{101}		1.9598_{111}		-0.6328_{121}	
隐层输出层间权值 W^2							
0.6808_{11}	-1.8553_{12}	0.0230_{13}	-1.7875_{14}	0.7203_{15}	0.1019_{16}	1.1688_{17}	0.8398_{18}
1.4056_{19}	1.7054_{110}	0.5454_{111}	2.0051_{112}	1.9529_{21}	1.4485_{22}	0.6769_{23}	0.2900_{24}
1.1723_{25}	0.7813_{26}	0.0569_{27}	0.2747_{28}	0.4183_{29}	1.2334_{210}	0.9152_{211}	2.8753_{212}
2.3174_{31}	2.3872_{32}	1.9165_{33}	0.0377_{34}	1.3210_{35}	2.0610_{36}	2.0176_{37}	0.5963_{38}
1.1570_{39}	2.3440_{310}	2.6980_{311}	2.1823_{312}	2.5867_{41}	0.5602_{42}	0.1913_{43}	2.7963_{44}
0.9186_{45}	0.3723_{46}	1.3883_{47}	1.6533_{48}	2.6713_{49}	0.6604_{410}	1.6279_{411}	2.5316_{412}
输出层阈值 b^2							
1.0143_{11}		0.0013_{21}		-1.6920_{31}		0.5994_{41}	

注：数字下标表示其在对应矩阵中的坐标。

3.2.2.3 BP 预测结果验证分析

将优化后的网络权值和阈值参数赋予 BP 神经网络，选择表 3-2 中的第 3、5、12、14 组数据作为验证样本，其余试验数据作为训练样本对优化后的网络进行训练。模型读取训练样本进行学习，当训练的误差指标趋于零或小于规定的数值时，学习过程结束，迭代次数为 153 次，BP 神经网络训练收敛过程如图 3-12 所示。

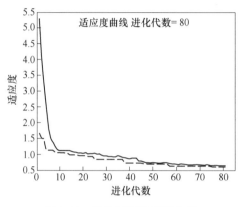

图 3-11 进化过程适应度曲线

（——：种群平均适应度；——：个体最佳适应度）

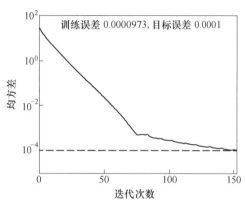

图 3-12 优化后 BP 网络训练收敛过程

（——：训练误差；——：目标误差）

将第 3、5、12、14 组实验数据作为验证样本对未优化的 BP 网络和经 GA 优化的 BP 网络进行测试，结果分别见表 3-5 和表 3-6。可以看出，这四组验证样本的测试结果均是 GA+BP 模型的预测误差较小，其中 GA+BP 模型的预测值绝对误差最大为 0.096，而 BP 模型的最大误差为 1.307，远大于 GA+BP 模型。与未经优化的 BP 模型相比，GA+BP 模型的预测精度有了很大提高，结果更接近实验值。

表 3-5 焊缝上余高和下余高预测结果对比

验证样本	焊缝上余高/mm					焊缝下余高/mm				
	实验值	BP 预测	GA+BP	|Error1|	|Error 2|	实验值	BP 预测	GA+BP	|Error1|	|Error 2|
S1G3A3V3	0.125	0.146	0.130	0.021	0.005	0.135	0.117	0.142	0.018	0.007
S2G1A2V3	0.106	0.124	0.109	0.018	0.003	0.123	0.166	0.135	0.043	0.012
S3G4A2V1	0.087	0.068	0.074	0.019	0.013	0.106	0.120	0.113	0.014	0.007
S4G2A3V1	0.053	0.087	0.057	0.034	0.004	0.108	0.222	0.117	0.114	0.009

注：|Error 1|表示 BP 模型预测结果与实验值间的绝对误差；|Error 2|表示 GA+BP 模型预测结果与实验值间的绝对误差。

表 3-6   焊缝上焊宽和下焊宽预测结果对比

验证样本	焊缝上焊宽/mm					焊缝下焊宽/mm				
	实验值	BP 预测	GA+BP	|Error 1|	|Error 2|	实验值	BP 预测	GA+BP	|Error 1|	|Error 2|
S1G3A3V3	5.833	5.451	5.878	0.382	0.045	5.208	5.769	5.299	0.561	0.091
S2G1A2V3	5.583	6.618	5.614	1.035	0.031	4.917	6.16	4.821	1.243	0.096
S3G4A2V1	5.250	5.720	5.309	0.47	0.059	4.500	4.825	4.555	0.325	0.055
S4G2A3V1	6.000	7.307	5.918	1.307	0.082	5.667	6.208	5.707	0.541	0.040

注：|Error 1|表示 BP 模型预测结果与实验值间的绝对误差；|Error 2|表示 GA+BP 模型预测结果与实验值间的绝对误差。

图 3-13 显示了 GA+BP 模型与 BP 模型的训练样本预测值与实验值之间的误差分布。由图 3-13 可以看出，GA+BP 模型的预测误差值比较小，在较小的范围内变动；而 BP 模型的预测误差较大，变动范围也较大。这表明经 GA 优化的 BP 网络的预测精度不仅得到了提高，网络性能也更加稳定。

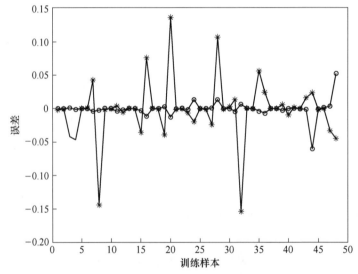

图 3-13   训练样本的 BP 模型与 GA+BP 模型预测误差

（—○—:BP+GA误差；—*—:BP误差）

GA+BP 模型的预测结果与实验结果的分布情况如图 3-14 所示，可以看出，对于表征焊缝尺寸的四个特征量，即上余高、下余高、上焊宽和下焊宽，GA+BP 模型给出的预测值与其对应的实验值能够很好地吻合。其中训练样本点与测试样本点相比更接近实验值，这是由于网络的学习过程是以减小训练样本与期望值之间的误差为目标的。而测试样本点与实验值之间存在着小范围的偏离，如图 3-14 中的第 3、5、12、14 组数据所示，但偏离量在可接受的范围内。

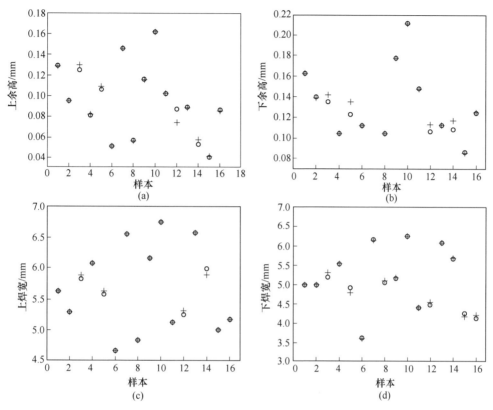

图 3-14　GA+BP 模型预测结果分布

（a）上余高；（b）下余高；（c）上焊宽；（d）下焊宽

（○：实验值；＋：GA+BP 预测值）

通过线性回归分析得到了实验值与预测值之间的相关系数。如图 3-15 所示，训练样本中焊缝余高的 GA+ANN 模型预测值与实验值的相关系数 $R = 0.99998$，焊宽的 GA+ANN 模型预测值与实验值的相关系数 $R = 0.99977$。测试样本中焊缝余高和焊宽的预测值与实验值的相关系数如图 3-16 所示，分别为 0.97338 和 0.99059。由此可以得出，GA+BP 模型训练样本和预测样本的线性相关系数都接近 1，这表明 GA+BP 模型可以准确地实现焊缝几何尺寸的预测。而未经过优化的 BP 网络测试样本的数据相关性较低，预测误差较大，如图 3-17 所示。这表明相比未优化的 BP 模型，经 GA 优化的 BP 神经网络性能更加稳定，其预测精度和泛化能力也更好。

3.2.2.4　小结

本节采用 TIG 焊接不锈钢薄板的实验数据，以电弧长度、保护气流量、焊接

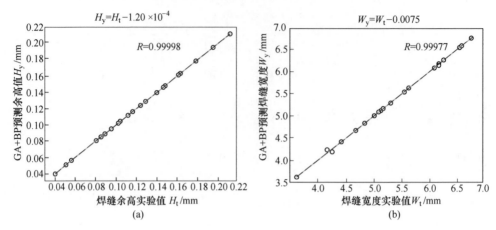

图 3-15　GA+BP 训练样本线性回归结果

（a）焊缝余高；（b）焊缝宽度

（○：训练样本点；——：最佳拟合；---：预测值＝实验值）

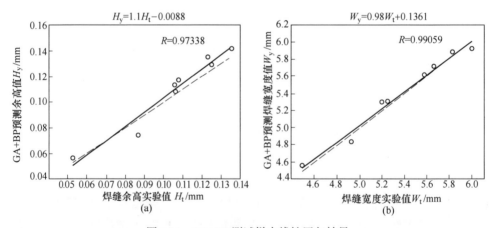

图 3-16　GA+BP 测试样本线性回归结果

（a）焊缝余高；（b）焊缝宽度

（○：测试样本点；——：最佳拟合；---：预测值＝实验值）

电流和焊接速度为输入，焊缝的上余高、下余高、上焊宽和下焊宽为输出，建立了相应的 BP 神经网络模型，并采用遗传算法对 BP 神经网络的初始权值和阈值进行优化。仿真试验结果表明，经 GA 算法优化后的 BP 网络预测误差较小，网络性能稳定，泛化能力和学习精度均得到了提高。该 GA+BP 模型可在一定的工艺参数范围内对 TIG 焊接不锈钢薄板的焊缝尺寸实现准确预测，可用于指导实际焊接生产中工艺参数的选择和优化组合。

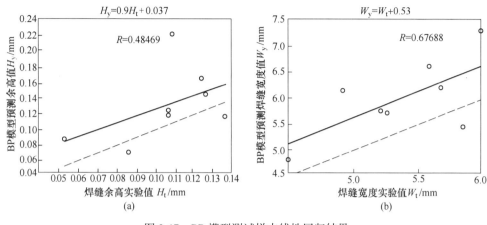

图 3-17　BP 模型测试样本线性回归结果

（a）焊缝余高；（b）焊缝宽度

（○：测试样本点；——：最佳拟合；----：预测值=实验值）

3.3　平板堆焊焊接变形的神经网络预测模型

焊接过程中的局部热循环产生了焊接变形，主要包括横向收缩、纵向收缩和角变形等类型[19]。焊接变形对结构件的制造精度造成了不利的影响，预防并减小焊接变形就成为一个重要的研究课题。目前针对焊接变形的研究大多是采用有限元仿真和实验验证，这方面的研究工作已有很多。Deng 等[20-23]采用热弹塑性有限元法考察了不同焊接结构和接头的焊接变形情况，仿真与实验结果取得了很好的一致。Long 等[24]基于 ABAQUS 建了低碳钢对接接头的数值仿真模型，很好地预测了纵向、横向及角变形。Sulaiman 等[25]采用热弹性有限元法，研究了厚度为 4mm 的对接接头和 T 形接头的焊接变形。Chern[26]和 Tseng[27]等进行了平板堆焊实验，用来研究焊接添加剂和保护气成分对平板角变形的影响。Mollicone 等[28]将薄板对接焊面外变形的数值仿真结果与实验值和解析解对比，两者误差不大。此外，目前焊接数值仿真的研究越来越向大型复杂结构、异种材料连接、多道焊等方向发展，这就对计算机的运算能力和从业人员的技术水平提出了更高的要求。因此，开发出一种简洁有效的焊接变形预测方法就显得尤为必要，人工神经网络为实现这种方法提供了一种可能。近年来，有关学者采用人工神经网络等智能建模方法，针对不同焊接工艺的各个方面，如搅拌摩擦焊接头的拉伸强度[29]、电阻点焊接头的拉伸剪切强度[30]、焊接残余应力分布[31-33]、焊接缺陷识别与分类[34-37]等，进行了大量的研究。但采用人工神经网络对于焊接变形的研究相对较少，Lightfoot[38-40]和 Bruce[41,42]等采用人工神经网络对船用钢板焊接中的焊接变形进行了预测，此外，Seyyedian 等[43]也采用同样的方法对不同厚度304 不锈钢板的焊接角变形进行了研究。而针对 304L 不锈钢板堆焊焊接变形的研究尚不多见，本节采用 BP 神经网络建立关于 304L 钢板堆焊横向收缩和角变形的预测模型。

3.3.1 TIG 平板堆焊实验

3.3.1.1 实验材料

TIG 平板堆焊试件的材料为 S304L 不锈钢板，长 350mm，宽 270mm，厚度15mm，几何尺寸如图 3-18 所示。S304L 不锈钢具有抗腐蚀、抗高温蠕变性及良好的焊接性能[44,45]，广泛应用于各种工业领域。表 3-7 给出了 S304L 不锈钢的化学成分和力学性能参数[46]。在堆焊实验前，试件表面用钢刷去除铁锈等杂质，并用丙酮清洗，干燥后备用。

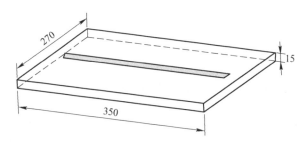

图 3-18 试件几何尺寸（单位：mm）

表 3-7 S304L 不锈钢板化学成分及力学性能

化学成分（质量分数）/%				力学性能		
C	Cr	Mn	Ni	屈服强度 R_e/MPa	拉伸强度 R_m/MPa	延伸率 A/%
≤0.030	18~20	≤2.0	8~12	≥240	≥550	40

3.3.1.2 实验过程

实验材料准备完毕后，安装调试焊接设备，在 S304L 不锈钢表面实施堆焊实验，实验过程如图 3-19 所示。保护气体为氩气，气体流量 10L/min，电极倾角 45°，距离试样表面 5cm。填充材料选用不锈钢焊丝 ER308L，化学成分见表3-8[47]。电极选用直径为 2.4mm 的钍钨电极，由伺服机构按照指定的速度运动。

为了考察不同焊接线能量下的焊接变形情况，规划了 9 组实验，实验条件见表 3-9。电压为 8~17.7V，电流为 80~275A，焊接速度为 80~120mm/min，线能量按从小到大排序。平板堆焊实验可为后文中建立的数值模型提供验证。

图 3-19　TIG 平板堆焊过程

表 3-8　**ER308L 焊丝的化学成分**（质量分数）　　　　　（%）

填充材料	Cr	Ni	C	Mo	Mn	Si	P	S	Cu	Fe
ER308L	19.95	10.39	0.016	0.08	1.87	0.48	0.022	0.004	0.11	余量

表 3-9　**平板堆焊实验条件**

实验编号	电压/V	电流/A	速度/mm·min^{-1}	焊接线能量/J·mm^{-1}
1	8.0	80	110	279.27
2	10.0	100	90	533.33
3	11.0	150	90	880.00
4	13.9	175	120	973.00
5	15.2	226	120	1374.08
6	13.3	200	90	1418.67
7	16.5	275	120	1815.00
8	17.7	275	100	2336.40
9	16.5	275	80	2722.50

3.3.1.3　焊接变形测量

按照表 3-9 所示的焊接条件实施堆焊实验，为了考察不同施焊条件下的焊接变形，对平板的横向收缩和角变形进行了测量，分别以 S 和 H 表示，如图 3-20 所示。横向收缩的测量点分布如图 3-21 所示，采用游标卡尺测量 a、b、c、d、e 这 5 个点的收缩值，取其平均值来表征横向收敛，计算公式为：

$$S = \frac{1}{5}(\Delta L_a + \Delta L_b + \Delta L_c + \Delta L_d + \Delta L_e) \qquad (3-27)$$

式中，$\Delta L_a = L_{a1} - L_{a2}$ 表示测量点 a 的收缩量，L_{a1} 和 L_{a2} 分别表示测量点 a 施焊前和施焊后的水平长度，其他测量点与之意义相同。

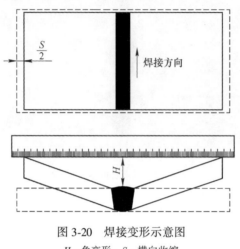

图 3-20　焊接变形示意图
H—角变形；S—横向收缩

平板堆焊角变形用焊接前后垂直于焊缝方向的位移来表示，选取焊缝的起始、中间及结束三个部位进行测量，如图 3-22 所示。采用千分表测量垂直方向的位移，式(3-28)计算平均值来表示角变形。

$$H = \frac{1}{3}(\Delta P_s + \Delta P_m + \Delta P_e) \qquad (3-28)$$

式中，$\Delta P_s = P_{s1} - P_{s2}$ 表示 P_s 点的角变形，P_{s1} 和 P_{s2} 分别表示焊接前后 P_s 点的垂直位移值，其他部位测量点的意义相同。

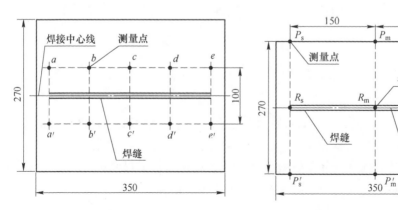

图 3-21　横向收缩测量点分布　　　　图 3-22　角变形测量点分布

3.3.2 平板堆焊数值仿真

3.3.2.1 网格模型建立

基于 ABAQUS 开发了间接耦合的热-力学分析程序用于平板堆焊仿真,仿真过程分为两步:首先进行非线性瞬态温度场分析,然后把温度场的计算结果作为热载荷用于力学分析。对于服从 Mises 屈服准则,初始为各向同性材料的小应变非线性问题一般采用随动强化模型,本小节采用的材料塑性模型为双线性随动强化模型(BKIN),并定义随温度变化的屈服应力和切变模量值。在焊接仿真中,准确的材料高温性能参数对于计算结果有重要的影响。S304L 不锈钢与温度相关的热物性参数和力学性能参数分别如图 3-23 和图 3-24 所示。由于平板沿焊接线结构对称,为提高计算效率,仅取平板的一半建模。平板三维网格模型如图 3-25 所示,尺寸与实际试件的尺寸一致,厚度方向有六层单元。在焊缝及其附近区域,由于温度梯度大,应力应变变化大,网格较为精细,而远离焊缝区域的网格相对稀疏。最小单元尺寸为 2.5mm×2.5mm×5mm,节点数和单元数分别为 8250 和 8000。温度场计算采用热分析单元 DC3D8,应力场计算采用结构分析单元 C3D8I。

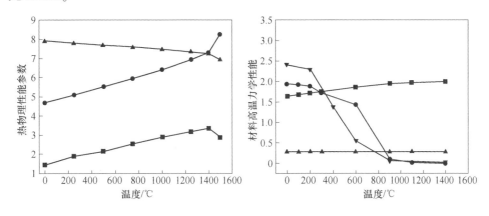

图 3-23 S304L 热物理性能参数

(-■:热传导率λ/×10W·(m·℃)⁻¹;-●:比热容C/×10²J·(kg·℃)⁻¹;

-▲:密度ρ/×10³kg·m⁻³)

图 3-24 S304L 力学性能参数

(-▼:热膨胀系数α/×10⁻⁵℃⁻¹;-■:杨氏模量E/×10²GPa;

-▲:泊松比μ;-▼:屈服应力Re/×10²MPa)

3.3.2.2 温度场计算

合适的焊接热输入模型是进行瞬态温度场计算的前提。目前,已有多种焊接热源模型,如高斯热源、双椭球热源、3D 高斯圆锥热源及其复合热源模型等。对于常规的手工电弧焊和钨极氩弧焊,其电弧冲击力不大,采用高斯分布的热源模型即可得到较好的结果。因此,本小节选用高斯热源模型位于电弧加热半径 r_a 内的单元节点得到的热流量 $q(t)$ 可由式(3-29)确定。

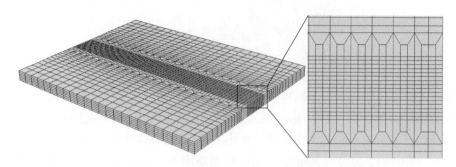

图 3-25   平板堆焊三维有限元模型

$$q(t) = \frac{3Q_A}{\pi r_a^2}\exp\left\{-\left[\frac{r(t)}{r_a}\right]^2\right\} \tag{3-29}$$

式中，$r(t)$ 表示距离电弧加热中心的距离；热源中心的最大热流量 Q_A 通过焊接电流、电压和热效率等来确定，计算公式为：

$$Q_A = \eta I U \tag{3-30}$$

式中，η 为焊接热效率，反映了焊接过程中通过对流和辐射等方式传递到空气中造成的热损失，对于 TIG 平板堆焊，本小节确定 $\eta = 0.75$；I 和 U 分别为电流和电压。采用 FORTRAN 语言在 ABAQUS 中开发了 DFLUX 子程序，用于模拟高斯移动热源。通过与 Okagaito 等[48]测量的 TIG 焊熔池最高温度（约 1750℃）的对比来调整高斯热源模型的参数，得到合适的高斯热源模型后即可用于 TIG 堆焊温度场的计算。

焊接模拟中考虑了表面与外界环境的对流散热和热辐射，研究发现，在熔池及其附近高温区域，以辐射散热为主；在远离熔池的低温区，以对流散热为主。为了计算方便，使用总的换热系数，总换热系数的计算公式为[49]：

$$H(\text{W/mm}^2) = \begin{cases} 0.668T \times 10^{-7} & (0 < T \leqslant 500℃) \\ (0.231T - 82.1) \times 10^{-6} & (T > 500℃) \end{cases} \tag{3-31}$$

基于 FORTRAN 语言开发了温度边界条件子程序，并施加于平板的所有散热表面。为了模拟熔池内部的对流传热行为，在金属熔点温度之上，人为地加大了热传导系数。另外，温度场计算模型中也考虑了材料固-液相的熔化潜热，低碳钢的熔化潜热设定为 270J/g，固-液相温度区间假定为 1450~1500℃[50]。

3.3.2.3   焊接变形计算

将温度场计算的结果文件作为热载荷施加于结构的单元节点，进行应力和变形分析。网格模型与温度场计算的一样，单元类型由热分析单元 DC3D8 转换为结构分析单元 C3D8I。结构分析时，需要施加约束条件以限制结构的刚体位移和转动，如图 3-26 所示。对称面 XOZ 施加对称约束 $UY = 0$；P1 点：$UX = UZ = 0$；

P2 点：UZ = 0，P1 点和 P2 点分别位于焊缝的起点和终点。

焊接引起的全应变可以分解为四部分：热应变、弹性应变、塑性应变和相变应变。由于低碳钢材料在焊接时的固态相变对焊接变形的影响很小，在模拟计算时忽略组织转变引起的相变应变[51]。因此，全应变的计算公式为：

$$\varepsilon^{\text{total}} = \varepsilon^{\text{e}} + \varepsilon^{\text{p}} + \varepsilon^{\text{th}} \tag{3-32}$$

式中，ε^{e}、ε^{p} 和 ε^{th} 分别为弹性应变、塑性应变和热应变。弹性应变由各向同性的胡克定律以及随温度变化的杨氏模量和泊松比来计算。通过与温度相关的热膨胀系数来计算热应变。对于塑性应变部分，则使用 Mises 屈服准则、随温度变化的材料力学参数以及双线性随动强化模型来表征。由于材料在焊接过程中经历了加载和卸载过程，考虑到包辛格效应，选用了随动强化模型。这种材料模型广泛用于焊接变形的仿真研究。

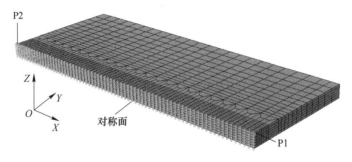

图 3-26 施加的边界条件

3.3.2.4 结果分析及实验验证

根据上文建立的有限元模型对平板堆焊进行数值计算，测量横向收缩和角变形值，并与实验结果进行对比。为了确保测量结果的准确度，仿真模型的测量点与堆焊实验的测量点位置保持一致，如图 3-27 所示。在 ABAQUS 后处理模块中得到测量点的位移值，根据第 3.3.1.3 节中的式(3-27)和式(3-28)计算出横向收缩和角变形值。U3 表示 Z 向位移，用 U3 来表示角变形量。图 3-28 给出了角变形的分布云图，可以看出，平板堆焊结束后出现了明显的角变形，距离焊接中心线越远，角变形值越大。同样，从焊缝起始端到末端，角变形也逐渐增大。P_s、P_m 和 P_e 位于平板边缘，分别对应焊缝的前端、中部和末端。这三个测量点的 U3 方向的位移曲线如图 3-29 所示。由图 3-29 可以看出，U3 向的位移均是在焊接加热阶段迅速增大，在冷却阶段达到相应的稳定值。其中，P_s 点的角变形最小，P_m 点次之，P_e 点角变形最大，接近 2mm。U2 表示 Y 向位移，以 U2 表示横向收缩。图 3-30 为横向收缩云图，可以看出，沿厚度方向的横向收缩分布不均匀。点 a、c、e 位于焊接区附近，测量这三点 U2 方向的位移，如图 3-31 所示。比较发现，点 a（位于焊缝前端）和点 e（位于焊缝末端）的横向收缩值很接近，而位于焊缝区中部的点 c 横向收缩较大，最大值接近 0.22mm。

为了验证建立的平板堆焊仿真模型，按照第 3.3.1.2 节中表 3-9 的工艺条件进行了一系列堆焊实验。测量实验所得的横向收缩和角变形值，并与同样工艺条件下计算得到的仿真结果进行对比。图 3-32 为不同焊接线能量的角变形，可以看出，仿真和实验结果取得了很好的吻合。从曲线的形状可以看出，角变形值随着热输入的增大而变大，在热输入约等于 1000J/mm 时达到最大值，之后热输入继续增大，角变形值反而减小。图 3-33 为不同焊接线能量下的横向收缩，同样与实验结果比较接近。由图 3-33 可以看出，随着线能量的增大，横向收缩基本呈线性增大。仿真结果略大于实验结果，这种差异是由于平板堆焊仿真模型本身忽略了很多影响因素造成的，是可以接受的。Bae 等[52] 也采用叠层各向同性板壳理论对平板堆焊进行了研究，所得的关于角变形和横向收缩与焊接热输入的变化结论与本研究相符合。通过实验对比，证明了采用本章建立的有限元模型计算平板堆焊的横向收缩和角变形是可靠的。

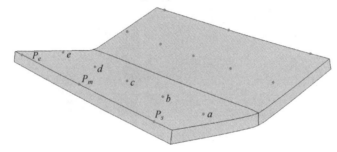

图 3-27　有限元模型的测量点分布

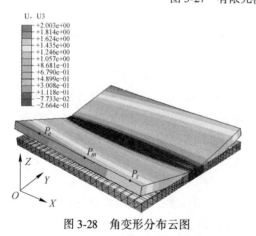

图 3-28　角变形分布云图

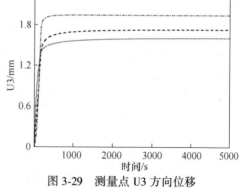

图 3-29　测量点 U3 方向位移

（----P_m；——P_s；—·—P_e）

扫码查看彩图

扫码查看彩图

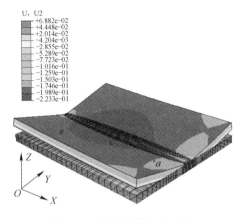

图 3-30　横向收缩分布云图

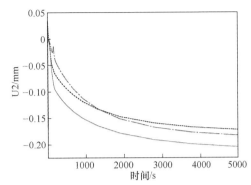

图 3-31　测量点 U2 方向位移

（------：测量点 a；——：测量点 c；—·—：测量点 e）

扫码查看彩图

扫码查看彩图

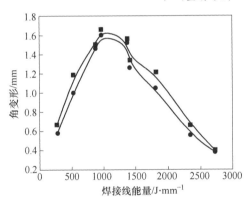

图 3-32　不同热输入下的角变形

（—■—：仿真值；—●—：实验值）

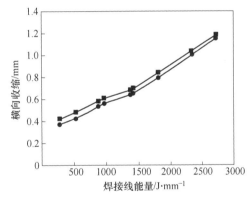

图 3-33　不同热输入下的横向收缩

（—■—：仿真值；—●—：实验值）

3.3.3　人工神经网络模型

3.3.3.1　网络模型的建立

基于上文建立的平板堆焊仿真模型以及实验结果，建立 BP 神经网络用于实现焊接工艺参数与焊接变形之间的映射。关于 BP 神经网络的算法在前文已有详述，这里便不再对其原理进行介绍。

首先需要确定网格的结构，采用三层 BP 神经网络。网络的输入神经元数有三个，分别对应电流、电压和焊速，输出层神经元两个，分别是横向收缩和角变形。通过第 3.3.1.3 节的经验公式确定隐层神经元的大致范围，然后逐渐增加隐层神经元个数加以确定。隐层神经元数目与网格误差平方和的关系曲线如图 3-34 所示，可以看出，随着隐层神经元数目的增加，网络预测误差不断减小，直至基本保持稳定或略有增加。当节点数目为 15 时，网络误差平方和最小。因此，确定网络的结构为 3-15-2，如图 3-35 所示。网络输出变量和输入变量的函数关系为：

$$S = f^l \left[\sum W^2 f^s \left(\sum W^1 X \right) \right] \tag{3-33}$$

式中，$S = \begin{bmatrix} s_1 & s_2 \end{bmatrix}$ 为焊缝变形组成的矩阵，包括角变形和横向收缩；$X = \begin{bmatrix} x_1 & x_2 & x_3 \end{bmatrix}$ 为焊接工艺参数矩阵，包括电流、电压和焊速；f^l 为网络隐含层和输出层之间的线性传输函数；f^s 为输入层和隐含层之间的 S 型传输函数；W^1、W^2 分别为输入层和隐含层、隐含层和输出层之间的连接权值矩阵。

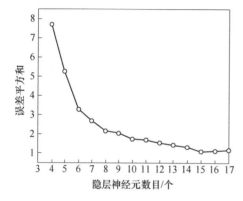

图 3-34 隐层神经元数目与误差平方和的关系

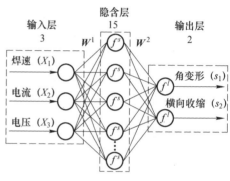

图 3-35 BP 神经网络结构 (3-15-2)

3.3.3.2 数值仿真实验

第 3.3.2 节建立了可靠的平板堆焊数值模型，通过数值计算并结合部分实验数据，共同组成 BP 神经网络的训练样本和测试样本。设计了 3 因素 5 水平的正交试验，工艺参数设置见表 3-10。正交实验得到 15 组工艺参数组合，另外通过计算机随机生成 25 组，将这些工艺参数组合应用于上文建立的有限元模型，进行数值仿真实验，共得到 40 组训练数据，见表 3-11。训练样本分布如图 3-36 所示。

表 3-10 仿真工艺参数设计

工艺参数	符号	单位	水平				
			1	2	3	4	5
电流	U	V	8	14	20	26	32
电压	C	A	80	140	200	260	320
焊速	S	mm/min	70	120	170	220	270

表 3-11 BP 神经网络训练数据

编号	工艺参数			仿真结果	
	电压 /V	电流 /A	焊速 /mm·min^{-1}	角变形/mm	横向收缩/mm
1	8	80	70	0.878	0.1924
2	8	140	120	0.945	0.2231
3	8	200	170	1.393	0.3350
4	14	140	170	1.595	0.3889
5	14	200	220	1.732	0.4163
6	14	320	70	0.039	1.5239
7	20	200	270	1.948	0.4649
8	20	260	70	0.024	1.7561
9	20	320	120	0.593	1.1537
10	26	80	220	1.327	0.2760
11	26	140	270	1.811	0.4238
12	26	260	120	0.488	1.2104
13	32	80	270	1.269	0.2900
14	32	260	170	0.129	1.4733
15	32	320	220	0.887	1.2185
16	16.8	151	247	1.260	0.2866
17	23.0	156	253	1.791	0.4177
18	26.7	182	229	2.103	0.6896
19	9.9	202	89.7	1.562	0.5254
20	30.3	101	122	1.727	0.6176
21	26.6	143	137	1.563	0.7497
22	19.7	272	206	2.054	0.7505
23	18.5	87.0	97.3	1.511	0.4020
24	18.7	303	214	2.003	0.7848
25	15.4	255	91.5	0.865	0.9404
26	20.2	197	201	2.044	0.5795
27	20.6	219	169	1.291	0.8646
28	27.6	137	226	2.015	0.5513

续表 3-11

编号	工艺参数			仿真结果	
	电压 /V	电流 /A	焊速 /mm·min⁻¹	角变形/mm	横向收缩/mm
29	27.0	190	213	2.084	0.7291
30	23.5	311	251	2.410	0.7896
31	17.6	211	248	1.847	0.4322
32	27.5	205	137	0.853	1.0382
33	20.8	136	210	1.744	0.4206
34	16.4	197	110	0.424	1.1000
35	30.5	230	76.5	0.027	1.9142
36	29.0	243	219	1.643	0.9248
37	21.2	175	170	1.607	0.7335
38	10.5	96	85	1.305	0.3667
39	25.5	310	256	2.356	0.8379
40	13.0	89.0	192	1.474	0.9731

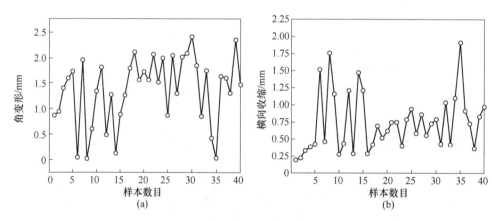

图 3-36　训练样本数据点分布

（a）角变形；（b）横向收缩

　　得到训练样本数据后，基于 MATLAB 神经网络工具箱对 BP 神经网络的参数进行合理的设置[17]。输入层和隐含层之间采用 tansig 传递函数，隐含层和输出层之间选用 purelin 传递函数。网络训练函数采用自适应学习率的梯度下降法 traingda，学习率 lr 设置为 0.01，学习率增长比 lr_inc 为 1.05，学习率下降比

lr_dec为0.7，训练目标为0.0001。网络经过37081次迭代，均方差达到9.72×10⁻⁵。训练收敛过程如图3-37所示。

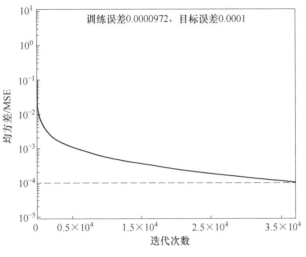

图 3-37　BP 网络训练收敛过程

（——:训练误差; - - -:目标误差）

3.3.4　结果分析讨论

3.3.4.1　角变形耦合因素分析

图3-38（a）显示了当焊速保持恒定时，电流和电压对角变形的影响关系曲面。由图3-38（a）可以看出，当电流在190~210A、电压在18~30V时，角变形存在局部极大值。当电流位于中值区（150~250V），角变形随电压的增大而增大，达到最大值后开始减小；当电流位于高值区（300~350V），即使电压位于低值区，角变形也达到最大值，然后开始降低；当电流位于低值区（50~100V），角变形随电压增大连续增大，并没有出现下降段，这是由于热输入没有达到门槛值。可以推测，当电压持续增大到一定值，将会在曲面上出现第三个"凸区"；当电流和电压均位于高值区时，角变形反而减小。这是由于角变形是由板厚方向的温度梯度造成的，当热输入很大时，板厚方向受热趋于均匀，温度梯度减小，面内收缩趋于一致，造成角变形量减小。

图3-38（b）显示了电流值为200A时，焊速和电压对角变形的影响。由图3-38（b）可以看出，当焊速位于50~100mm/min时，角变形随着电压增大而减小。这是由于当焊速很小时，焊接线能量超过了门槛值，使角变形的下降区提前出现。焊速位于高值区和位于低值区时的角变形变化趋势相反，这使曲线呈现两

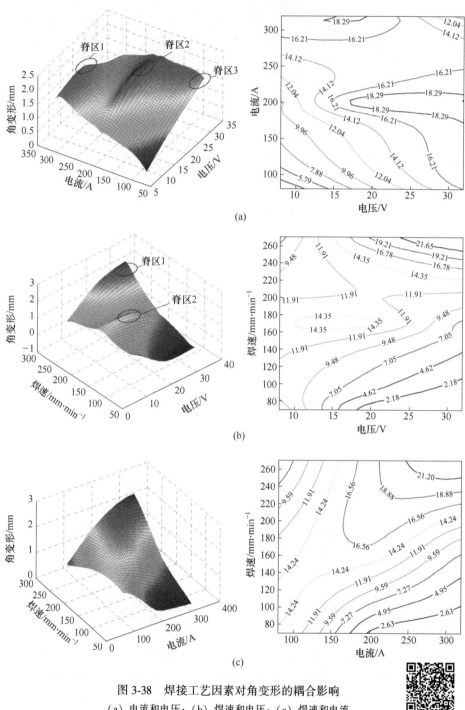

图 3-38　焊接工艺因素对角变形的耦合影响

（a）电流和电压；（b）焊速和电压；（c）焊速和电流

扫码查看彩图

端扭曲的形态，这是由于焊接线能量的不同导致的。

焊速和电流对角变形的耦合影响如图 3-38(c) 所示，可以看出，整个曲面呈斜对角弯曲。在高焊速情况下增大电流会导致角变形增大，最大值接近 2mm，而在低焊速情况下，变化趋势则相反，即角变形随电流的增大而减小。

通过以上分析发现，焊接工艺因素对角变形的影响比较复杂。在不同的焊接工艺组合条件下，角变形曲面出现多个不同的局部极大值，且呈现有规律的凹凸起伏。

3.3.4.2 横向收缩耦合因素分析

横向收缩同样受各种工艺因素的耦合影响。图 3-39(a) 显示了焊速等于 200mm/min 时，电流和电压对横向收缩的影响。由图 3-39(a) 可以看出，整个曲面出现一个极大值点，当电流和电压均位于高值区时，横向收缩最大；反之，横向收缩则减小。图 3-39(b) 为焊速和电压对横向收缩的影响曲面，可以看出，随着焊速的减小和电压的增大，横向收缩变大，这是由于焊接线能量加大的结果。图 3-39(c) 为焊速和电流对横向收缩的影响曲面，曲面的形貌与图 3-39(b) 类似，同样也是在低焊速和高电流情况下的横向收缩量较大。

从曲面形貌和分析可得，焊接工艺因素（电流、电压、焊速）对横向收缩的影响相对简单。曲面存在一个全局极大值，均对应于焊接线能量高的区域。

3.3.4.3 神经网络预测结果讨论

训练样本采用数值仿真实验得到的 40 组数据，测试样本来自平板堆焊实验的 9 组数据。为了验证 BPN 模型的有效性，将实验数据与 BPN 模型得到的预测数据进行对比，并进行了线性回归分析，计算了预测误差分布。

训练样本的线性回归结果如图 3-40 所示，角变形和横向收缩的相关系数分别是 0.99978 和 0.99986，这表明针对有限元训练样本，网络可以得到比较好的输出结果。测试样本来自 9 组堆焊实验，线性回归分析结果如图 3-41 所示，可以得到角变形和横向收缩的相关系数分别是 0.99404 和 0.995，这表明网络具有一定的泛化能力，可以在给定的焊接工艺输入条件下得到可靠的输出结果。

有限元仿真结果和 BPN 模型预测值的分布情况如图 3-42 所示，可以看出，BPN 模型预测值和有限元仿真结果相互吻合。图 3-43 是 BPN 预测值和实验值之间的对比，可以看出，两者之间存在一定的偏差，但分布还是比较接近。误差百分比用于衡量所有样本数据点与网络预测值之间的偏差程度，计算公式为：

$$误差 = \frac{输入值 - 预测值}{输入值} \times 100\% \tag{3-34}$$

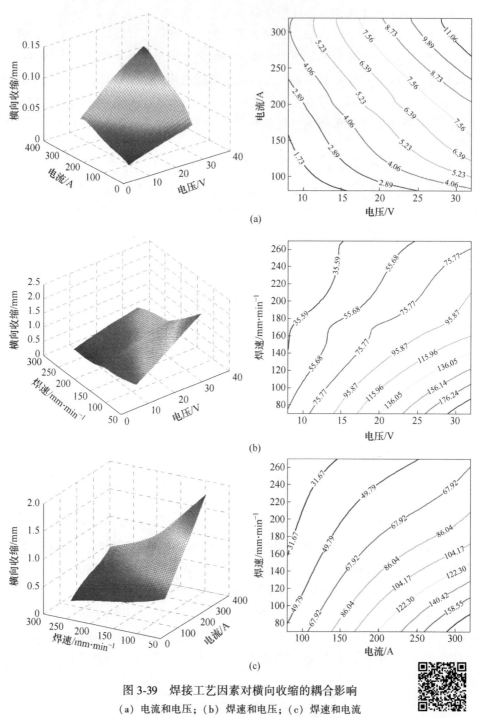

图 3-39 焊接工艺因素对横向收缩的耦合影响

(a) 电流和电压；(b) 焊速和电压；(c) 焊速和电流

扫码查看彩图

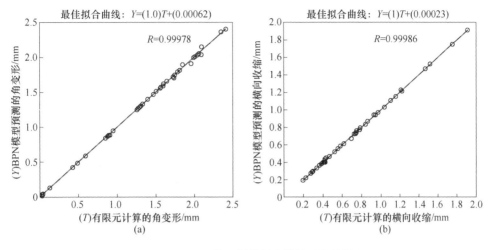

图 3-40 BPN 模型训练样本线性回归结果

（a）角变形；（b）横向收缩

（○：训练样本；——：最佳拟合；- - -：Y=T ）

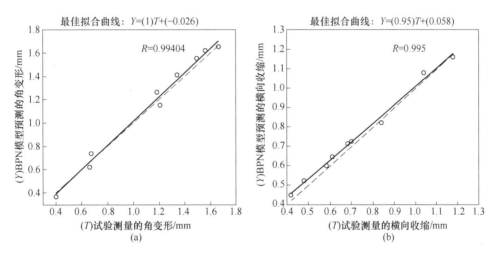

图 3-41 BPN 模型测试样本线性回归结果

（a）角变形；（b）横向收缩

（○：测试样本；——：最佳拟合；- - -：Y=T ）

图 3-44 给出了角变形和横向收缩的误差百分比，可以看出，训练样本的误差相比测试样本的要小，这是由误差反向回传算法决定的。对于测试样本，角变形的最大误差小于8%，横向收缩的最大误差小于9%；而对于训练样本，不管是角变形和横向收缩，其最大误差基本都小于5%。网络的预测误差在可接受的范围之内。

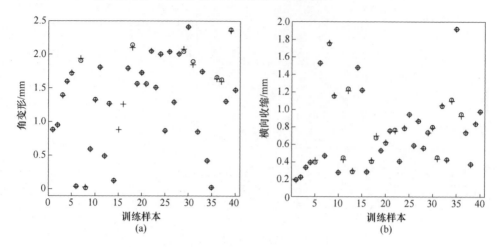

图 3-42 有限元仿真结果与 BPN 模型预测值对比

（a）角变形；（b）横向收缩

（o：BPN预测值；＋：FEM计算值）

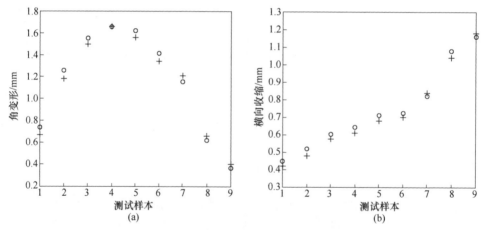

图 3-43 实验值与 BPN 模型预测值对比

（a）角变形；（b）横向收缩

（o：BPN预测值；＋：试验测量值）

通过三种方法（有限元计算（FEM）、实验、BPN 模型）得到的焊接变形的对比曲线如图 3-45 所示，可以看出，这三种方法得到的曲线形状和数据都很接近。相比实验曲线，BPN 模型得到的曲线与有限元仿真的曲线更为接近，BPN 模型预测值和 FEM 仿真值均比实验值要稍大。这进一步证明了著者提出的人工神经网络模型可以在一定的精度范围内（>92%）预测平板堆焊产生的角变形和横向收缩。

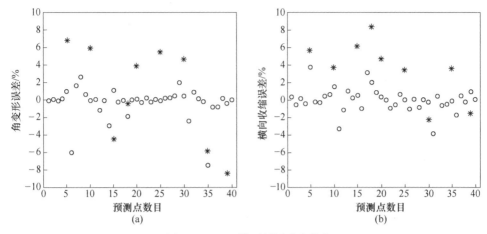

图 3-44　BPN 模型预测误差分布

（a）角变形；（b）横向收缩

（○：训练样本；＊：测试样本）

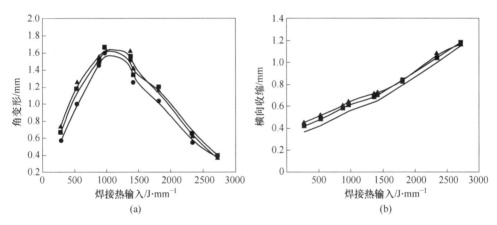

图 3-45　实验、仿真和 BPN 模型结果对比

（a）角变形；（b）横向收缩

（—■—：FEM；—●—：试验值；—▲—：BPN）

3.3.5　小结

本节规划了一系列 S304L 不锈钢平板堆焊实验，建立了有限元仿真模型，并用焊接实验验证了模型的准确性。基于所建模型进行数值实验，得到了一批训练样本，依此建立并训练了人工神经网络。数值仿真数据作为网络的训练样本，实验数据作为网络的测试样本。结果表明，本节建立的人工神经网络模型可以较好地实现对平板堆焊横向收缩和角变形的预测。

3.4 T形接头的固有变形预测模型

T形接头是一种常见的焊接接头形式,广泛用于船舶、机车、航空航天等焊接结构中。目前T形接头的研究相比对接接头要少。主要是针对不同的焊接工艺(搅拌摩擦焊[53]、激光焊[54,55]、激光-电弧复合焊[56]等),采用不同的方法(热弹塑性有限元[57,58]、物理实验[59-61],固有应变法[62-64]等)对T形接头的温度场、变形、应力场、力学性能及焊接缺陷等[65-68]进行研究。而采用基于软计算的智能建模技术对T形接头的固有变形进行的研究鲜有报道。在应用固有变形理论对T形接头进行的研究中,多是通过热弹塑性有限元法或者实验法得到典型工艺条件下近焊缝区的固有变形,然后再施加到大型结构中,经弹性有限元计算便可实现对大型复杂焊接结构件的变形预测。因此,固有变形的准确获取便成为重要前提。T形接头相比对接接头,具有结构不对称性,受焊接工艺因素的影响更为复杂,建立一种简单可靠的模型用于实现各种工艺条件与固有变形之间的映射,就显得尤为必要。因此,本节针对钢桥面板与船体结构中常见的T形接头,建立了基于BP神经网络和支持向量机的固有变形预测模型,并将此T形接头的固有变形模型用于正交异性钢桥面板和船体结构件的焊接变形预报。

3.4.1 固有变形理论

热弹塑性有限元法(TEP-FEM, Thermal-Elastic-Plastic Finite Element Method)在理论上可分析任意复杂结构的焊接全过程,但对于工程领域的大型结构件,过大的计算量和过长的计算时间限制了其实际应用。鉴于此,日本学者[69-72]提出了固有应变的思想。固有应变的大小和分布决定了最终的残余应力和变形,如果将固有应变作为初始应变施加于焊接结构,经过一次弹性有限元计算就可求得整个结构的焊接变形。因此,固有应变法是目前预测大型焊接结构件变形和残余应力的主要方法。

所谓固有应变,即经历焊接热循环后,残留在结构中引起残余应力和变形的应变,可以看成是内应力的产生源[69]。固有应变与接头形式、材料性能、板厚及热输入有关,主要是由各点的约束情况及经历的最高温度决定。在焊接过程中,总应变 ε_{total} 可以看成由以下几部分应变组成:

$$\varepsilon_{total} = \varepsilon_e + \varepsilon_p + \varepsilon_{th} + \varepsilon_{tr} + \varepsilon_c \tag{3-35}$$

式中,ε_e、ε_p、ε_{th}、ε_{tr}、ε_c 分别为弹性应变、塑性应变、热应变、相变应变和蠕变应变。

固有应变等于总的应变减去弹性应变,即:

$$\varepsilon^* = \varepsilon_{total} - \varepsilon_e = \varepsilon_p + \varepsilon_{th} + \varepsilon_{tr} + \varepsilon_c \tag{3-36}$$

由式(3-36)可以看出,固有应变为塑性应变、热应变、相变应变和蠕变应变的残余量之和。焊接低碳钢等材料时，其固态相变和蠕变引起的应变很小，一般可以忽略，即 $\varepsilon_{tr} = \varepsilon_c = 0$。焊缝经历加热和冷却过程，产生的热应变抵消为零。那么固有应变可认为是完全冷却后焊缝区残余的塑性应变，即：

$$\varepsilon^* = \varepsilon_{total} - \varepsilon_e = \varepsilon_p \tag{3-37}$$

固有应变存在于靠近焊缝的小范围区域，平板堆焊时，沿焊缝横截面的横向和纵向塑性应变（固有应变）典型分布状态如图3-46所示[73]。由图3-46可看出，塑性应变分布在焊缝周围，远离焊缝处基本不存在塑性应变。

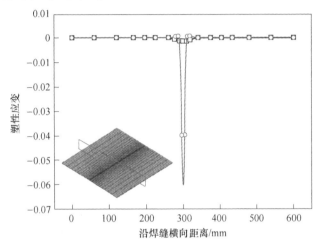

图 3-46　沿焊缝横截面的塑性应变分布[73]

（—□—：纵向；—○—：横向）

为了避免直接应用固有应变，提出了固有变形理论[74,75]。固有变形有限元法可以在无须细化网格的条件下以较高的精度预测焊接变形。研究表明，除了焊接开始端和结束端，固有变形分量在焊接线方向分布较均匀，将其作为载荷施加于弹性体，便可以计算出焊接变形。理论上，焊接变形可分为纵向收缩、横向收缩、纵向弯曲和横向弯曲四部分。将固有应变进行积分便可得到固有变形，由下列公式定义：

$$\left.\begin{aligned}
\delta_L^* &= \frac{1}{h}\iint \varepsilon_L^* \, \mathrm{d}y\mathrm{d}z \\[4pt]
\delta_T^* &= \frac{1}{h}\iint \varepsilon_T^* \, \mathrm{d}y\mathrm{d}z \\[4pt]
\theta_L^* &= \frac{12}{h^3}\iint \varepsilon_L^* \left(z - \frac{h}{2}\right) \mathrm{d}y\mathrm{d}z \\[4pt]
\theta_T^* &= \frac{12}{h^3}\iint \varepsilon_T^* \left(z - \frac{h}{2}\right) \mathrm{d}y\mathrm{d}z
\end{aligned}\right\} \tag{3-38}$$

式中，δ_L^* 和 δ_T^* 分别为纵向固有变形和横向固有收缩；θ_L^* 和 θ_T^* 分别为纵向固有弯曲和横向固有弯曲；ε_L^* 为沿焊缝方向的塑性应变（纵向固有应变）；ε_T^* 为垂直于焊缝方向的塑性应变（横向固有应变），沿焊缝横截面的分布如图 3-46 所示；h 为板厚；x、y 和 z 分别为焊缝方向、横向和板厚方向。

在进行线弹性有限元计算前，需要先确定固有变形的数值。通常计算固有变形有三种方法，即公式法、位移法和积分法。下面以纵向固有变形为例，对这三种方法进行阐述。

3.4.1.1　公式法

自 20 世纪 70 年代以来，White[76]、Satoh[77]、Terasaki[78] 和 Luo[79] 等学者进行了大量的实验和理论研究，得到了一系列 Tendon Force 与焊接线能量的经验关系式。在焊速很快的条件下，假设焊缝同时加热，将问题简化为一维热传导问题，推导了 Tendon Force 与焊接线能量的解析式。这样，纵向固有变形 δ_L^* 可由式(3-39)、式(3-40)确定：

$$\delta_L^* = \frac{F_{\text{tendon}}}{Eh} = \frac{0.2Q_{\text{net}}}{Eh} \qquad （经验式） \qquad (3-39)$$

$$\delta_L^* = \frac{F_{\text{tendon}}}{Eh} = \frac{0.235Q_{\text{net}}}{Eh} \qquad （解析式） \qquad (3-40)$$

式中，F_{tendon} 表示 Tendon Force，kN；E 为杨氏模量，MPa；Q_{net} 为焊接线能量，J/mm；h 为板厚，mm。经验式和解析式均基于大量的简化假设，往往用于焊接变形的估算，精度不高。除此之外，还有位移法和积分法。

3.4.1.2　位移法

以平板堆焊为例，说明采用位移法计算固有变形的过程。图 3-47 为沿焊接线（X 向）方向的纵向位移分布[73]，由图可看出，由于自由边效应，位移在焊缝两端变化较大，而在中部基本呈线性分布。纵向位移中间段的斜率等于焊缝方向的纵向应变 ε_L。因此，纵向固有变形 δ_L^* 可由中间段的斜率计算，即：

$$\varepsilon_L = \frac{F_{\text{tendon}}}{AE} = \frac{Eh\delta_L^*}{BhE} = \frac{\delta_L^*}{B} \qquad (3-41)$$

$$\delta_L^* = B\varepsilon_L \qquad (3-42)$$

式中，A 为横截面积；B 为板宽。

从式(3-42)可得，纵向固有变形 δ_L^* 可由沿焊缝两点的纵向位移与板宽的乘积来表示。如果焊缝足够长或存在线性中间段，即可以通过测量热弹塑性有限元仿真和实验所得的样本点的纵向位移，从而确定纵向固有变形。

由于焊缝横向受到的约束力相比纵向要小，横向固有变形可以通过直接测量沿焊接线方向样本点的横向位移值得到。

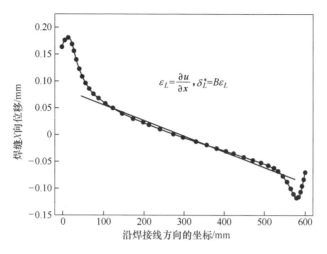

图 3-47　沿焊接线方向的纵向位移

（—●—：纵向位移）

3.4.1.3　积分法

积分法就是按照固有变形的定义对焊缝截面分布的固有应变进行积分，便可得到对应的固有变形值。低碳钢焊接时，塑性应变是固有应变的主要部分，而塑性应变可通过热弹塑性有限元计算得到。图 3-46 给出了平板堆焊时的横向和纵向塑性应变（固有应变）分布情况。因此，纵向固有变形和横向固有变形可通过式(3-43)确定。

$$\left.\begin{aligned}\delta_L^* &= \frac{1}{h}\iint\varepsilon_L^*\,\mathrm{d}y\mathrm{d}z\\\delta_T^* &= \frac{1}{h}\iint\varepsilon_T^*\,\mathrm{d}y\mathrm{d}z\end{aligned}\right\}\tag{3-43}$$

根据式(3-43)积分所得的纵向固有变形和横向固有变形分别如图 3-48 和图 3-49 所示，可以看出，在焊缝中间段的固有变形值基本保持恒定，而在两端变化较大。

对于薄板，可认为纵向固有应变和横向固有应变沿板厚方向均有分布，式(3-43)可简化计算，即：

$$\left.\begin{aligned}\delta_L^* &= \int\varepsilon_L^*\,\mathrm{d}y\\\delta_T^* &= \int\varepsilon_T^*\,\mathrm{d}y\end{aligned}\right\}\tag{3-44}$$

同样，如果纵向 σ_{rL} 和横向 σ_{rT} 残余应力已知，也可以通过积分法可以确定 Tendon Force 及纵向固有变形、横向固有变形。研究表明，在焊缝中间段固有应变分布较均匀的情况下，采用位移法和积分法得到的固有变形很接近。为了简化计算，著者采用位移法计算固有变形。

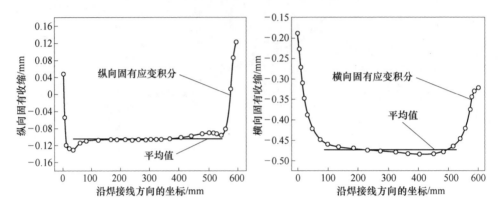

图 3-48　积分得到的纵向固有收缩分布　　图 3-49　积分得到的横向固有收缩分布

（─○─：纵向固有变形）　　　　　　　　（─○─：横向固有变形）

3.4.2　有限元模型及实验验证

为了建立 T 形接头固有变形的预测模型，需要得到一批训练样本。有两种方法可以确定固有变形：一种是实验测量；另一种是热弹塑性有限元计算。显然，大量的物理实验需要消耗相当多的人力物力资源。因此，本节采用热弹塑性有限元法进行数值实验，以获得关于 T 形接头固有变形的训练样本。

3.4.2.1　T 形接头焊接实验

某造船集团开展了一系列船用典型接头的焊接实验研究，其中包括 T 形接头。本小节建立了与之相同的角焊缝模型，并与其实施的实验结果进行对比，以验证数值计算模型的准确性。T 形试件材料选用低碳钢 SM490A，化学成分及力学性能见表 3-12，T 形接头试件如图3-50所示。翼板尺寸为 300mm×200mm×6mm，腹板尺寸为 300mm×100mm×6mm。填充焊缝采用 CO_2 气体保护焊，焊接方式为单道顺序焊，即先焊一侧再同方向焊另一侧。两个焊道的焊接参数完全相同。焊接工艺参数见表 3-13。选取翼板边缘的六个点作为角变形测量点，如图 3-50所示。焊接试验中固定翼板一端，另一端自由变形，装夹条件如图 3-51 所示。焊接结束待试样完全冷却后测量六个点的角变形，测量结果见表 3-14。采用线切割机剖切焊道中部，打磨抛光后的填角焊缝横截面如图 3-52 所示。

表 3-12 SM490A 低碳钢化学成分及力学性能

化学成分（质量分数）/%						力学性能		
C	Mn	P	S	Si	Al	屈服强度 R_e/MPa	拉伸强度 R_m/MPa	延伸率 A/%
0.12	1.06	≤0.02	0.006	0.01	0.032	≥325	537	≥17

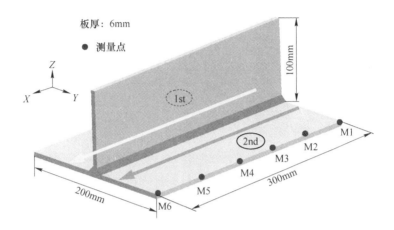

图 3-50 T形接头焊接实验示意图及测量点

表 3-13 填角焊缝焊接工艺参数

焊道	焊接电流 I/A	焊接电压 U/V	焊接速度 v/mm·s^{-1}	热效率 η
2	170	24	4.3	0.7~0.8

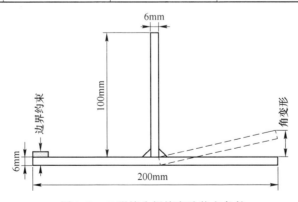

图 3-51 T形接头焊接实验装夹条件

表 3-14 测量点的角变形

测量点	M1	M2	M3	M4	M5	M6
角变形/mm	2.59	2.79	2.93	3.23	3.18	3.12

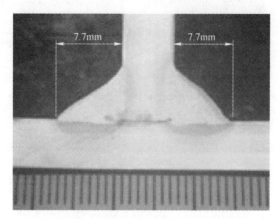

图 3-52   T形接头角焊缝横截面及焊脚尺寸

3.4.2.2   有限元仿真模型

针对第 3.4.2.1 节实施的 T形接头焊接实验，建立相应的热弹塑性有限元分析模型。与第 3.3.2 节建立的平板堆焊仿真模型类似，同样基于 ABAQUS 6.12[80] 开发了间接耦合的热-力学分析程序。先进行温度场计算，再进行力学计算，材料塑性模型选用双线性随动强化模型（BKIN）。SM490A 低碳钢的热物理性能参数和力学性能参数分别如图 3-53 和图 3-54 所示。焊缝区域网格进行了细化，最小单元尺寸为 1mm×1mm×1.5mm。网格单元和节点数分别为 10020 和 12803。在翼板边缘施加了与实验相同的约束条件，网格模型如图 3-55 所示。

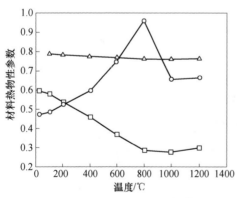

图 3-53   材料热物理性能（SM409A）

（-□-:热传导率λ/×10^2 W·(m·℃)$^{-1}$；
-○-:比热容C/kJ·(kg·℃)$^{-1}$；
-△-:密度ρ/×10^{-1}g·mm^{-3})

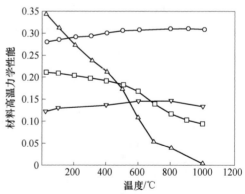

图 3-54   材料力学性能（SM409A）

（-□-:杨氏模量E/×10^{6}MPa；-○-:泊松比μ；
-△-:屈服应力R_e/×10^{3}MPa；
-▽-:热膨胀系数α/×10^{-4}℃$^{-1}$)

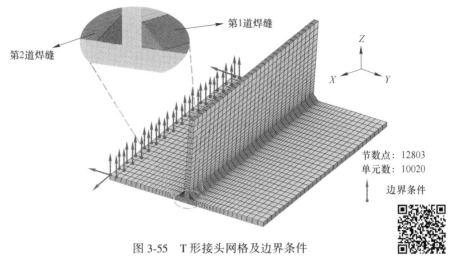

图 3-55 T形接头网格及边界条件

在温度场计算时，采用内部热生成模拟焊接热源，单元类型为 DC3D8。即假设焊缝所在的单元在单位时间、单位体积内以一定的生热率提供热能。内生热率等于电弧有效功率除以焊缝单元的体积。内生热作用时间等于电弧移动一个单元所用的时间。热流密度计算公式为：

$$\dot{q}_V = \frac{\eta U I}{V} = \frac{Q_{\text{net}} v}{V} \tag{3-45}$$

式中，η 为电弧热效率；U 为电压；I 为电流；Q_{net} 为焊接线能量；v 为焊接速度；V 为加热单元的体积。

首先进行温度场计算，图 3-56 为 $t=45.6\text{s}$ 时焊接第一道焊缝时的瞬时温度场分布。将温度场的计算结果作为热载荷施加于结构进行结构分析，仍采用与温度场分析相同的网格模型，单元类型更改为 C3D8I。结构分析后所得的 Z 向位移场分布如图 3-57 所示，Z 向位移反映了角变形量。可以看出，未受约束的腹板一端出现较大的角变形，最大值为 3.25mm。选取模型中未约束的腹板边缘作为测量路径（即路径1），与实验测量的角变形值进行对比，如图 3-58 所示。由图 3-58 可以看出，模拟结果与实验测量值相当接近。这就证明了建立的热弹塑性有限元模型可以较高的精度反映实验结果，因此可以用于下文的数值仿真实验。

3.4.2.3 固有变形值计算

下面以位移法计算该模型的纵向固有收缩。选取靠近焊缝及远离焊缝处的测量点，其沿焊接线方向的纵向位移如图 3-59 所示。按照第 3.4.1.2 节介绍，纵向位移的斜率等于纵向应变。因此，根据式（3-42），纵向固有变形 δ_L^* 计算为：

$$\delta_L^* = B\varepsilon_L = B\frac{\partial u}{\partial x} = 200 \times \frac{0.0507}{60} = 0.169\text{mm} \tag{3-46}$$

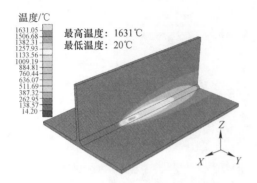

图 3-56　角焊缝焊接瞬时温度场

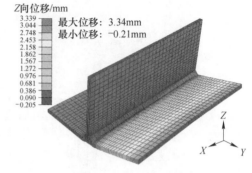

图 3-57　Z 向位移分布

扫码查看彩图

扫码查看彩图

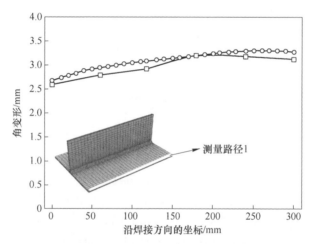

图 3-58　数值计算与实验测量的角变形比较

（—□—：试验值；—○—：模拟值（沿路径1））

　　焊缝横向受到的约束比较小，因此横向固有收缩即等于测量点横向位移的平均值，如图 3-60 所示。本节采用位移法计算得到的固有变形值与文献［73］中采用积分法得到的变形值对比（见表 3-15）可以看出，两种方法得到的固有变形值基本接近，这就进一步证明了所建 T 形接头热弹塑性有限元模型的有效性。

　　针对低碳钢板的 T 形接头 CO_2 气体保护焊接实验，建立了相应的有限元模型。应用热弹塑性有限元法进行数值计算，并将仿真结果与实验结果对比，验证了模型的有效性，为下文开展的数值仿真实验奠定基础。

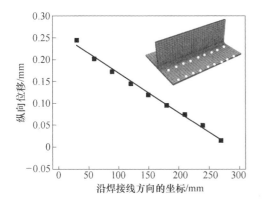

图 3-59　焊接线方向的纵向位移分布

（■：测量点）

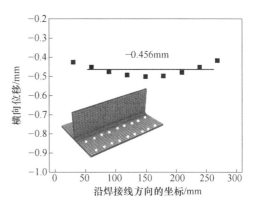

图 3-60　焊接线方向的横向位移分布

（■：测量点）

表 3-15　积分法和位移法计算的横向及纵向固有变形值对比　　　（mm）

固有变形	位移法计算结果	积分法计算结果[73]
纵向固有变形	0.169	0.171
横向固有变形	0.456	0.535

3.4.3　数值仿真实验

基于第 3.4.2 节建立的 T 形接头热弹塑性有限元模型，以此开展数值仿真实验，统计实验数据并分析焊接工艺参数（电流、电压、焊速、板厚）对横向及纵向固有变形的影响，同时为建立神经网络模型提供训练样本。

3.4.3.1　仿真实验设计及结果样本

采用正交表及随机取样相结合的方式设计一系列仿真实验。选用 $L_{25}(5^6)$ 正交表进行 4 因素 5 水平实验，工艺参数设定见表 3-16。通过正交设计得到 25 组工艺参数组合，利用 MATLAB 软件随机生成另外 25 组，这样便得到 50 组实验规划。基于上节建立的 T 形接头热弹塑性有限元模型进行仿真分析，数值实验方案及仿真结果见表 3-17。仿真实验数据样本分布如图 3-61 所示。

表 3-16　正交仿真实验工艺参数设置

工艺参数	符号	单位	水平				
			1	2	3	4	5
焊接电流	I	A	120	170	220	270	320
焊接电压	U	V	14	24	34	44	54
焊接速度	S	mm/s	2	4.3	9	14	19
接头板厚	T	mm	3	6	11	16	21

表 3-17　正交试验方案和仿真结果

试验编号	焊接方案组合				仿真结果	
	焊接电流 I/A	焊接电压 U/V	焊接速度 $S/mm \cdot s^{-1}$	接头板厚 T/mm	纵向固有变形 $/\times 10^{-2} mm$	横向固有变形 $/\times 10^{-2} mm$
1	120 (1)	14 (1)	2 (1)	3 (1)	−56.9	−47.4
2	120 (1)	24 (2)	4.3 (2)	6 (2)	−12.2	−33.5
3	120 (1)	34 (3)	9 (3)	11 (3)	−8.41	−4.61
4	120 (1)	44 (4)	14 (4)	16 (4)	−4.35	−3.35
5	120 (1)	54 (5)	19 (5)	21 (5)	−2.67	−1.96
6	170 (2)	14 (1)	4.3 (2)	11 (3)	−7.64	−11.7
7	170 (2)	24 (2)	9 (3)	16 (4)	−5.2	−7.06
8	170 (2)	34 (3)	14 (4)	21 (5)	−4.89	−4.65
9	170 (2)	44 (4)	19 (5)	3 (1)	−2.03	−1.2
10	170 (2)	54 (5)	2 (1)	6 (2)	−71.1	−42.6
11	220 (3)	14 (1)	9 (3)	21 (5)	−7.19	−8.66
12	220 (3)	24 (2)	14 (4)	3 (1)	−5.42	−5.07
13	220 (3)	34 (3)	19 (5)	6 (2)	−7.3	−6.7
14	220 (3)	44 (4)	2 (1)	11 (3)	−65.8	−52.3
15	220 (3)	54 (5)	4.3 (2)	16 (4)	−22.3	−45.9
16	270 (4)	14 (1)	14 (4)	6 (2)	−1.31	−1.68
17	270 (4)	24 (2)	19 (5)	11 (3)	−3.05	−4.19
18	270 (4)	34 (3)	2 (1)	16 (4)	−52.7	−48.4
19	270 (4)	44 (4)	4.3 (2)	21 (5)	−15.3	−32.6
20	270 (4)	54 (5)	9 (3)	3 (1)	−32.7	−37.5
21	320 (5)	14 (1)	19 (5)	16 (4)	−2.38	−1.83
22	320 (5)	24 (2)	2 (1)	21 (5)	−42.5	−51.9
23	320 (5)	34 (3)	4.3 (2)	3 (1)	−58.2	−55.5
24	320 (5)	44 (4)	9 (3)	6 (2)	−62.5	−30.9
25	320 (5)	54 (5)	14 (4)	11 (3)	−8.46	−35.6
26	273.1	35.2	2.1	19	−46.3	−62.8
27	279	45.2	15.2	20	−18.7	−23.9
28	157.4	51.4	15.9	12	−6.38	−8.61
29	218	19.2	16.8	14	−3.46	−4.28
30	209.1	36.8	3.4	9	−34.7	−46.3
31	249.3	32.8	8.8	20	−43.6	−57.3
32	261.8	14.5	6.4	10	−8.26	−17.8
33	271.9	27.5	15.6	5	−6.92	−6.75
34	175.2	20.5	9.3	17	−4.18	−3.61

试验编号	焊接方案组合				仿真结果	
	焊接电流 I/A	焊接电压 U/V	焊接速度 $S/mm \cdot s^{-1}$	接头板厚 T/mm	纵向固有变形 $/\times 10^{-2} mm$	横向固有变形 $/\times 10^{-2} mm$
35	255.9	45.8	17.5	10	−9.63	−23.7
36	251	26.5	5.1	7	−75.5	−21.2
37	152.5	35.1	6.5	10	−31.8	−43.7
38	143.8	20.6	4.5	4	−38.3	−21.7
39	219.7	38.1	4.3	5	−55.3	−29.5
40	311.9	24.5	16.8	20	−3.8	−6.17
41	188.1	40.2	11.9	16	−2.5	−2.96
42	237	41.6	11.3	13	−64.3	−45.8
43	164.8	43.9	4.5	4	−25.5	−28.4
44	270.3	32	16.5	7	−6.64	−40.6
45	171	17.4	12.6	10	−5.27	−6.53
46	221.2	23.2	8.0	18	−7.5	−2.24
47	259.8	50.5	10.7	3	−70.5	−53.5
48	298.2	20.1	8.8	4	−41.3	−54.7
49	311.9	47	3.3	6	−76.5	−61.5
50	229.4	35.5	6.1	15	−48.5	−36.2

注：括号内数字表示正交实验表中各因素的水平。

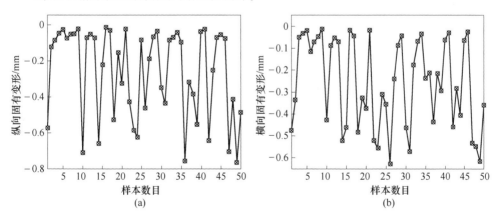

图 3-61 训练样本数据点分布

（a）纵向固有变形；（b）横向固有变形

3.4.3.2 工艺因素对固有变形影响

以第 3.4.3.1 节的数值实验为基础，分析各工艺因素（焊接线能量、板厚和焊速）对 T 形接头固有变形的影响规律。以 6mm 厚的 T 形接头为研究对象，分析线能量、板厚均相同的条件下，焊接速度对固有变形的影响，工艺参数规划见表 3-18。固定焊接速度（4mm/s）和线能量（714J/mm），分析板材厚度对固有变形的影响，其工艺参数规划见表 3-19；同样，分析相同焊接速度（4mm/s）和板材厚度（6mm）的条件下，焊接线能量对固有变形的影响，工艺参数规划见表 3-20。

表 3-18 不同焊速下的工艺参数设置

编号	1	2	3	4	5
热输入/J·s^{-1}	2040	4080	9180	14280	19380
热效率	0.7	0.7	0.7	0.7	0.7
线能量/J·mm^{-1}	714	714	714	714	714
接头厚度/mm	6	6	6	6	6
焊速/mm·s^{-1}	2	4	9	14	19
焊接时间/s	300	150	66.7	43	31.5

表 3-19 不同板厚下的工艺参数设置

编号	1	2	3	4	5
热输入/J·s^{-1}	4080	4080	4080	4080	4080
热效率	0.7	0.7	0.7	0.7	0.7
线能量/J·mm^{-1}	714	714	714	714	714
接头厚度/mm	3	6	11	16	21
焊速/mm·s^{-1}	4	4	4	4	4
焊接时间/s	150	150	150	150	150

表 3-20 不同线能量的工艺参数设置

编号	1	2	3	4	5
热输入/J·s^{-1}	1715	4080	5143	6857	9143
热效率	0.7	0.7	0.7	0.7	0.7
线能量/J·mm^{-1}	300	714	900	1200	1600
接头厚度/mm	6	6	6	6	6
焊速/mm·s^{-1}	4	4	4	4	4
焊接时间/s	150	150	150	150	150

不同焊接速度下的固有变形如图 3-62 所示，可以看出，无论是纵向固有变形还是横向固有变形，均随着焊接速度的增大而减小。这是因为在线能量相同的情况下，焊速越大，焊缝区的高温停留时间越短，塑性变形区变窄，由此产生的

塑性变形也相对减小。选取翼板靠近和远离焊缝区的两条测量路径，其收缩位移曲线如图 3-63 所示。由图 3-63 可以看出，随着焊接速度的增大，横向收缩和纵向收缩曲线均变得比较平缓。横向收缩量最大值出现在翼板中部，而纵向收缩最大值出现在翼板的两端。

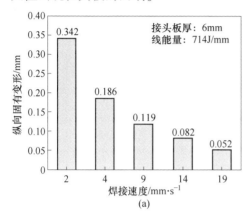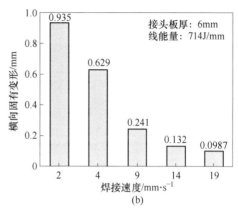

图 3-62　不同焊接速度下的固有变形

（a）纵向固有变形；（b）横向固有变形

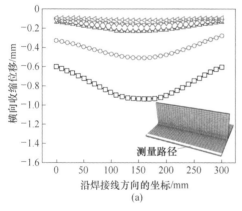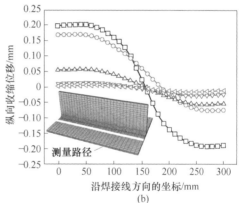

图 3-63　不同焊接速度下的收缩位移

（a）横向收缩位移；（b）纵向收缩位移

（—□—：焊速υ=2mm/s；—○—：焊速υ=4mm/s；—△—：焊速υ=9mm/s；
—▽—：焊速υ=14mm/s；—◁—：焊速υ=19mm/s）

不同接头板厚下的纵向固有变形、横向固有变形的分布规律如图 3-64 所示，可以看出，在其他焊接规范相同的情况下，随着板厚的增加，纵向和横向固有变形趋于减小，这是因为厚板不容易熔透，产生的塑性区相对较小。横向和纵向收缩位移曲线如图 3-65 所示，随着板厚增加，收缩量均减小，这是因为厚板的截面刚度较大，限制了焊接变形。当板厚达到 21mm 后，纵向变形几乎为零。

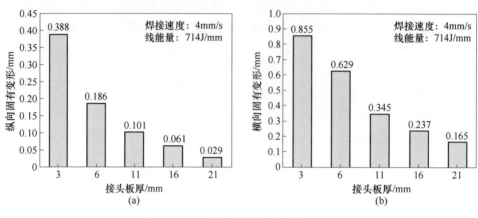

图 3-64 不同接头板厚下的固有变形

（a）纵向固有变形；（b）横向固有变形

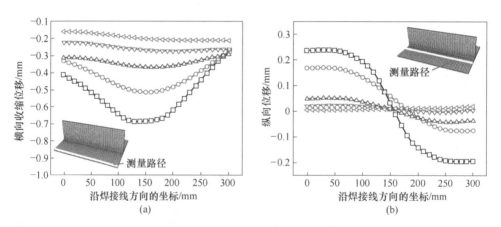

图 3-65 不同接头板厚下的收缩位移

（a）横向收缩位移；（b）纵向收缩位移

（ ─□─：板厚3mm；─○─：板厚6mm；─△─：板厚11mm；─▽─：板厚16mm；─◁─：板厚21mm ）

不同焊接线能量下的纵向固有变形、横向固有变形的分布规律如图 3-66 所示，可以看出，焊接线能量增大，固有变形有了明显的增大。这是因为大焊接线能量使得 T 形接头的焊脚尺寸变大，焊缝区横截面积增加，焊缝区历经的最高温度升高，其塑性变形区域也扩大，这导致在焊缝区残留较大的固有应变。不同焊接线能量下的横向和纵向收缩曲线如图 3-67 所示，随着线能量的减小，横向和纵向收缩均减小，但即使在小线能量条件下（300J/mm），接头纵向收缩仍比较明显。

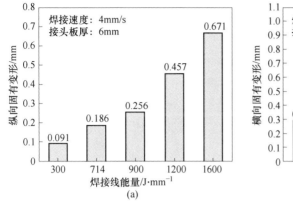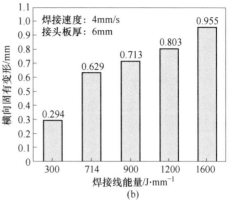

图 3-66 不同焊接线能量下的固有变形

（a）纵向固有变形；（b）横向固有变形

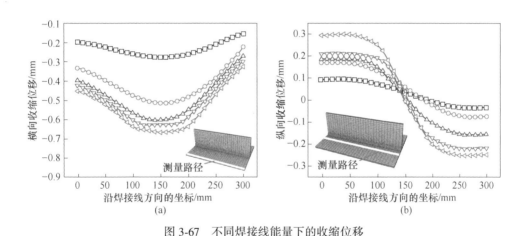

图 3-67 不同焊接线能量下的收缩位移

（a）横向收缩位移；（b）纵向收缩位移

（—□—：线能量300J/mm；—○—：线能量714J/mm；—△—：线能量900J/mm；
—▽—：线能量1200J/mm；—◁—：线能量1600J/mm）

3.4.4 BP 神经网络预测模型

3.4.4.1 BP 网络结构确定

首先需要确定网络的结构，网络输入层神经元有 4 个，分别对应电流、电压、焊速和板厚，输出层神经元 2 个，分别对应纵向及横向固有变形。设计了一系列单隐层和双隐层结构的 BP 网络，单隐层网络结构中，隐层神经元数目在 3 到 16 之间变化；双隐层结构中，第一隐层神经元数目变化为 3 到 13，第二隐层神经元数目变化为 3 到 18。将网络的各项训练参数设置为相同，学习速率为

0.05，迭代次数为 500。选取 40 个样本数据进行训练，10 组样本用于测试，对比预测误差从而确定网络的最佳结构。不同结构网络的训练误差见表 3-21，可以看出，虽然隐层神经元更多的网络训练误差要小，如 4-13-15-2 和 4-18-15-2 这两种结构，但同时网络的冗余度增加，测试误差增大，即泛化能力变差。文献[2]指出，网络要能推广，应该具有比训练集中的数据点少的参数，在现有训练集数据的前提下尽可能使用最简单的网络。综合比较，结构为 4-9-10-2 的神经网络预测性能较好。因此，确定网络结构为 4-9-10-2，如图 3-68 所示。神经网络的输入变量和输出变量的函数关系为

$$S = f_3^l \left\{ \sum W^3 f_2^s \left[\sum W^2 f_1^s \left(\sum W^1 X \right) \right] \right\} \tag{3-47}$$

式中，$S = [s_1, s_2]$ 为纵向固有变形和横向固有变形组成的矩阵；$X = [x_1, x_2, x_3, x_4]$ 为电流、电压、焊速和板厚组成的矩阵；f_3^l 为网络第二隐含层和输出层之间的线性传输函数；f_1^s 为输入层和第一隐含层之间的 S 型传输函数；f_2^s 为第一隐含层和第二隐含层之间的 S 型传输函数；W^1、W^2、W^3 分别为输入层和第一隐含层、第一隐含层和第二隐含层，第二隐含层和输出层之间的连接权值矩阵。

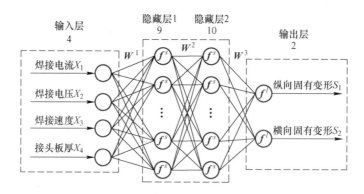

图 3-68 BP 神经网络结构（4-9-10-2）

表 3-21 不同结构的神经网络训练误差比较

仿真编号	网络结构	学习速率	训练数据误差			测试数据误差		
			误差平方和 SSE/×10³	均方误差 MSE	平均误差 /%	误差平方和 SSE/×10³	均方误差 MSE	平均误差 /%
1	4-3-2	0.05	10.70	133.76	79.88	6.98	348.88	82.13
2	4-4-2	0.05	10.00	125.57	114.31	6.62	330.81	89.91
3	4-5-2	0.05	6.40	80.04	67.76	6.16	307.95	87.24
4	4-6-2	0.05	7.28	90.95	81.28	10.10	503.78	70.69

仿真编号	网络结构	学习速率	训练数据误差			测试数据误差		
			误差平方和 SSE/×10³	均方误差 MSE	平均误差 /%	误差平方和 SSE/×10³	均方误差 MSE	平均误差 /%
5	4-7-2	0.05	6.61	82.65	66.79	8.72	436.19	151.42
6	4-8-2	0.05	6.83	85.44	72.10	7.84	391.76	124.24
7	4-9-2	0.05	5.03	62.84	72.50	8.39	419.43	140.22
8	4-10-2	0.05	4.89	61.13	63.82	11.10	556.55	164.96
9	4-11-2	0.05	5.39	67.43	77.82	7.18	359.03	172.14
10	4-12-2	0.05	5.53	69.16	64.85	6.40	319.94	186.08
11	4-13-2	0.05	4.36	54.49	68.25	7.54	377.01	100.85
12	4-14-2	0.05	5.04	63.09	73.36	6.79	339.88	83.77
13	4-15-2	0.05	4.01	50.14	76.67	5.47	273.67	123.15
14	4-16-2	0.05	5.17	64.67	83.35	11.70	586.94	211.00
15	4-3-3-2	0.05	8.61	107.58	62.98	6.71	335.53	89.04
16	4-3-5-2	0.05	6.90	86.26	54.08	6.08	299.84	77.28
17	4-3-7-2	0.05	6.53	71.61	65.95	5.78	288.93	88.17
18	4-3-9-2	0.05	6.73	81.66	68.21	7.11	355.50	78.86
19	4-3-11-2	0.05	8.47	105.93	63.56	6.94	347.02	118.81
20	4-3-13-2	0.05	10.10	125.62	59.72	4.68	234.27	89.01
21	4-3-15-2	0.05	9.06	113.30	92.46	12.40	623.33	270.19
22	4-3-17-2	0.05	10.39	129.83	83.80	6.09	304.50	91.46
23	4-5-3-2	0.05	8.12	101.45	58.07	5.74	287.16	81.28
24	4-5-6-2	0.05	8.86	110.69	69.27	7.06	353.02	66.57
25	4-5-8-2	0.05	6.18	77.26	59.50	8.63	431.34	159.34
26	4-5-10-2	0.05	5.40	67.52	55.50	5.31	265.38	73.72
27	4-5-12-2	0.05	4.10	51.23	57.35	9.02	450.94	82.86
28	4-5-14-2	0.05	4.23	52.82	44.37	5.82	290.97	77.22
29	4-5-16-2	0.05	4.66	58.18	69.30	5.11	255.40	149.63
30	4-7-3-2	0.05	5.59	69.87	62.65	6.99	349.37	89.37
31	4-7-6-2	0.05	5.28	65.97	57.49	6.59	329.51	106.14
32	4-7-9-2	0.05	5.91	73.84	60.95	8.40	420.23	71.94
33	4-7-12-2	0.05	6.34	79.20	56.84	6.23	311.38	116.86

仿真编号	网络结构	学习速率	训练数据误差			测试数据误差		
			误差平方和 SSE/×10³	均方误差 MSE	平均误差 /%	误差平方和 SSE/×10³	均方误差 MSE	平均误差 /%
34	4-7-15-2	0.05	2.89	36.16	61.10	21.88	890.00	175.61
35	4-7-18-2	0.05	4.70	58.80	61.61	4.60	229.75	66.77
36	4-9-3-2	0.05	5.95	74.39	49.72	8.01	400.73	104.42
37	4-9-5-2	0.05	4.70	58.76	47.37	7.33	366.36	89.40
38	4-9-8-2	0.05	4.41	67.66	51.32	7.93	396.73	118.86
39	**4-9-10-2**	**0.05**	**3.97**	**37.66**	**32.32**	**4.03**	**195.73**	**55.86**
40	4-9-12-2	0.05	4.77	52.10	57.71	8.65	432.59	92.17
41	4-9-16-2	0.05	4.24	49.68	50.34	11.30	564.75	97.70
42	4-11-3-2	0.05	4.98	62.26	50.37	6.68	334.12	74.25
43	4-11-5-2	0.05	3.85	48.09	49.96	10.90	544.94	111.84
44	4-11-8-2	0.05	3.57	44.66	45.63	10.27	513.48	191.08
45	4-11-16-2	0.05	1.42	17.75	41.40	7.20	360.08	148.08
46	4-13-5-2	0.05	6.21	77.66	45.85	13.43	671.71	119.08
47	4-13-10-2	0.05	2.67	33.34	51.92	6.55	327.53	82.92
48	4-13-15-2	0.05	1.14	14.26	31.81	8.62	431.16	75.09
49	4-13-18-2	0.05	1.68	21.05	38.28	5.29	264.31	102.39
50	4-16-5-2	0.05	2.34	29.19	32.33	5.48	274.05	86.64
51	4-16-10-2	0.05	2.90	36.27	42.02	9.15	457.58	112.50
52	4-16-15-2	0.05	2.13	26.62	42.73	18.93	946.60	219.35
53	4-18-5-2	0.05	1.76	21.99	39.89	8.53	426.52	59.52
54	4-18-10-2	0.05	2.27	28.42	47.52	12.01	600.30	130.41
55	4-18-15-2	0.05	1.88	23.51	39.26	13.34	667.07	147.19

注：黑体字表示最佳的网络结构。

3.4.4.2 BP 网络预测结果讨论

采用 MATLAB R2013a 神经网络工具箱建立 4-9-10-2 结构的 BP 神经网络[17]，命令函数为"net = newff（minmax（inputn），[9 10 2]，{'tansig'，'tansig'，'purelin'}，'traingda'）"。输出层和隐层之间采用 purelin 线性传递函数，隐层之间以及隐层和输入层之间采用 tansig 传递函数。训练函数采用带自适应学习率的梯度下降法 traingda，学习率 lr 为 0.03，学习率增长比 lr_inc 为 1.05，学习率下降比 lr_dec 为 0.7，收敛目标设置为 0.0001。网络经过 154008 次迭代，均方差

达到 9.65×10^{-5}。训练收敛过程如图 3-69 所示。

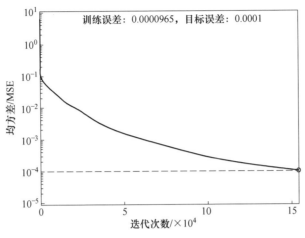

图 3-69 BP 网络训练收敛过程

（——:训练误差;---:目标误差）

选取数值实验中的第 2、5、10、15、19、22、30、33、35、39 这 10 组数据作为测试样本，剩余 40 组数据作为训练样本。训练样本的线性回归结果如图 3-70所示。横向和纵向固有变形的线性相关系数分别是 0.99977 和 0.99951，这

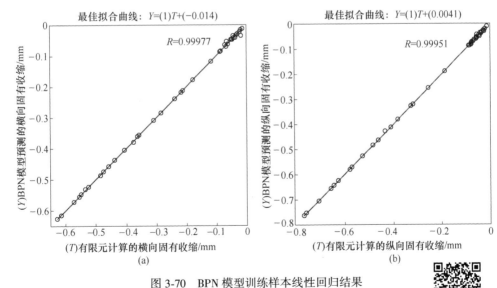

图 3-70 BPN 模型训练样本线性回归结果

（a）横向固有变形；（b）纵向固有变形

（○:训练样本;——:最佳拟合;……:$Y=T$ ）

扫码查看彩图

表明针对训练样本，BP 神经网络可以得到比较好的输出结果。测试样本线性回归分析结果如图 3-71 所示，横向和纵向固有变形的相关系数分别是 0.992 和 0.994，这表明网络具有一定的泛化能力，在合理的焊接工艺范围内可以预测得到较为可靠的固有变形结果。

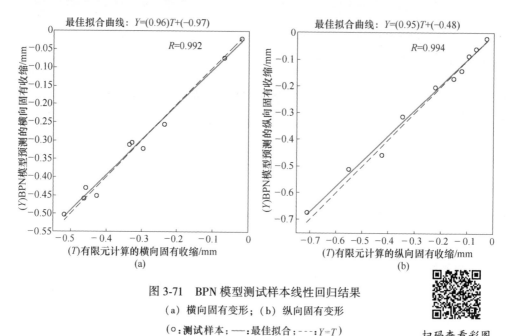

图 3-71　BPN 模型测试样本线性回归结果

（a）横向固有变形；（b）纵向固有变形

（○：测试样本；——：最佳拟合；- - -：$Y=T$）

扫码查看彩图

　　数值实验的训练样本和 BPN 模型的预测值的分布情况如图3-72所示，可以看出，BPN 模型预测值和训练样本在绝大多数据点相互吻合得较好，这说明网络的训练效果比较理想。图 3-73 是 BPN 预测值和测试样本之间的对比，可以看出，相比训练样本，两者之间存在一定的偏差，但分布趋势还是比较接近。为了定量地分析 BP 网络的预测效果，采用误差百分比衡量所有样本数据点与网络预测值之间的偏差程度，计算公式为：

$$误差 = \frac{输入值 - 预测值}{输入值} \times 100\% \tag{3-48}$$

　　图 3-74 给出了横向和纵向固有变形的误差百分比，可以看出，误差分布范围较为合理。测试样本的误差相对要大，这是由于误差反向回传算法本身的性质决定的。

　　对于训练样本，横向固有变形的最大预测误差小于 8%，纵向固有变形的最大误差小于 10%；而对于测试样本，横向固有变形的误差范围在 ±12% 之间，纵向固有变形的误差在 ±15% 之间。这表明所建立的 BP 神经网络具有一定的泛化能力，但由于 BP 网络算法是基于经验风险最小化原则的，在降低经验风险的同时提高了置信风险。因此对于学习样本以外的数据，BP网络的预测精度不可避免地受到限制。

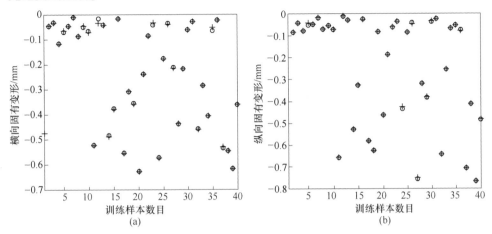

图 3-72　数值仿真结果与 BPN 模型预测值分布（训练样本）

（a）横向固有变形；（b）纵向固有变形

（○:FEM计算值；+:BPN预测值）

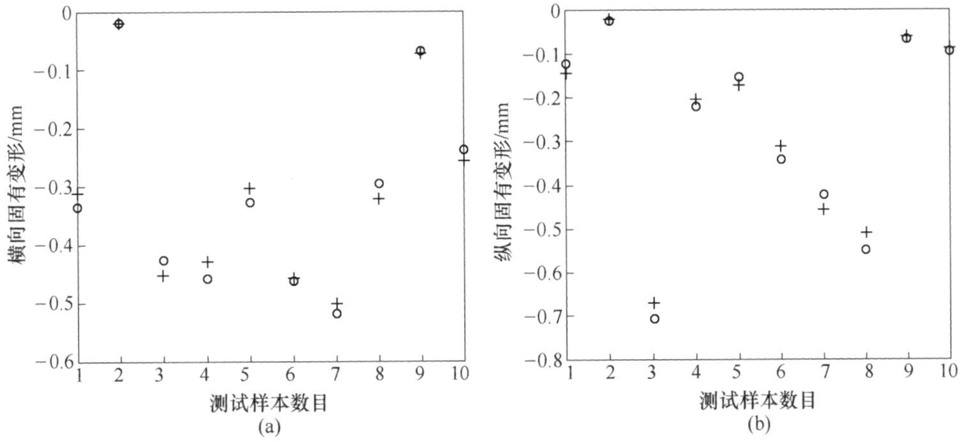

图 3-73　数值仿真结果与 BPN 模型预测值分布（测试样本）

（a）横向固有变形；（b）纵向固有变形

（○:FEM计算值；+:BPN预测值）

3.4.4.3　小结

本节建立了 T 形接头填角焊缝的热弹塑性有限元模型，并用实验验证了有限元模型的准确性。在此基础上，通过正交设计和随机取样的方式规划了一系列数值计算实验，得到了一批训练样本，以焊接工艺参数（电流、电压、焊速和板厚）为输入，以横向和纵向固有变形为输出建立了人工神经网络，通过数值实验

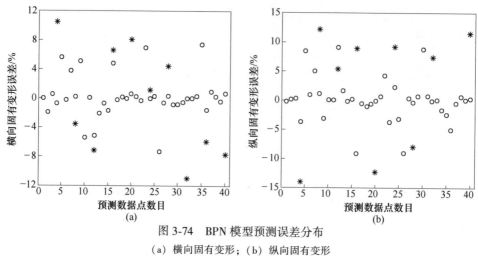

图 3-74   BPN 模型预测误差分布

（a）横向固有变形；（b）纵向固有变形

（○：训练样本；＊：测试样本）

样本数据对网络进行了训练，并评价了网络的预测性能。结果表明，本节建立的人工神经网络可以较好地预测 T 形接头的横向及纵向固有变形，预测精度大于85％。相比热弹塑性有限元模型，BP 神经网络的计算时间大大缩短，可以在短时间内对实际工程问题做出较为可靠的响应和评估。

3.4.5　支持向量机（SVM）预测模型

在第 3.4.4 节中采用 BP 神经网络对 T 形接头的固有变形（横向和纵向）进行了预测，可以在一定的精度范围内得到预测结果。但同时存在 BP 神经网络结构难以确定、测试样本预测精度较差以及过分依赖学习样本等缺陷。为了更好地与 BP 神经网络进行对比，本节采用支持向量机算法建立 T 形接头固有变形的预测模型，数值建模的算法流程图如图 3-75 所示。

3.4.5.1　核函数的比较和确定

同样以焊接电流、电压、焊速和板厚作为 SVM 网络的输入量，以横向和纵向固有变形作为输出量。SVM 模型的建立采用的是台湾大学林智仁教授开发的 libsvm-mat 工具箱[81-83]，具有支持向量机分类模型（C-SVC、nu-SVC）、回归模型（epsilon-SVR、nu-SVR）、分布估计模型（One-Class-SVM），可以解决诸如 C-SVC 分类，nu-SVC 分类，one-class-SVM，epsilon-SVR 回归，nu-SVR 回归等问题，使用前需将该工具箱加载到 MATLAB R2013a 的函数工作目录。这里采用的是 epsilon-SVR 回归模型。与 BP 神经网络的训练过程类似，选取数值实验中的第 2、5、10、15、19、22、30、33、35、39 这 10 组数据作为测试样本，剩余 40 组数据作为训练样本。选择适当的核函数很关键，但对于不同问题的数据集，如何确定核函数在理论上并没有统一的方法。本节分别采用线性核函数、多项式核函

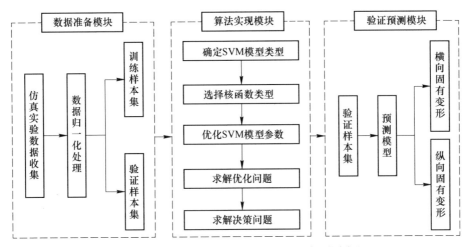

图 3-75　基于支持向量机的固有变形回归预测流程

数、RBF 核函数和 Sigmoid 核函数建立 SVM 模型，输入测试样本进行预测。各核
函数的 SVM 模型参数设置见表 3-22。图 3-76~图 3-79 分别为采用不同核函数的
固有变形预测值与实验值，可以看出，采用不同的核函数，数据样本的分布有明
显的差别。Sigmoid 核函数的预测值与实验值分散程度最大，预测效果最差；线

表 3-22　不同核函数的 SVM 模型参数

核函数	线性核函数	多项式核函数	RBF 核函数	Sigmoid 核函数
SVM 模型类型	*epsilon*-SVR	*epsilon*-SVR	*epsilon*-SVR	*epsilon*-SVR
Svmtrain 函数 参数设置	'-s 3 -t 0 -c 1 -p 0.01 -e 0.001'	'-s 3 -t 1 -c 1 -g 1 -p 0.01'	'-s 3 -t 2 -c 1 -g 1 -p 0.01'	'-s 3 -t 3 -c 0.1 -g 1 -p 0.01'

注：-s—SVM 模型类型；-t—核函数类型；-c—惩罚因子；-g—核函数参数；-p—松弛变量。

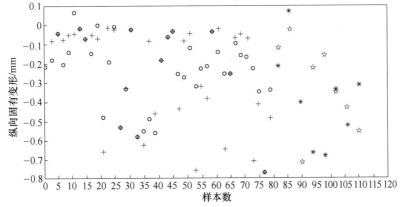

(a)

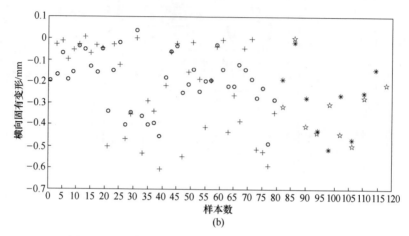

(b)

图 3-76 线性核函数 SVM 模型的预测值与实验值分布

（a）纵向固有变形；（b）横向固有变形

（○:SVM训练样本预测值；＋:FEM训练样本计算值；＊:SVM测试样本预测值；☆:FEM测试样本计算值）

性核函数次之，多项式核函数分布情况较好，RBF 核函数的预测值的分布最靠近实验值。表 3-23 为采用不同核函数时 SVM 模型固有变形预测的性能指标对比，可以得出对于 RBF 核函数，无论是测试样本还是训练样本，其均方误差最小，平方相关系数最大，说明模型的预测效果最好。因此建立 T 形接头固有变形的 SVM 模型，采用 RBF 径向基函数作为核函数最为合适。

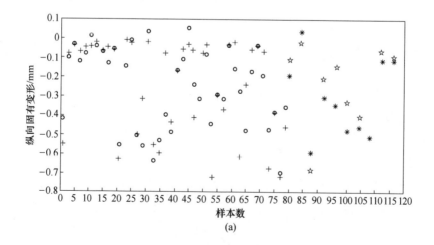

(a)

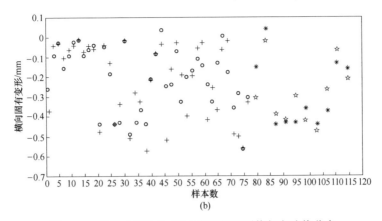

图 3-77 多项式核函数 SVM 模型的预测值与实验值分布

（a）纵向固有变形；（b）横向固有变形

（○:SVM训练样本预测值；+:FEM训练样本计算值；*:SVM测试样本预测值；☆:FEM测试样本计算值）

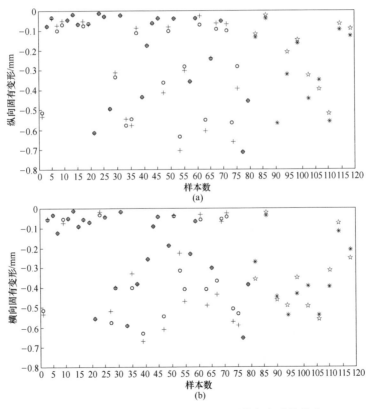

图 3-78 RBF 核函数 SVM 模型的预测值与实验值分布

（a）纵向固有变形；（b）横向固有变形

（○:SVM训练样本预测值；+:FEM训练样本计算值；*:SVM测试样本预测值；☆:FEM测试样本计算值）

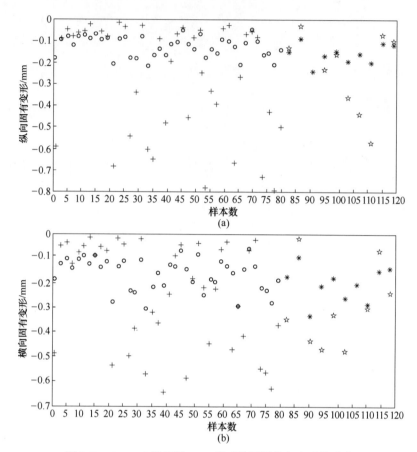

图 3-79　Sigmoid 核函数 SVM 模型的预测值与实验值分布

（a）纵向固有变形；（b）横向固有变形

（o:SVM训练样本预测值；+:FEM训练样本计算值；*:SVM测试样本预测值；☆:FEM测试样本计算值 ）

表 3-23　不同核函数的 SVM 模型固有变形预测性能对比

核函数	训练样本						验证样本					
	横向固有变形			纵向固有变形			横向固有变形			纵向固有变形		
	MSE	SCC	M. E./%	MSE	SCC	M. E./%	MSE	SCC	M. E./%	MSE	SCC	M. E./%
线性	0.050	0.61	362.97	0.062	0.65	258.15	0.077	0.58	341.48	0.088	0.40	191.08
多项式	0.049	0.67	239.59	0.057	0.68	155.96	0.062	0.62	140.90	0.064	0.61	122.31
RBF	0.039	0.76	90.50	0.048	0.85	98.92	0.053	0.73	85.78	0.055	0.67	63.17
Sigmoid	0.093	0.56	386.03	0.092	0.60	345.64	0.087	0.44	378.39	0.14	0.34	209.97

注：MSE—均方误差；SCC—平方相关系数；M. E.—最大误差百分比,%。

3.4.5.2 基于遗传算法的 SVM 模型参数寻优

在第 3.4.5.1 节确定了 SVM 模型的核函数类型为径向基函数 RBF。从图3-78 的预测值与实验值分布情况和表 3-23 的性能指标对比可以得出，虽然 RBF 核函数的模型预测性能相比其他三种核函数的要好，但对于个别数据点，模型仍无法很好地给出响应，预测值与目标值之间存在较大的误差。这是因为模型的参数大多采用了程序的默认值，没有进行优化，要想得到可靠的基于 RBF 核函数的 SVM 模型，就必须对模型参数进行寻优。

SVM 模型的参数对算法性能有重要的影响，但参数的选择在理论上并没有统一的方法，以往大多依赖经验或者试凑，往往无法获得满意的结果。因此，对 SVM 模型参数进行优选以得到最佳预测性能也是 SVM 的一个重要研究方向。目前，采用粒子群优化算法（PSO）[84]、遗传算法（GA）、蚁群算法等启发式算法优化 SVM 模型参数的研究越来越多，本节采用遗传算法对 SVM 进行参数寻优，关于 GA 算法的介绍见第 3.1.2 节。下面对基于 RBF 核函数的 SVM 模型待优化的参数进行简单介绍。

这里选用 epsilon-SVR 回归模型，在 Libsvm 工具箱中用参数'-s 3' 表示，其模型优化函数为[85]：

$$
\left.
\begin{aligned}
&\min_{\omega,\ b,\ \xi,\ \xi^*} \frac{1}{2}\omega^T\omega + C\sum_{i=1}^{l}\xi_i + C\sum_{i=1}^{l}\xi_i^* \\
\text{约束条件：}\quad &\omega^T\phi(x_i) + b - z_i \leq \varepsilon + \xi_i \\
&z_i - \omega^T\phi(x_i) - b \leq \varepsilon + \xi_i^* \\
&\xi_i,\ \xi_i^* \leq 0,\ i = 1,\ 2,\ \cdots,\ l
\end{aligned}
\right\}
\tag{3-49}
$$

通过引入核函数 $K(x_i,\ x)$、拉格朗日乘子 a_i 和 a_j，得到上述优化问题的对偶形式：

$$
\left.
\begin{aligned}
\text{最小化：}\ &W(a,\ a^*) = \frac{1}{2}\sum_{i,\ j=1}^{l}(a_i^* - a_i)(a_j^* - a_j)K(x_i,\ x) + \varepsilon\sum_{i=1}^{l}(a_i^* + a_i) - \sum_{i=1}^{l}y_i(a_i^* - a_i) \\
\text{约束条件：}\ &a_i \times a_i^* = 0,\ 0 \leq a_i \leq C,\ i = 1,\ 2,\ \cdots,\ l,\quad 0 \leq a_i^* \leq C,\ i = 1,\ 2,\ \cdots,\ l
\end{aligned}
\right\}
\tag{3-50}
$$

epsilon-SVR 模型的回归决策函数为：

$$
f(x) = \sum_{i=1}^{l}(a_i^* - a_i)K(x_i,\ x) + b
\tag{3-51}
$$

式中，C 为惩罚因子，即 Libsvm 工具箱中的 -c 参数，范围为$(0,\ +\infty)$；ε 为不敏感系数，即 Libsvm 工具箱中的 -p 参数，范围为$(0,\ +\infty)$；b 为决策函数偏置项；l 为支持向量的数目。

通过第 3.4.5.1 节的核函数的对比发现，RBF 函数的预测性能最好。该核函数只需确定一个参数，并且具有和其他核函数相似的全局性能，因此，对于本节的研究，采用 RBF 作为 SVM 的核函数。RBF 核函数定义为[9]：

$$K(x,\ x_i) = \exp\left(-\frac{\|\,x - x_i\,\|^2}{2\sigma^2}\right) \tag{3-52}$$

式中，σ 为核函数宽度，$\sigma>0$，在 Libsvm 工具箱中用 $-g$ 参数表示。

　　epsilon-SVR 回归模型有两个待优化的参数，惩罚因子 C 和不敏感系数 ε，RBF 核函数有一个待优化的参数，即核函数宽度 σ。这样，整个模型需要确定的参数有核函数参数 σ、不敏感系数 ε 和惩罚因子 C。不敏感系数 ε 控制训练样本的不敏感带宽度，当 ε 取较大值时，支持向量减少，拟合函数的精度下降；取较小值时，拟合精度提高，但运算时间增加。惩罚因子 C 使模型复杂度和训练误差之间达到一种折中，C 取较大值时，对训练样本的反应较敏感，但泛化性下降，取较小值时，训练精度下降。核函数参数 σ 减少，模型训练精度下降，泛化能力提高。因此，合理的选择上述参数值对模型性能至关重要[86]。采用遗传算法优化这三个参数，确定这三个参数后，建立并训练支持向量机模型，并利用验证样本对该模型进行测试，基于 GA 算法优化 SVM 模型参数的算法流程如图 3-80所示。

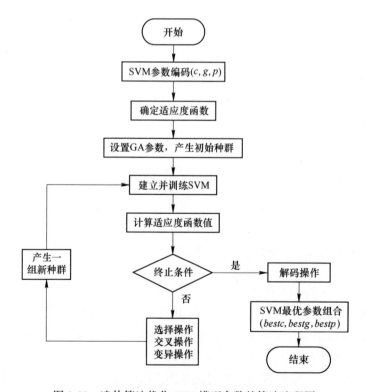

图 3-80　遗传算法优化 SVM 模型参数的算法流程图

图 3-80 给出了遗传算法优化 SVM 模型参数的算法流程，基于 MATLAB R2013 和 Libsvm 工具箱进行程序设计。主要包括以下步骤。

（1）SVM 参数编码。针对 SVM 模型待优化的三个参数 C、σ 和 ε 进行二进制编码，编码位数分别是 n_1、n_2 和 n_3。这样，SVM 模型的每组参数就是基因长度为 $n_1+n_2+n_3$ 的染色体。每个染色体包含了建立 SVM 模型的所有参数。

（2）适应度函数。适应度函数用于衡量个体的优劣，本节以目标值与预测值的均方误差 MSE 作为适应度函数，即：

$$F = \frac{\sum\limits_{i=1}^{n} (y_i - o_i)^2}{n} \tag{3-53}$$

式中，y_i 为训练样本目标值；o_i 为 SVM 模型的预测值；n 为样本个数。

适应度函数值越小，说明模型的预测值越接近目标值，该个体被保留进化的概率越大。SVM 最优参数即为进化过程结束后最优秀的个体。

（3）产生初始种群。对 SVM 模型的三个优化参数 C、σ 和 ε 进行二进制编码，随机生成初始种群，各参数的优化区间为：$0 \leqslant C \leqslant 100$、$0 \leqslant \sigma \leqslant 100$、$0.001 \leqslant \varepsilon \leqslant 1$。

（4）遗传算法参数设置。设置种群规模为 30，最大进化代数为 200，交叉概率为 0.7，变异概率为 0.1。

计算适应度函数值评价种群个体，通过遗传操作产生新的种群，直至满足收敛条件。进化过程中的种群平均适应度和最佳个体适应度曲线如图 3-81 所示。经过 200 代进化后，得到支持向量机的最佳参数为 $C = 6.8070$、$\sigma = 2.5919$ 和 $\varepsilon = 0.0553$。

将最优参数代入式（3-50），则原优化问题的对偶问题为：

$$最小化：\frac{1}{2} \sum_{i,j=1}^{20} \left[(a_i^* - a_i)(a_j^* - a_j) \exp(-2.5919 |x - x_i|^2) \right] +$$

$$0.0553 \sum_{i=1}^{20} (a_i + a_i^*) - \sum_{i=1}^{20} y_i(a_i^* - a_i) \tag{3-54}$$

训练后的 SVM 模型的决策函数偏置项 $b = -0.751590$，支持向量个数为 20，则构造的最优逼近函数为：

$$f(x) = \sum_{i=1}^{20} (a_i - a_i^*) \exp(-2.5919 |x - x_i|^2) - 0.751590 \tag{3-55}$$

通过求解构造的最佳支持向量机回归函数，可以对 T 形接头工艺参数空间的固有变形值进行插值逼近。下面对优化参数的 SVM 模型的预测性能进行评价。

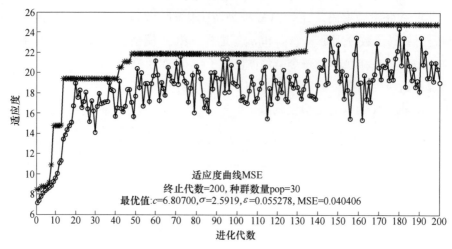

图 3-81　SVM 模型参数寻优的 GA 适应度曲线

（ー★ー：最佳适应度；ー◯ー：平均适应度）

3.4.5.3　优化参数的 SVM 模型性能评价

第 3.4.5.2 节采用 GA 算法对 SVM 模型参数进行了优化，建立了优化后的 SVM 模型，分别使用训练样本和测试样本对模型预测性能进行评价，并与第 3.4.4 节中建立的 BP 神经网络模型进行对比。

优化参数后的 SVM 模型固有变形预测值与实验值的散点分布如图 3-82 所示，可以看出，相比未经优化的 SVM 模型，优化参数后的 SVM 模型的预测值和目标值均比较接近。图 3-83 显示了横向及纵向固有变形的预测误差分布情况，可以看出，相比 BP 模型的预测误差，SVM 模型的误差分布较为均匀，横向及纵向固有变形的训练误差在 ±9% 之间，验证误差小于 10%。表 3-24 给出了 BPN 模型和 SVM 模型的预测性能参数对比。对于训练样本，SVM 模型的横向及纵向固有变形的平均误差分别为 4.23%，3.92%，相比 BPN 模型的 1.73% 和 2.27% 要大，这说明 SVM 模型的大多数样本点的逼近误差大于 BPN 模型，因此其误差分布更为分散。对于测试样本，SVM 模型的横向固有变形的最大误差和平均误差分别为 9.62% 和 5.03%，小于 BPN 模型的 11.99% 和 6.61%；纵向固有变形的最大误差和平均误差分别为 9.64% 和 4.68%，也小于 BPN 模型的 14.46% 和 10.29%。数据表明，尽管 SVM 模型的训练样本误差相比 BPN 模型的要稍大，但其验证样本的误差相对较小。经过对比发现，BPN 模型的预测精度约为 85%，而 SVM 模型的预测精度可达 90% 以上。这说明 SVM 模型在模型复杂度和逼近误差之间取得了较好的折中，其泛化推广能力优于 BP 神经网络。

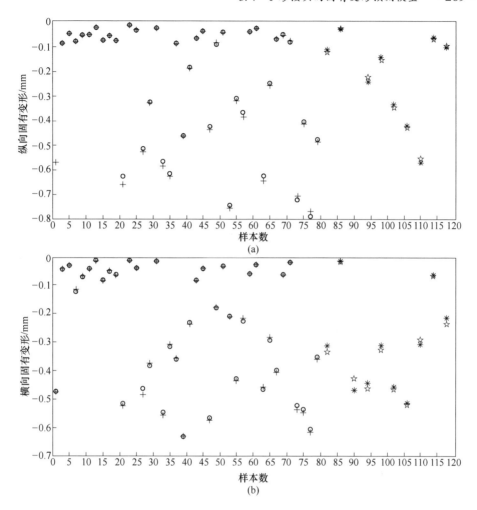

图 3-82 参数优化后的 SVM 模型预测值与实验值分布

(a) 纵向固有变形；(b) 横向固有变形

（○：SVM训练样本预测值；＋：FEM训练样本计算值；＊：SVM测试样本预测值；☆：FEM测试样本计算值）

表 3-24 BPN 模型与 SVM 模型性能对比

模型类型	训练样本						验证样本					
	横向固有变形			纵向固有变形			横向固有变形			纵向固有变形		
	MAPE	SCC	M. E. /%	MAPE	SCC	M. E. /%	MAPE	SCC	M. E. /%	MAPE	SCC	M. E. /%
SVM	4. 226	0. 998	8. 414	3. 923	0. 998	8. 924	5. 026	0. 995	9. 618	4. 681	0. 996	9. 639
BPN	1. 729	0. 999	7. 410	2. 268	0. 999	9. 046	6. 6113	0. 992	11. 997	10. 294	0. 994	14. 464

注：MAPE—平均绝对百分误差,%；SCC—平方相关系数；M. E.—最大误差百分比,%。

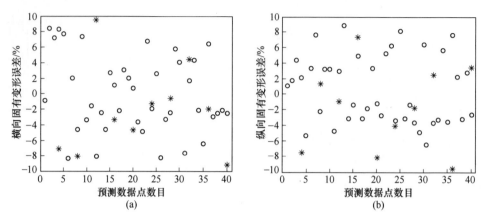

图 3-83　参数优化后的 SVM 模型预测误差分布

（a）横向固有变形误差；（b）纵向固有变形误差

（○:训练样本；∗:测试样本）

3.4.5.4　小结

本节通过遗传算法优化支持向量机模型参数，建立了基于 SVM 的 T 形接头固有变形预测模型，相比 BPN 模型，虽然 SVM 模型对于训练样本的拟合精度较差，但对于测试样本具有更好的泛化推广能力，预测精度可达 90% 以上。

3.4.6　典型大型船体结构的焊接变形预测

固有变形法通过线弹性有限元计算焊接结构的变形场和应力场，可以快速对船舶、海洋平台等大型焊接结构的变形进行预测。4800TEU 集装箱船为双壳全焊钢质货船，材质是 GL-A32 和 GL-AH32 船用结构钢。该船的货舱区为双壳结构，具有 7 个集装箱货舱，各货舱以水密横舱壁分隔。本节以 3 号货舱的双层底分段（编号：303）为研究对象，采用上文建立的 T 形接头固有变形预测模型，计算得到规定焊接工艺参数下的固有变形，并施加于双层底分段，再应用 Weld_STA 焊接结构分析软件对该典型船体结构单元的焊接变形做出预测。

采用有限元软件 Hypermesh 建立了双层底分段 303 的网格模型，如图 3-84 所示。单元类型是四边形弹性板单元，板厚 14mm，以板单元的属性方式体现。该分段模型长 11740mm，宽 33128mm，高 1642mm，节点数和单元数分别为 1510 和 1780。其中，X 轴（纵向）表示船长方向；Y 轴（横向）表示船宽方向；Z 轴（垂直向）表示船高方向。

双层底分段 303 由内底板、外底板以及纵桁和肋板装焊而成。由于该结构沿船宽方向对称，首先分别装焊两个对称结构，分两步进行（组件 B 和 D），最后将这两个对称结构装焊为一个整体，即完成双层底分段的建造，装焊顺序如图3-85所示。采用的焊接工艺规范见表3-25。

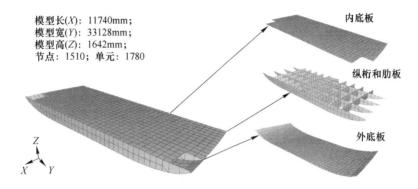

模型长(X)：11740mm；
模型宽(Y)：33128mm；
模型高(Z)：1642mm；
节点：1510；单元：1780

内底板

纵桁和肋板

外底板

图 3-84　双层底分段 303 的网格模型

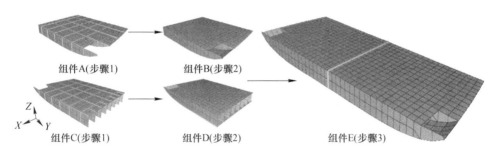

组件A(步骤1)　　　　组件B(步骤2)

组件C(步骤1)　　　　组件D(步骤2)　　　　组件E(步骤3)

图 3-85　双层底分段 303 装焊顺序

表 3-25　双层底分段的焊接工艺参数

板厚 T/mm	焊接电流 I/A	焊接电压 U/V	焊接速度 v/mm·s^{-1}	热效率
14	250	28	6.7	0.8

　　组件 A 和 C 结构对称，焊缝形式均为 T 形角焊缝，因此采用本节建立的 T 形接头固有变形预测模型。按照表 3-25 所示的船体结构焊接工艺参数，不同预测模型得到的纵向和横向固有变形见表 3-26。

表 3-26　不同预测模型得到的固有变形

固有变形	FEM 模型	BPN 模型	SVM 模型
横向/mm	−0.2865	−0.3247	−0.2701
纵向/mm	−0.1195	−0.1322	−0.1098

Weld-STA 是由上海交通大学和日本大阪大学共同开发的焊接结构分析软件，以固有应变理论为基础，利用弹性板单元有限元法计算焊接结构的变形[87]。将组件 A 的网格模型导入到 Weld-STA 软件。在 Weld-STA 软件中，可以自动搜索添加焊缝，模型 A 共有 39 条焊缝，焊缝施加情况如图 3-86 所示。焊缝作为载荷施加于模型，焊缝固有应变参数主要包括横向收缩、角变形和纵向收缩。由于船体变形主要由横向和纵向收缩引起的面内变形，角变形量很小。为了简化计算，忽略了角变形的固有应变分量。将表 3-26 所得的固有变形数据施加于模型焊缝。采用 FEM 模型固有变形值计算得到的焊接变形结果如图 3-87 所示，变形放大 200 倍，可以看出，双层底组焊后船长（X）方向的最大变形约为 1.51mm，船宽（Y）向的最大收缩约为 1.53mm，而 Z 向变形量较小，约 0.59mm。在此不讨论 Z 向变形，重点比较 FEM、BPN 和 SVM 这三个模型在 X 和 Y 方向的变形情况。

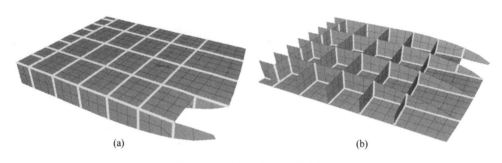

(a)　　　　　　　　　　　　　　　　　　　　(b)

图 3-86　模型 A 的焊缝施加图
(a) 正面；(b) 背面

分别将 BPN 及 SVM 模型预测的固有变形值输入到 Weld-STA 的固有应变数据库，赋予给焊缝后进行计算。在模型 A 上选取两条测量路径，分别是路径 1，沿船宽方向，以及路径 2，沿船长方向。这三组模型得到的位移曲线分别如图 3-88 和图 3-89 所示，由图可看出，无论是路径 1 和路径 2，均是 BPN 模型得到的位移值最大，FEM 模型次之，SVM 模型值最小。以图 3-88(a) 为例，测量路径起始端（S）变形最大，向末端（E）逐渐减小。BPN 模型得到的最大变形量约为 1.707mm，平均变形 1.03mm；FEM 模型的最大变形约 1.51mm，平均变形 0.91mm；SVM 模型最大变形 1.43mm，平均变形 0.88mm。SVM 模型的结果更接近 FEM 模型。这是由于 SVM 模型能够更加准确地预测固有变形值。

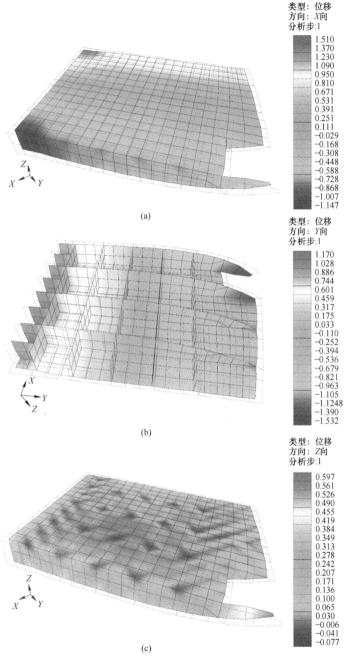

图 3-87　模型 A 焊接变形结果

（a）沿船长方向（X）；（b）沿船宽方向（Y）；（c）沿船高方向（Z）

扫码查看彩图

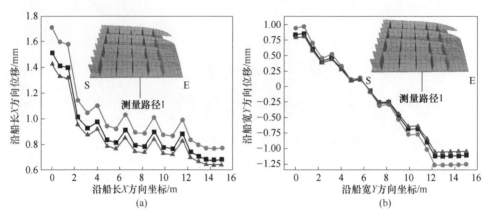

图 3-88   测量路径 1 的位移曲线

（a）沿船长 *X* 方向；（b）沿船宽 *Y* 方向

（—■—：FEM；—●—：BPN；—▲—：SVM）

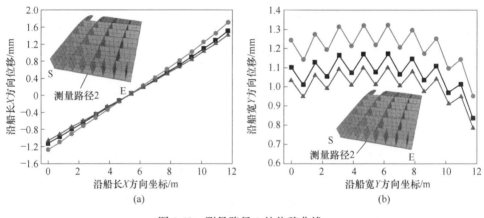

图 3-89   测量路径 2 的位移曲线

（a）沿船长 *X* 方向；（b）沿船宽 *Y* 方向

（—■—：FEM；—●—：BPN；—▲—：SVM）

在这里，认为 FEM 模型得到的结果最接近问题的真实解。由以上分析可知，这三组模型得到的焊接变形差异并不是很大，其中 SVM 模型相比 BPN 模型，结果更接近 FEM 模型，这表明 SVM 模型具有更好的泛化能力。在给定的参数范围内，可以快速及时地对焊接输入因素做出恰当的响应，从而在一定程度上可以作为替代有限元分析的近似模型。以上应用实例说明，本节建立的 T 形接头固有变形模型可以在合理的精度范围内对大型复杂船体结构的焊接变形进行快速预报。

3.4.7 明珠湾大桥钢桥面板焊接变形预测

3.4.7.1 工程概况

明珠湾大桥位于广州市南沙明珠湾区，主桥采用（96+164+436+164+96+60）m 中承式六跨连续钢桁拱桥，全长 1016m，主桥立面布置如图 3-90 所示。主梁为三主桁钢桁梁结构，桁间距 18.1m，边桁桁高 10.369m，中桁桁高 10.685m。桥面双层布置，上层为双向八车道公路，两侧为人行道，主桥桥面总宽 43.2m；下层两侧预留双车道，中间为管线走廊。明珠湾大桥已于 2021 年 6 月 20 日建成通车，成为粤港澳大湾区的交通枢纽工程和地标性建筑，大桥全景如图 3-91 所示。

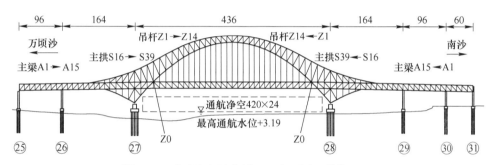

图 3-90　明珠湾大桥主桥立面布置图（单位：m）

图 3-91　广州明珠湾大桥

明珠湾大桥上层公路桥面采用正交异性钢桥面板的整体桥面，桥面板板厚16mm，采用 U 形闭口肋，壁厚 8mm，纵向每 3m 设置一道横隔板，与上弦杆栓接。上层钢桥面板与主桁上弦箱型截面上翼缘板的伸出肢焊接，共同承受主桁内力。桥面板宽均为 15.8m，最长的 QM8 桥面板 10.2m，质量为 48t，其余桥面板质量均不大于 40t，典型结构形式如图 3-92 所示，钢桥面板实物如图 3-93 所示。

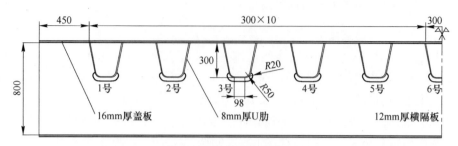

图 3-92　明珠湾大桥钢桥面板结构（单位：mm）

（a）　　　　　　　　　　　　　　（b）

图 3-93　明珠湾大桥钢桥面板节段

（a）预拼阶段；（b）吊装阶段

3.4.7.2　数值计算模型建立

根据明珠湾大桥钢桥面板设计图纸，采用 ABAQUS 软件建立了三跨连续正交异性钢桥面板的板壳单元模型，单元类型选用 S4R。桥面板纵桥向长 12000mm，横桥向宽 6600mm，沿纵桥向每隔 3000mm 布置一道横隔板，横隔板高 800mm，厚 12mm。沿横桥向布置 10 道 U 肋，U 肋中心线之间间距 300mm。桥面板模型单元共计 68620，节点数为 68079，如图 3-94 所示。

选取明珠湾大桥钢桥面板中的 U 肋-盖板双面焊接头作为其典型焊接节点（Rib-Deck，简称 RD 节点），RD 节点纵桥向长 200mm，横桥向宽 500mm，高度 316mm。U 肋外侧和内侧焊缝均采取不开坡口角焊缝，焊缝夹角分别为 102°和 79°。内外侧角焊缝均为单道焊，考虑到结构对称，只建立一半的模型，RD 节点模型如图 3-95 所示。

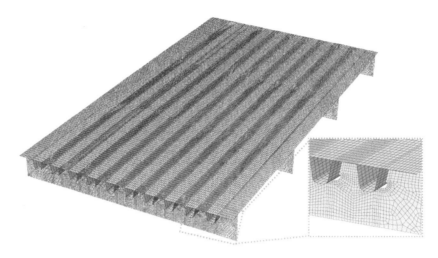

图 3-94　桥面板整体网格模型

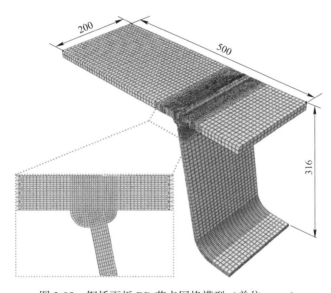

图 3-95　钢桥面板 RD 节点网格模型（单位：mm）

3.4.7.3　RD 节点焊接热弹塑性分析

A　材料性能及边界条件

明珠湾大桥钢桥面板采用 Q345qD 钢材制造，本节结合参考文献及欧规 EN10025-2 标准，对 Q345qD 钢材的高温热物性参数和力学性能参数进行合理修正[88]，所得材料高温热力学参数如图 3-96 所示。焊接过程涉及辐射和热传导，本节设定模型的传热系数为 15W/（m²·K），Stefan-Boltzmann 辐射常数为 5.67×

10^{-8}W/($m^2 \cdot K^4$)。为限制模型的刚体位移和转动，对模型施加合理的边界条件，在 RD 节点的对称面施加对称约束，即 $U_X = R_Y = R_Z = 0$，其他边界条件如图 3-97 所示。焊接分析过程采用"生死单元法"模拟焊料的填充，通过逐步激活焊缝单元实现焊接过程的模拟。

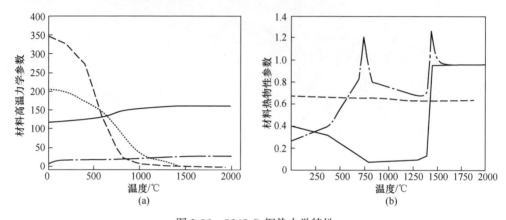

图 3-96 Q345qD 钢热力学特性

（a）材料高温力学性能；（b）热物理性能

(a)——：热膨胀系数 $\alpha / \times 10^{-7}$℃$^{-1}$，——：屈服压力 Re/MPa，·······：杨氏模量 E/GPa，—·—：泊松比 $\mu / \times 10^{-3}$；

(b)——：导热系数 $K / \times 10^2$ W·(m·℃)$^{-1}$，—·—：比热容 $C / \times 10^3$ J·(kg·℃)$^{-1}$，——：密度 $\rho / \times 10^4$ kg·m^{-3}

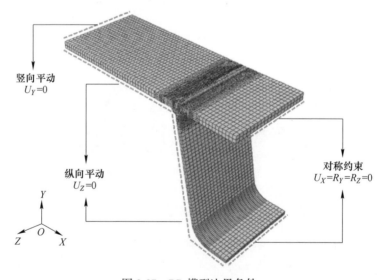

图 3-97 RD 模型边界条件

B 温度场分析

钢材 Q345qD 的熔点在 1400~1500℃，本节取 1400℃为材料熔点。图 3-98 为

U肋内焊及外焊焊接过程中形成的熔池形貌，可以看出，U肋内焊及外焊均已熔透，外焊的熔池中心最高温度约1799℃，略高于内焊熔池温度。图3-99为U肋内焊过程中的瞬态温度场分布，此时焊接温度场已基本处于准稳态，熔池最高温度约1736℃，而RD节点其他部位的温度基本处于室温，表明焊接的局部热效应显著。图3-100为焊接过程中RD节点内焊及外焊测量点的温度时程曲线，可以看出，无论是U肋内焊还是外焊，靠近焊趾的测量点温度在热源经过时迅速升高，接近1500℃，而远离焊缝区域的峰值温度陡降，焊缝处各点都经历了一个短暂的焊接热循环作用。

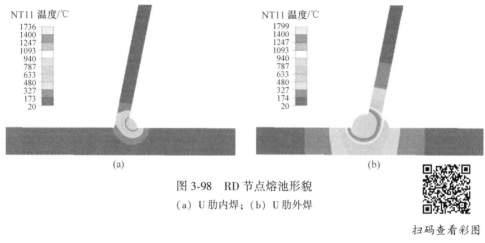

图 3-98　RD 节点熔池形貌

（a）U 肋内焊；（b）U 肋外焊

扫码查看彩图

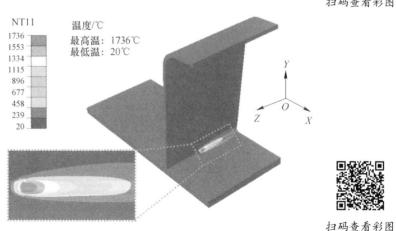

扫码查看彩图

图 3-99　U 肋内焊过程中的瞬态温度场

C　应力场分析

焊接完成冷却之后，因为金属的加热膨胀和冷却收缩受到限制，所以焊缝附近存在残余应力。图3-101为RD节点焊接完成之后的Mises应力分布，可以看出，在 U 肋和盖板连接焊缝附近的残余应力较大，Mises 应力最大值约 345MPa，接近 Q345qD 钢材的屈服极限，而远离焊缝区的 Mises 应力显著减小。

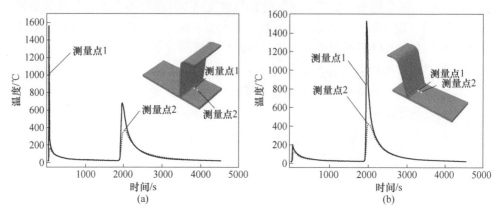

图 3-100　RD 节点焊接过程测量点温度时程曲线

（a）U 肋内焊；（b）U 肋外焊

(a)——内焊缝焊趾，┄┄距离内焊缝焊趾16mm；

(b)——外焊缝焊趾，┄┄距离外焊缝焊趾16mm

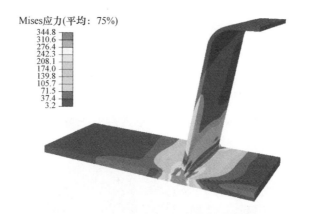

扫码查看彩图

图 3-101　焊接完后 RD 节点 Mises 应力

沿 RD 节点盖板上的路径 1 和路径 2 测量残余应力，包括横向残余应力和纵向残余应力，其中纵向应力平行于焊缝方向，横向应力垂直于焊缝方向，分布曲线如图 3-102 所示。由图 3-102 可以看出，路径 1 纵向残余应力在焊缝处为拉应力，峰值约 416.49MPa，远离焊缝，残余应力逐渐转变为压应力；横向残余应力在焊缝附近出现最大拉应力约 250MPa，但在焊缝中心处出现应力波谷，远离焊缝逐渐减小至 0；沿测量路径 2 的残余应力分布与路径 1 的趋势基本类似，但数值上有所差异，其纵向拉应力相比路径 1 要稍小，但纵向压应力要更大些。这反映出焊接热效应在板厚方向的影响不同，盖板上下表面的塑性变形不均匀，导致板厚方向的焊接残余应力也存在差异；沿路径 3 的残余应力分布接近路径 1 和 2 的一半，其纵向残余应力在靠近焊缝处为拉应力，远离焊缝迅速转变为压应力，分布与沿路径 1 和 2 的 U 肋内/外侧的纵向应力类似。横向残余应力也表现出类似的分布趋势，这是由于沿盖板测量线的 U 肋两侧均有焊缝，而沿 U 肋测量线只有单侧有焊缝。总体来看，横向残余应力在数值上小于纵向残余应力，残余应力在焊缝附近的变化梯度较大，纵向残余拉应力分布在 U 肋腹板两侧约 50mm 的范围内，至 U 肋外侧和内侧逐渐转变为压应力。

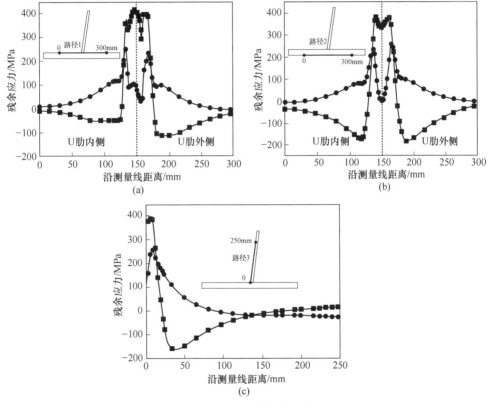

图 3-102　RD 节点的残余应力

（a）沿测量路径 1；（b）沿测量路径 2；（c）沿测量路径 3

（ ■：纵向应力；● ：横向应力 ）

3.4.7.4　基于固有应变的钢桥面板焊接变形计算

在第 3.4.7.3 节钢桥面板典型 RD 节点焊接热弹塑性分析的基础上，提取相同焊接工艺参数对应的固有应变值，进行正交异性钢桥面板的焊接变形计算分析。

A　桥面板模型

在 ABAQUS 软件建立不带横隔板以及带横隔板的桥面板壳单元模型（见图 3-103），作为初始模型导入至上海交通大学自主研发的焊接变形计算软件 PerFact-Welding，软件自动识别构件的相交线并定义为焊缝，进而在焊缝处施加对应的固有应变值实施计算。

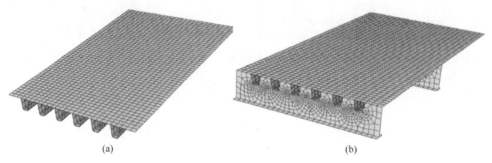

(a)　　　　　　　　　　　　　　　　(b)

图 3-103　钢桥面板有限元模型

（a）无横隔板；（b）带横隔板

B　焊接顺序与边界

为研究不同焊接顺序对桥面板焊接变形的影响，本节就不带横隔板与带横隔板模型提出三种不同的焊接顺序。带隔板桥面板模型焊接顺序：（1）焊接顺序 1，从左至右依次焊接纵肋，所有纵肋均由横隔板向两端同时焊接；（2）焊接顺序 2，首先焊接中间纵肋，然后依次交替焊接相邻纵肋，同时施焊横隔板另一端纵肋；（3）焊接顺序 3，从左至右间隔焊接纵肋，同时施焊另一端纵肋。不带隔板桥面板模型焊接顺序：（1）焊接顺序 1，从左至右依次焊接纵肋；（2）焊接顺序 2，首先焊接中间纵肋，然后交替焊接相邻纵肋；（3）焊接顺序 3，从左至右间隔焊接纵肋，纵肋施焊方向均为从盖板一端至另一端。具体焊接顺序如图 3-104 和图 3-105 所示。

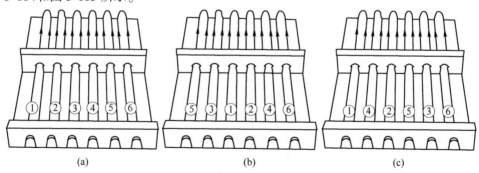

(a)　　　　　　　　　　(b)　　　　　　　　　　(c)

图 3-104　带隔板桥面板模型三种焊接顺序

（a）焊接顺序 1；（b）焊接顺序 2；（c）焊接顺序 3

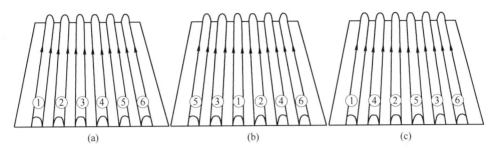

图 3-105 不带隔板桥面板模型三种焊接顺序

（a）焊接顺序 1；（b）焊接顺序 2；（c）焊接顺序 3

对桥面板模型施加合理的边界条件，以模拟钢桥面板在工厂焊接胎架时的施焊状态，并在各自一侧取七个点进行焊接变形测量，具体边界条件如图 3-106 所示。

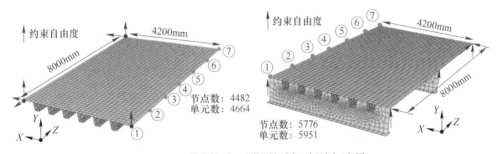

图 3-106 带隔板与不带隔板桥面板施加边界

C 焊接变形结果分析

将 3.4.7.3 节典型节点热弹塑性分析得到的固有应变值作为初始荷载施加于桥面板对应焊缝，进行弹性板单元有限元计算，即可得到结构的焊接变形。对于带横隔板的桥面板，焊接顺序 2 时 X 方向的变形如图 3-107 所示。由图 3-107 可以看出，在第 2 种焊接顺序下，带横隔板桥面板发生不均匀的面内变形，由于横隔板的存在，靠近横隔板处的刚度较大，导致的 X 向收缩变形较小，而在两横隔板跨中边缘，由于无约束，面板产生的 X 向收缩较大，右侧最大变形值约 1mm，左侧最大变形约 0.5mm，面板左右两端变形不均匀，这是由于 U 肋施焊顺序不同造成热输入的分布不同导致的。图 3-108 为不带横隔板的桥面板纵向焊接变形，可以看出，纵向焊接变形相比横向变形明显要小，最大值出现在 U 肋端部，约 0.14mm，这是由于 U 肋的纵向刚度较大，限制了桥面板结构的变形。总体来看，正交异性钢桥面板的面内变形不大，采用合理的焊接工艺措施，能够有效地将焊接变形控制在允许范围之内。通过上述研究分析发现，采用基于固有应变/变形的数值计算方法，可以快速预测大型桥面板结构的焊接变形，根据分析结果有助于优化调整焊接工艺方案，并有针对性地提出控制措施。

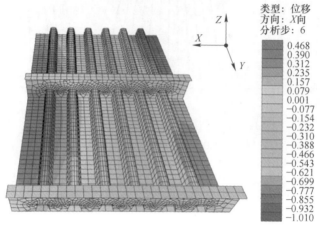

类型：位移
方向：X向
分析步：6

0.468
0.390
0.312
0.235
0.157
0.079
0.001
-0.077
-0.154
-0.232
-0.310
-0.388
-0.466
-0.543
-0.621
-0.699
-0.777
-0.855
-0.932
-1.010

扫码查看彩图

图 3-107　带横隔板桥面板在焊接顺序 2 下 X 向变形

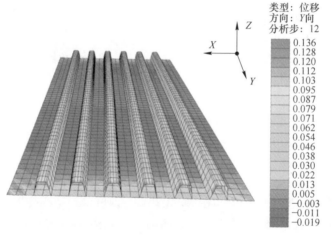

类型：位移
方向：Y向
分析步：12

0.136
0.128
0.120
0.112
0.103
0.095
0.087
0.079
0.071
0.062
0.054
0.046
0.038
0.030
0.022
0.013
0.005
-0.003
-0.011
-0.019

扫码查看彩图

图 3-108　不带横隔板桥面板在焊接顺序 2 下 Y 向变形

 本章小结

　　本章研究了基于软计算的智能建模技术在焊缝尺寸及焊接变形等领域的应用，以人工神经网络、遗传算法和支持向量机算法为研究工具，结合数值仿真及焊接实验，分别建立了 GA 优化 BP 神经网络的焊缝尺寸预测模型，平板堆焊焊接变形的人工神经网络模型以及 T 形接头固有变形预测模型。主要得到了以下研究结论。

　　（1）采用 TIG 焊接不锈钢薄板的实验数据，建立了以电弧长度、保护气流量、焊接电流和速度为输入，焊缝余高及宽度为输出的 BP 神经网络模型。以网络输出的误差绝对值为适应度函数，采用遗传算法对 BP 网络的初始权值和阈值进行优化。结果表明，经 GA 优化后的 BP 神经网络预测误差小于 7%，而未经优化的 BP 神经网络预测误差最大约 14%。

（2）基于 ABAQUS 建立了 GTA 平板堆焊的热弹塑性有限元模型，并通过焊接实验验证了模型的有效性。分析了焊接工艺参数与焊接变形之间的耦合关系。实验结果表明，随着热输入的增加，角变形先增大后减小，而横向收缩基本和热输入呈线性增加。

（3）以电流、电压和焊速为输入，角变形和横向收缩为输出建立了 BP 神经网络模型，确定了合适的网络结构并进行训练。仿真实验表明，BP 神经网络预测值与实验值的最大误差不超过 9%，相关系数可达 0.99。该 BP 神经网络模型能够在一定的焊接参数范围内较为准确地对平板堆焊的角变形和横向收缩进行预测。

（4）建立了 T 形接头的热弹塑性有限元模型，并由焊接实验进行了验证。通过位移法得到了固有变形值。纵向固有变形为 0.169mm，横向固有变形为 0.456mm。以该模型为基础进行了数值仿真实验，结果表明，固有变形随热输入的增加而增大，随板厚的增加而减小。

（5）以电流、电压、焊速和板厚为输入条件，以横向及纵向固有变形为输出条件，分别建立了人工神经网络（BPN）和支持向量机（SVM）模型。采用遗传算法对 SVM 模型参数进行优化，得到最佳参数为：$C=6.8070$，$\sigma=2.5919$，$\varepsilon=0.0848$。BPN 模型预测精度约为 85%，而 SVM 模型的预测精度可达 90% 以上。说明 SVM 模型避免了神经网络建模中的经验成分，具有更好的泛化能力。

（6）将建立的 T 形接头固有变形预测模型成功应用于 4800TEU 集装箱船双层底分段的焊接变形预测。三组模型得到的焊接变形结果差别不大，其中 BPN 模型得到的变形量最大，FEM 模型次之，SVM 模型最小，SVM 模型的结果更接近 FEM。同时，针对广州明珠湾大桥的正交异性钢桥面板进行了焊接数值仿真，通过 RD 节点的热弹塑性分析得到固有变形值，将其作为初始荷载施加于对应焊缝，得到了钢桥面板的焊接变形分布。仿真实验验证了本章建立的典型焊接接头固有变形模型在船舶及钢桥面板结构焊接变形预报中的可行性。

参 考 文 献

[1] 温显斌，张桦，张颖，等. 软计算及其应用 [M]. 北京：科学出版社，2009.

[2] Hagan M T, Demuth H B, Beale M. Neural network design [M]. Vikas Publishing House：Thomson Learning，1996.

[3] Haykin S S, Haykin S S, Haykin S S, et al. Neural networks and learning machines [M].

Upper Saddle River：Pearson Education，2009.

[4] Paul J W. Beyond Regression：New Tools for Prediction and Analysis in the Behavioral Sciences [D]. Boston：Harvard University，1974.

[5] Holland John H. Adaptation in natural and artificial systems：an introductory analysis with applications to biology，control，and artificial intelligence [M]. Michigan：University of Michigan，1975.

[6] 玄光男，程润伟. 遗传算法与工程优化 [M]. 北京：清华大学出版社，2004.

[7] 雷英杰，张善文，周创明，等. MATLAB 遗传算法工具箱及应用 [M]. 西安：西安电子科技大学出版社，2014.

[8] Cortes C，Vapnik V. Support-vector networks [J]. Machine Learning，1995，20（3）：273-297.

[9] Cristianini N，Shawe-Taylor J. An introduction to support vector machines and other kernel-based learning methods [M]. Cambridge：Cambridge university press，2000.

[10] 王文剑，门昌骞. 支持向量机建模及应用 [M]. 北京：科学出版社，2014.

[11] 许小平，周飞霓. 船舶钢结构焊接技术 [M]. 北京：机械工业出版社，2010.

[12] Acherjee B，Mondal S. Application of artificial neural network for predicting weld quality in laser transmission welding of thermoplastics [J]. Applied Soft Computing，2011，11：2548-2555.

[13] Pal S，Pal S K. Artificial neural network modeling of weld joint strength prediction of a pulsed metal inert gas welding process using arc signals [J]. Journal of Materials Processing Technology，2008，202：464-474.

[14] 董志波，魏艳红，等. 遗传算法与神经网络结合优化焊接接头力学性能预测模型 [J]. 焊接学报，2007，28（12）：69-72.

[15] 叶建雄，张晨曙. 焊接工艺参数中的 BP 神经网络与遗传算法结合 [J]. 上海交通大学学报，2008，42（11）：57-60.

[16] Juang S C，Tarng Y S. Process parameter selection for optimizing the weld pool geometry in the tungsten inert gas welding of stainless steel [J]. Journal of Materials Processing Technology，2002，122：33-37.

[17] MATLAB User's Manual. MATLAB release 2013a，MathWorks，Inc.，2013.

[18] 史峰，王小川，等. MATLAB 30 个神经网络案例分析 [M]. 北京：北京航空航天大学出版社，2011.

[19] 田锡唐. 焊接结构 [M]. 北京：机械工业出版社，1982.

[20] Deng D，Liang W，Murakawa H. Determination of welding deformation in fillet-welded joint by means of numerical simulation and comparison with experimental measurements [J]. Journal of Materials Processing Technology，2007，183（2）：219-225.

[21] Deng D，Murakawa H，Liang W. Prediction of welding distortion in a curved plate structure by means of elastic finite element method [J]. Journal of Materials Processing Technology，2008，203（1）：252-266.

［22］ Deng D, Murakawa H, Liang W. Numerical simulation of welding distortion in large structures ［J］. Computer Methods in Applied Mechanics and Engineering, 2007, 196 (45): 4613-4627.

［23］ Deng D, Murakawa H, Shibahara M. Investigations on welding distortion in an asymmetrical curved block by means of numerical simulation technology and experimental method ［J］. Computational Materials Science, 2010, 48 (1): 187-194.

［24］ Long H, Gery D, Carlier A, et al. Prediction of welding distortion in butt joint of thin plates ［J］. Materials & Design, 2009, 30 (10): 4126-4135.

［25］ Sulaiman M S, Manurung Y H P, Haruman E, et al. Simulation and experimental study on distortion of butt and T-joints using WELD PLANNER ［J］. Journal of Mechanical Science and Technology, 2011, 25 (10): 2641-2646.

［26］ Chern T S, Tseng K H, Tsai H L. Study of the characteristics of duplex stainless steel activated tungsten inert gas welds ［J］. Materials & Design, 2011, 32 (1): 255-263.

［27］ Tseng K H, Chou C P. The study of nitrogen in argon gas on the angular distortion of austenitic stainless steel weldments ［J］. Journal of Materials Processing Technology, 2003, 142 (1): 139-144.

［28］ Mollicone P, Camilleri D, Gray T G F, et al. Simple thermo-elastic-plastic models for welding distortion simulation ［J］. Journal of Materials Processing Technology, 2006, 176 (1): 77-86.

［29］ Okuyucu H, Kurt A, Arcaklioglu E. Artificial neural network application to the friction stir welding of aluminum plates ［J］. Materials & Design, 2007, 28 (1): 78-84.

［30］ Hamidinejad S M, Kolahan F, Kokabi A H. The modeling and process analysis of resistance spot welding on galvanized steel sheets used in car body manufacturing ［J］. Materials & Design, 2012, 34: 759-767.

［31］ Ahmadzadeh M, Hoseini Fard A, Saranjam B, et al. Prediction of residual stresses in gas arc welding by back propagation neural network ［J］. NDT & E International, 2012, 52: 136-143.

［32］ Kumanan S, Kumar R A, Dhas J E R. Development of a welding residual stress predictor using a function-replacing hybrid system ［J］. The International Journal of Advanced Manufacturing Technology, 2007, 31 (11, 12): 1083-1091.

［33］ Lim D H, Bae I H, Na M G, et al. Prediction of residual stress in the welding zone of dissimilar metals using data-based models and uncertainty analysis ［J］. Nuclear Engineering and Design, 2010, 240 (10): 2555-2564.

［34］ Vilar R, Zapata J, Ruiz R. An automatic system of classification of weld defects in radiographic images ［J］. NDT & E International, 2009, 42 (5): 467-476.

［35］ Yahia N B, Belhadj T, Brag S, et al. Automatic detection of welding defects using radiography with a neural approach ［J］. Procedia Engineering, 2011, 10: 671-679.

［36］ Martín Ó, De T P, López M. Artificial neural networks for pitting potential prediction of resistance spot welding joints of AISI 304 austenitic stainless steel [J]. Corrosion Science, 2010, 52 (7): 2397-2402.

[37] Carvalho A A, Rebello J M A, Sagrilo L V S, et al. MFL signals and artificial neural networks applied to detection and classification of pipe weld defects [J]. Ndt & E International, 2006, 39 (8): 661-667.

[38] Lightfoot M P, Bruce G J, McPherson N A, et al. The application of artificial neural networks to weld-induced deformation in ship plate [J]. Welding Journal-New York, 2005, 84 (2): 23.

[39] Lightfoot M P, Bruce G J, McPherson N A, et al. Artificial neural networks-an aid to welding induced ship plate distortion [J]. Science and Technology of Welding & Joining, 2005, 10 (2): 187-189.

[40] Lightfoot M P, McPherson N A, Woods K, et al. Artificial neural networks as an aid to steel plate distortion reduction [J]. Journal of Materials Processing Technology, 2006, 172 (2): 238-242.

[41] Bruce G J, Yuliadi M Z, Shahab A. Towards a practical means of predicting weld distortion [J]. Journal of Ship Production, 2001, 17 (2): 62-68.

[42] Bruce G, Lightfoot M. The use of artificial neural networks to model distortion caused by welding [J]. International Journal of Modelling and Simulation, 2007, 27 (1): 32-37.

[43] Seyyedian C M, Haghpanahi M, Sedighi M. Prediction of welding-induced angular distortions in thin butt-welded plates using artificial neural networks [J]. Computational Materials Science, 2012, 62: 152-159.

[44] Nehad A L K. Enthalpy technique for solution of Stefan problems: application to the keyhole plasma arc welding process involving moving heat source [J]. International Communications in Heat and Mass Transfer, 1995, 22 (6): 779-790.

[45] Stoenescu R, Schäublin R, Gavillet D, et al. Welding-induced microstructure in austenitic stainless steels before and after neutron irradiation [J]. Journal of Nuclear Materials, 2007, 360 (2): 186-195.

[46] 中国国家标准管理委员会. GB/T 20878—2007　不锈钢和耐热钢　牌号及化学成分[S]. 北京: 中国标准出版社, 2007.

[47] Lin C M, Tsai H L, Cheng C D, et al. Effect of repeated weld-repairs on microstructure, texture, impact properties and corrosion properties of AISI 304L stainless steel [J]. Engineering Failure Analysis, 2012, 21: 9-20.

[48] Okagaito T, Ohji T, Miyasaka F. UV Radiation Thermometry of TIG Weld Pool-Development of UV Radiation Thermometry (Report Ⅰ) [J]. Quarterly Journal of the Japan Welding Society, 2004, 22 (1): 21-26.

[49] Brickstad B, Josefson B L. A parametric study of residual stresses in multi-pass butt-welded stainless steel pipes [J]. International Journal of Pressure Vessels and Piping, 1998, 75 (1): 11-25.

［50］ 邓德安，梁伟，罗宇. 采用热弹塑性有限元方法预测低碳钢钢管焊接变形［J］. 焊接学报，2006，27（1）：76-80.

［51］ Deng D, Luo Y, Serizawa H, et al. Numerical simulation of residual stress and deformation considering phase transformation effect［J］. Transactions of JWRI, 2003, 32（2）：325-333.

［52］ Bae K Y, Na S J. An analysis of thermal stress and distortion in bead-on-plate welding using laminated isotropic plate theory［J］. Journal of Materials Processing Technology, 1996, 57（3）：337-344.

［53］ Silva A C F, Braga D F O, de Figueiredo M A V, et al. Friction stir welded T-joints optimization［J］. Materials & Design, 2014, 55：120-127.

［54］ Labeas G, Diamantakos I. Laser beam welding residual stresses of cracked T-joints［J］. Theoretical and Applied Fracture Mechanics, 2013, 63：69-76.

［55］ 祁俊峰，牛振，张冬云，等. CO_2 激光焊接船用铝合金 T 型材的焊缝成形控制［J］. 中国激光，2009，35（2）：297-302.

［56］ Mazar A M, Nikodinovski M, Chenier P, et al. Experimental and numerical investigations of hybrid laser arc welding of aluminum alloys in the thick T-joint configuration［J］. Optics & Laser Technology, 2014, 59：68-92.

［57］ Asle Z M, Nami M R, Kadivar M H. Prediction of welding buckling distortion in a thin wall aluminum T joint［J］. Computational Materials Science, 2007, 38（4）：588-594.

［58］ Deng D, Zhou Y, Bi T, et al. Experimental and numerical investigations of welding distortion induced by CO_2 gas arc welding in thin-plate bead-on joints［J］. Materials & Design, 2013, 52：720-729.

［59］ Zhao Y, Zhou L, Wang Q, et al. Defects and tensile properties of 6013 aluminum alloy T-joints by friction stir welding［J］. Materials & Design, 2014, 57：146-155.

［60］ Fratini L, Micari F, Squillace A, et al. Experimental characterization of FSW T-joints of light alloys［J］. Key Engineering Materials, 2007, 344：751-758.

［61］ Lee C K, Chiew S P, Jiang J. Residual stress of high strength steel box T-joints：Part 1：Experimental study［J］. Journal of Constructional Steel Research, 2013, 93：20-31.

［62］ Wang J, Rashed S, Murakawa H, et al. Numerical prediction and mitigation of out-of-plane welding distortion in ship panel structure by elastic FE analysis［J］. Marine Structures, 2013, 34：135-155.

［63］ Wang J, Shibahara M, Zhang X, et al. Investigation on twisting distortion of thin plate stiffened structure under welding［J］. Journal of Materials Processing Technology, 2012, 212（8）：1705-1715.

［64］ Murakawa H, Deng D, Ma N, et al. Applications of inherent strain and interface element to simulation of welding deformation in thin plate structures［J］. Computational Materials Science, 2012, 51（1）：43-52.

［65］ Hou X, Yang X, Cui L, et al. Influences of joint geometry on defects and mechanical properties of friction stir welded AA6061-T4 T-joints［J］. Materials & Design, 2014, 53：

106-117.

[66]　Perić M, Tonković Z, Rodić A, et al. Numerical analysis and experimental investigation of welding residual stresses and distortions in a T-joint fillet weld [J]. Materials & Design, 2014, 53: 1052-1063.

[67]　Meng W, Li Z, Lu F, et al. Porosity formation mechanism and its prevention in laser lap welding for T-joints [J]. Journal of Materials Processing Technology, 2014, 214 (8): 1658-1664.

[68]　Cui L, Yang X, Xie Y, et al. Process parameter influence on defects and tensile properties of friction stir welded T-joints on AA6061-T4 sheets [J]. Materials & Design, 2013, 51: 161-174.

[69]　Ueda Y, KIM Y C, YUAN M G. A Predicting Method of Welding Residual Stress Using Source of Residual Stress (Report I): Characteristics of Inherent Strain (Source of Residual Stress) [J]. Transactions of JWRI, 1989, 18 (1): 135-141.

[70]　Takeda Y. Prediction of butt welding deformation of curved shell plates by inherent strain method [J]. Journal of Ship Production, 2002, 18 (2): 99-104.

[71]　Ueda Y, Yuan M G. Prediction of residual stresses in butt welded plates using inherent strains [J]. Journal of Engineering Materials and Technology, 1993, 115 (4): 417-423.

[72]　Ueda Y, Yuan M G. The characteristics of the source of welding residual stress (inherent strain) and its application to measurement and prediction [J]. Trans of JWRI, 1991, 20 (2): 119-127.

[73]　Jiangchao Wang. Investigation of Buckling Distortion of Ship Structure due to Welding Assembly Using Inherent Deformation Theory [D]. Osaka: Osaka University, 2012.

[74]　Luo Y, Murakawa H, Ueda Y. Prediction of welding deformation and residual stress by elastic FEM based on inherent strain (first report): mechanism of inherent strain production [J]. Transactions of JWRI, 1997, 26 (2): 49-57.

[75]　Murakawa H, Luo Y, Ueda Y. Inherent Strain as an interface between computational welding mechanics and its industrial application [J]. Mathematical Modeling of Weld Phenomena, 1998 (4): 597-619.

[76]　White J D, Leggatt R H, Dwight J B. Weld shrinkage prediction [J]. Welding and Metal Fabrication, 1980 (11): 587-596.

[77]　Satoh K, Ueda Y, Fujimoto J. Welding distortion and residual stresses [M]. Tokyo: Sanpo Publications, 1979.

[78]　Terasaki T, Nakatani M, Ishimura T. Study of tendon force generating in welded joint [J]. Journal of Japan Welding Society, 2000, 18 (3): 479-486.

[79]　罗宇, 鲁华益, 谢雷, 等. Tendon Force 的概念及计算方法 [J]. 造船技术, 2004 (4): 35-37.

[80]　ABAQUS Analysis User's Manual, Version 6.12-1. Dassault Systèmes Simulia Corp., 2012.

[81]　Lin C J. Formulations of Support Vector Machines: A Note from an Optimization Point of View

［J］. Neural Computation，2001，13（2）：307-317.

［82］ Chang C C，Lin C J. LIBSVM：a library for support vector machines ［J］. ACM Transactions on Intelligent Systems and Technology（TIST），2011，2（3）：1-27.

［83］ 上海交通大学模式分析与机器智能实验室. LibSVM-2. 6 程序代码注释，2005.

［84］ Lin S W，Ying K C，Chen S C，et al. Particle swarm optimization for parameter determination and feature selection of support vector machines ［J］. Expert Systems with Applications，2008，35（4）：1817-1824.

［85］ Smola A J，Schölkopf B. A tutorial on support vector regression ［J］. Statistics and Computing，2004，14（3）：199-222.

［86］ 李翠平，郑瑶瑕，张佳，等. 基于遗传算法优化的支持向量机品位插值模型 ［J］. 北京科技大学学报，2013，35（7）：837-843.

［87］ 上海交通大学船舶海洋与建筑工程学院，结构力学研究所. 焊接变形预测系统 Weld ﹍ Sta V1. 0 用户手册，2013.

［88］ 崔闯. 基于应变能的钢桥面板与纵肋连接细节疲劳寿命评估方法及其可靠度研究 ［D］. 成都：西南交通大学，2018.

4 双沟截面环件冷辗成型
理论与数值仿真

环件冷辗扩是生产无缝环件的特种加工工艺，通过连续局部塑性回转使得壁厚减小、直径扩大，直至截面轮廓成型，具有节能、节材、生产效率高、制造成本低及质量好等优势，广泛应用于生产各类轴承套圈、齿轮环、法兰环、机车轮箍等精密无缝环件[1]。

目前针对矩形截面等常规环件冷辗扩的理论及工艺研究取得了丰富的成果，实际生产也很成功；而异形截面环件冷辗难度大，变形规律更加复杂，因此研究相对薄弱，在实际生产中也存在较多技术难题[2]，这导致了异形截面环件在生产中往往缺乏可靠的理论指导。本章以双沟环件为研究对象，建立了关于双沟截面环件冷辗成型的弹塑性有限元模型，采用理论分析与数值计算相结合的办法对双沟截面环件冷辗成型规律进行了研究。

本章提出了适合于双沟环件冷辗成型的理论-仿真联合工艺设计方案，并以此对 4206 型双沟轴承外圈的冷辗成型进行了研究，最后进行了环件轧制，生产出了合格的 4206 型轴承外圈，验证了所提出工艺方法的有效性，同时也可为其他异形截面环件冷辗成型的研究提供借鉴。

4.1 双沟环件冷辗成型基础理论

长期以来，大多数环件冷辗的理论研究都是针对矩形截面环件，矩形环件闭式冷辗成型示意图如图 4-1 所示。武汉理工大学的华林教授经过长期探索与研究，建立了比较系统的矩形截面环件冷辗成型理论及工艺体系[1]；而异形截面环件冷辗作为环件冷辗最有吸引力的领域，其研究的广度和深度均不够。因此，在实际生产异形截面环件时，往往近似地套用矩形截面环件的理论作为指导。这不利于精密高效地控制异形截面环件冷辗成型，不仅造成产品合格率降低，严重时还可能损坏模具和设备。本节比较系统地对双沟型环件冷辗成型的基础理论进行研究，主要包括环件外径增长规律、芯辊进给速度范围、导向辊控制方式以及工艺参数设计准则等方面。这些理论研究成果可为后续的数值建模和环件轧制提供参数指导。

4.1.1 双沟环件冷辗外径增长规律

双沟环件截面具有球形沟道，认为其辗扩成型过程分成两个阶段进行[3]：

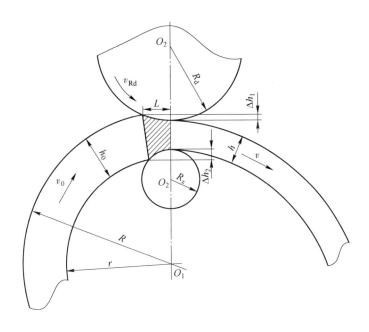

图 4-1 矩形环件闭式冷辗示意图

第一阶段：芯辊沟球从接触环件内壁到完全压入形成球形槽；第二阶段：芯辊与环件内壁充分接触直至辗扩成型至预定尺寸。假设总的辗扩时间是 t，第一阶段辗扩时间定为 $0 \sim t_1$，第二阶段辗扩时间定为 $t_1 \sim t$。下面分别对这两个阶段进行分析。

4.1.1.1 环件内沟道成型阶段

在该阶段，认为环件壁厚保持不变，成型沟道的金属用来抵消环件外径增长。主要作用是成型出双沟环件的沟形槽。沟道成型阶段辗扩过程如图 4-2 所示。

以环件的轴心线为 Y 轴，以过芯辊沟球圆心的水平线为 X 轴建立坐标系。芯辊进给速度为 v，在时刻 t，芯辊的进给量 $S_t = vt$，此时对应的圆心角为 θ_t。随着芯辊连续进入环件，内外径增大，但壁厚保持不变。此时圆弧 $\overset{\frown}{ABC}$ 和线段 $\overline{AC}$ 所围截面绕 Y 轴旋转一周即得沟球槽的体积。下面推导该阶段环件外径随时间变化的表达式。

芯辊进给 t 时刻沟槽截面的曲线方程为：

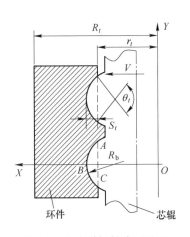

图 4-2 内沟道辗扩成型过程

$$\left.\begin{array}{c} (x - d_1)^2 + y^2 = R_b^2 \\[2mm] d_1 = r_t - R_b\cos\dfrac{\theta_t}{2} \end{array}\right\}　(4\text{-}1)$$

式中，r_t 为 t 时刻环件的内径；R_b 为芯辊沟球半径。

该曲线绕 Y 轴旋转一周形成的球形槽的体积为：

$$V_{q1} = 2\pi\int_0^{B_1'}\left(d_1 + \sqrt{R_b^2 - y^2}\right)^2\mathrm{d}y - 2\pi r_t^2 B_1'$$

$$= \pi R_b^2\sin\frac{\theta_t}{2}\left[\frac{5}{3}R_b + \frac{1}{3}R_b\cos\theta_t - 2r_t\cos\frac{\theta_t}{2} + \frac{\theta_t\left(r_t - R_b\cos\dfrac{\theta_t}{2}\right)}{\sin\dfrac{\theta_t}{2}}\right]　(4\text{-}2)$$

式中，$B_1' = R_b\sin\dfrac{\theta}{2}$，即芯辊沟球处的半宽度。

环件冷辗过程中金属体积保持不变，取辗扩过程的任一时刻 t，有：

$$\left.\begin{array}{l} V_{t1} = V_0 \\[2mm] V_{t1} = \pi(R_t^2 - r_t^2)B - 2V_{q1} \\[2mm] V_0 = \pi B(R^2 - r^2) \\[2mm] H_t = H = R_t - r_t = R - r \end{array}\right\}　(4\text{-}3)$$

式中，V_{t1} 为沟道成型时任一时刻的环件体积；V_0 为环件毛坯体积；H 为环件毛坯壁厚；H_t 为 t 时刻时环件壁厚；R、r 为环件初始外径、内径；R_t、r_t 为环件辗扩 t 时刻的外径、内径；B 为环件轴向宽度。

联立式(4-1)~式(4-3)求解，得到第一阶段环件外径表达式为：

$$R_t = \frac{BHR + R_b^2\left(\dfrac{5}{3}R_b\sin\dfrac{\theta_t}{2} + \dfrac{1}{3}R_b\sin\dfrac{\theta_t}{2}\cos\theta_t + H\sin\theta_t - H\theta_t - R_b\theta_t\cos\dfrac{\theta_t}{2}\right)}{HB + R_b^2(\sin\theta_t - \theta_t)}$$

$$(4\text{-}4)$$

式中，$\theta_t = 2\sec\left[(R_b - vt)/R_b\right]$。

4.1.1.2　环件充分辗扩阶段

芯辊沟球完全压入环件内壁形成内沟槽后，冷辗过程进入第二阶段。芯辊工作表面与环件内壁充分接触并持续进给，使环件内外径增大，壁厚减小。主要目的是使环件内外径达到预定尺寸直至成型出成品。芯辊进给示意图如图 4-3 所示。

充分辗扩阶段的坐标系如图 4-3 所示。在该辗扩阶段，芯辊沟球高度等于第一阶段结束时芯辊的进给量，即 $S = vt_1$。此时沟槽截面圆心角 α 保持不变，沟球截面旋转形成的球形槽体积随着环件内外径的扩大而增大，伴随着芯辊连续进给直至环件增长至预定尺寸。下面对第二阶段环件外径增长表达式进行推导。

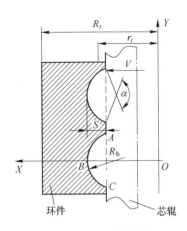

图 4-3　双沟环件充分
辗扩成型过程

该辗扩阶段任一时刻围成沟槽截面的曲线方程为：

$$
\left.\begin{array}{l}
(x - d_2)^2 + y^2 = R_b^2 \\[2mm]
d_2 = r_t - R_b \cos \dfrac{\alpha}{2}
\end{array}\right\}
\tag{4-5}
$$

该曲线绕 Y 轴旋转一周得到球形槽的体积为：

$$
V_{q2} = 2\pi \int_0^{B_2'} \left(d_2 + \sqrt{R_b^2 - y^2} \right)^2 \mathrm{d}y - 2\pi r_t^2 B_2'
$$

$$
= \pi R_b^2 \sin \frac{\alpha}{2} \left[\frac{5}{3} R_b + \frac{1}{3} R_b \cos\alpha - 2 r_t \cos \frac{\alpha}{2} + \frac{\alpha \left(r_t - R_b \cos \dfrac{\alpha}{2} \right)}{\sin \dfrac{\alpha}{2}} \right]
\tag{4-6}
$$

式中，$B_2' = R_b \sin \dfrac{\alpha}{2}$。

根据辗扩成型过程中的金属体积不变原理有：

$$
\left.\begin{array}{l}
V_{t2} = V_0 \\[1mm]
V_{t2} = \pi (R_t^2 - r_t^2) B - 2 V_{q2} \\[1mm]
V_0 = \pi B (R^2 - r^2) \\[1mm]
H_t = H - vt + S
\end{array}\right\}
\tag{4-7}
$$

联立式(4-6)和式(4-7)进行求解，得到第二辗扩阶段的环件外径表达式为：

$$
R_t = \frac{B(M^2 + R^2 - r^2) + 2 R_b^2 \left(\dfrac{5}{3} R_b \sin \dfrac{\alpha}{2} + \dfrac{1}{3} R_b \sin \dfrac{\alpha}{2} \cos\alpha + M \sin\alpha - M\alpha - R_b \alpha \cos \dfrac{\alpha}{2} \right)}{2BM + 2 R_b^2 (\sin\alpha - \alpha)}
\tag{4-8}
$$

式中，$M = H + S - vt$。

将双沟环件冷辊过程分为两个阶段。根据两阶段的成型特点得到了对应的外径增长公式。这不仅有助于掌握双沟环件冷辗过程中的几何尺寸变化，还可以为合理制定芯辊进给规范和控制导向辊的运动轨迹提供理论指导。

4.1.2 双沟环件冷辗导向辊控制方式

导向辊又称信号辊，其作用在于保证轧制过程的稳定进行，同时监控环件最终的圆度。目前在环件辗扩的研究中，对于环件的毛坯设计、模具设计、材料参数、芯辊进给速度等方面的研究较多，而针对导向辊运动的研究较少。在国内，华林等[4,5]研究了矩形环件和深沟球环件辗扩时导向辊随动运动规律；潘立波等[6]提出了一种新的导向辊控制方式并给出了其设备实现方法；李兰云等[7]通过液压调整机构控制导向辊运动并进行了数值模拟研究；张文君[8]、王艳丽等[9]则采用不同曲线近似处理环件辗扩时的实际轮廓变化，推导了对应的导向辊运动轨迹和速度。按照导向辊的运动轨迹分类，可以分为直线型和圆弧型。这里为了后续数值仿真方便和与实验设备相匹配，采用直线型导向辊控制方式。

直线型导向辊运动方式如图4-4所示。在环件外径增大过程中，导向辊始终与环件外壁相接触，随着外径的增大同步移动。运动轨迹设定为一条与 Y 轴成 δ 角的直线。驱动辊直径为 R_d，导向辊直径为 R_g，在 t 时刻时，环件外径为 R_t，内径为 r_t，壁厚为 H_t，导向辊的圆心坐标为：

$$\left.\begin{aligned} x &= (R_t + R_g)\sin\delta \\ y &= R_d + R_t - (R_t + R_g)\cos\delta \end{aligned}\right\} \tag{4-9}$$

根据第4.1.1节对环件外径增长规律的研究，将两个辗扩阶段的外径表达式(4-4)和式(4-8)代入式(4-9)，可以得到两个辗扩阶段对应的导向辊圆心运动轨迹表达式。

双沟环件辗扩第一阶段导向辊运动坐标 $[t \in (0, t_1)]$：

$$\left.\begin{aligned} x_t &= \left[R_g + \frac{BHR + R_b^2\left(\frac{5}{3}R_b\sin\frac{\theta_t}{2} + \frac{1}{3}R_b\sin\frac{\theta_t}{2}\cos\theta_t + H\sin\theta_t - H\theta_t - R_b\theta_t\cos\frac{\theta_t}{2}\right)}{HB + R_b^2(\sin\theta_t - \theta_t)}\right]\sin\delta \\ y_t &= R_d - R_g\cos\delta + \frac{BHR + R_b^2\left(\frac{5}{3}R_b\sin\frac{\theta_t}{2} + \frac{1}{3}R_b\sin\frac{\theta_t}{2}\cos\theta_t + H\sin\theta_t - H\theta_t - R_b\theta_t\cos\frac{\theta_t}{2}\right)}{HB + R_b^2(\sin\theta_t - \theta_t)}(1 - \cos\delta) \end{aligned}\right\}$$

$$\tag{4-10}$$

双沟环件辗扩第二阶段导向辊运动坐标 $[t \in (t_1, t)]$：

$$\left.\begin{aligned} x_t &= \left[R_g + \frac{B(M^2 + R^2 - r^2) + 2R_b^2\left(\frac{5}{3}R_b\sin\frac{\alpha}{2} + \frac{1}{3}R_b\sin\frac{\alpha}{2}\cos\alpha + M\sin\alpha - M\alpha - R_b\alpha\cos\frac{\alpha}{2}\right)}{2BM + 2R_b^2(\sin\alpha - \alpha)}\right]\sin\delta \\ y_t &= R_d - R_g\cos\delta + \frac{B(M^2 + R^2 - r^2) + 2R_b^2\left(\frac{5}{3}R_b\sin\frac{\alpha}{2} + \frac{1}{3}R_b\sin\frac{\alpha}{2}\cos\alpha + M\sin\alpha - M\alpha - R_b\alpha\cos\frac{\alpha}{2}\right)}{2BM + 2R_b^2(\sin\alpha - \alpha)}(1 - \cos\delta) \end{aligned}\right\}$$

$$\tag{4-11}$$

式中，$M = H + S - vt$。

通过 MATLAB 软件对式（4-10）和式（4-11）编程求解，可以得到两个辗扩阶段的导向辊圆心运动坐标值。将这些数据以列表的形式输入 ABAQUS 前处理文件，作为导向辊的运动边界条件，这对于双沟环件冷辗数值仿真的顺利进行有重要作用。

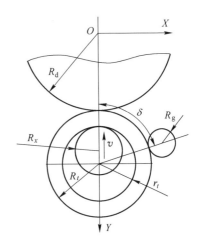

图 4-4　直线型导向辊运动方式

4.1.3　双沟环件冷辗工艺设计方法

环件冷辗扩过程涉及的影响因素很多，国内外广大学者从材料特性[10]、轧辊尺寸[11]、摩擦系数[12,13]、导向辊控制方式[7,14]，毛坯尺寸[15] 和芯辊进给速度[16,17]等方面进行了研究。但这些研究主要针对的是矩形截面环件，关于双沟环件的研究则较少涉及。考虑到实际条件限制，如材料特性、轧辊尺寸、摩擦系数等因素在实际生产中很难灵活改变，而改变毛坯尺寸和芯辊进给速度则较易实现。因此，本节重点探讨双沟环件毛坯和芯辊进给速度的设计方法。

4.1.3.1　毛坯尺寸设计方法

根据金属体积不变原理和轧制比设计毛坯尺寸。双沟环件的体积公式为：

$$V_r = \frac{\pi B}{4}(D_{oe}^2 - D_{ie}^2) - \pi R_b \sin\frac{\alpha}{2}\left[\frac{10}{3}R_b^2 + \frac{2}{3}R_b^2\cos\alpha - 2D_{ie}R_b\cos\frac{\alpha}{2} + \frac{\alpha R_b\left(D_{ie} - 2R_b\cos\frac{\alpha}{2}\right)}{\sin\frac{\alpha}{2}}\right]$$

$$(4\text{-}12)$$

式中，B 为环件宽度；D_{ie} 和 D_{oe} 分别为环件内外直径；R_b 为环件沟槽半径；α 为沟槽截面圆心角。双沟环件各尺寸参数如图 4-5 所示，三维图如图 4-6 所示。

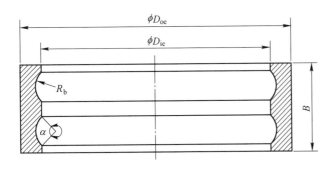

图 4-5　双沟环件尺寸标注图

图 4-6　双沟环件三维图

矩形截面毛坯形状简单，制造方便且成本较低。在实际生产中也是采用矩形截面毛坯居多。因此在本章研究中，选择矩形截面毛坯进行数值仿真和实验，毛坯宽度和环件宽度一致。毛坯体积为：

$$V_{\mathrm{b}} = \frac{\pi B}{4}(D_{\mathrm{oi}}^2 - D_{\mathrm{ii}}^2) \tag{4-13}$$

式中，D_{ii}和D_{oi}分别为毛坯的内外径。

由金属体积不变和轧制比K得毛坯内径表达式为：

$$D_{\mathrm{ii}} = \sqrt{D_{\mathrm{ie}}^2 - \left(1 - \frac{1}{K^2}\right)D_{\mathrm{oe}}^2 + 4\frac{R_{\mathrm{b}}}{B}\sin\frac{\alpha}{2}\left[\frac{10}{3}R_{\mathrm{b}}^2 + \frac{2}{3}R_{\mathrm{b}}^2\cos\alpha - 2D_{\mathrm{ie}}R_{\mathrm{b}}\cos\frac{\alpha}{2} + \frac{\alpha R_{\mathrm{b}}\left(D_{\mathrm{ie}} - 2R_{\mathrm{b}}\cos\frac{\alpha}{2}\right)}{\sin\frac{\alpha}{2}}\right]} \tag{4-14}$$

毛坯内径需大于芯辊最大直径，即毛坯内径需要满足：

$$\sqrt{D_{\mathrm{ie}}^2 - \left(1 - \frac{1}{K^2}\right)D_{\mathrm{oe}}^2 + 4\frac{R_{\mathrm{b}}}{B}\sin\frac{\alpha}{2}\left[\frac{10}{3}R_{\mathrm{b}}^2 + \frac{2}{3}R_{\mathrm{b}}^2\cos\alpha - 2D_{\mathrm{ie}}R_{\mathrm{b}}\cos\frac{\alpha}{2} + \frac{\alpha R_{\mathrm{b}}\left(D_{\mathrm{ie}} - 2R_{\mathrm{b}}\cos\frac{\alpha}{2}\right)}{\sin\frac{\alpha}{2}}\right]} \geqslant D_{\max芯} \tag{4-15}$$

整理式(4-15)，得到毛坯能够穿过芯辊的最大轧制比为：

$$K \leqslant \frac{D_{\mathrm{oe}}}{\sqrt{D_{\mathrm{oe}}^2 - D_{\mathrm{ie}}^2 - 4\frac{R_{\mathrm{b}}}{B}\sin\frac{\alpha}{2}\left[\frac{10}{3}R_{\mathrm{b}}^2 + \frac{2}{3}R_{\mathrm{b}}^2\cos\alpha - 2D_{\mathrm{ie}}R_{\mathrm{b}}\cos\frac{\alpha}{2} + \frac{\alpha R_{\mathrm{b}}\left(D_{\mathrm{ie}} - 2R_{\mathrm{b}}\cos\frac{\alpha}{2}\right)}{\sin\frac{\alpha}{2}}\right] + D_{\max芯}^2}} \tag{4-16}$$

轧制比反映了金属结构件的轧制变形程度。在实际工艺设计中，通常选用轧制后的环件孔径D_{oe}与轧制前毛坯孔径D_{oi}之比来表示轧制比，即$K = D_{\mathrm{oe}}/D_{\mathrm{oi}}$。这样确定了合适的轧制比，便可通过式(4-44)确定毛坯内径，同时毛坯外径也可确定。

4.1.3.2 芯辊进给速度设计方法

芯辊进给速度直接影响每转进给量和轧制时间。从辗扩条件来看，环件辗扩的每转进给量不得小于锻透所要求的最小进给量，又不得大于连续咬入条件所允许的最小每转进给量。Li 等[18]提出的径向轧制稳定条件可用于双沟环件冷辗每转进给量设计：

$$\Delta h_{\min} \leqslant \Delta h \leqslant \Delta h_{\max} \tag{4-17}$$

$$\Delta h_{\min} = 6.55 \times 10^{-3}(R_{\mathrm{ot}} - R_{\mathrm{it}})^2\left(\frac{1}{R_{\mathrm{d}}} + \frac{1}{R_{\mathrm{i}}} + \frac{1}{R_{\mathrm{ot}}} - \frac{1}{R_{\mathrm{it}}}\right) \tag{4-18}$$

$$\Delta h_{max} = \frac{2\beta^2 R_d}{\left(1 + \dfrac{R_d}{R_i}\right)^2}\left(1 + \frac{R_d}{R_i} + \frac{R_d}{R_{ot}} - \frac{R_d}{R_{it}}\right) \tag{4-19}$$

式中，Δh 为每转进给量；Δh_{min} 为满足锻透条件的每转最小进给量；Δh_{max} 为满足咬入条件的每转最大进给量；R_d 和 R_i 分别为驱动辊和芯辊的半径；β 为轧制摩擦角；R_{ot} 和 R_{it} 分别为环件辗扩过程中的瞬时外径和内径。

假设辗扩过程中的环件轮廓近似保持为圆形，且驱动辊与环件工件之间无相对滑动，则芯辊直线进给速度可以表示为：

$$v_i = \frac{n_d R_d \Delta h}{R_{ot}} \tag{4-20}$$

式中，n_d 为驱动辊转速。将式（4-18）和式（4-19）代入式（4-20），可得到满足锻透条件和连续咬入条件的芯辊进给速度范围为：

$$v_{min} \leqslant v_i \leqslant v_{max} \tag{4-21}$$

$$v_{min} = 6.55 \times 10^{-3} n_d \frac{(R_{ot} - R_{it})^2}{R_{ot}}\left(1 + \frac{R_d}{R_i} + \frac{R_d}{R_{ot}} - \frac{R_d}{R_{it}}\right) \tag{4-22}$$

$$v_{max} = \frac{2\beta^2 n_d R_d^2}{R_{ot}\left(1 + \dfrac{R_d}{R_i}\right)^2}\left(1 + \frac{R_d}{R_i} + \frac{R_d}{R_{ot}} - \frac{R_d}{R_{it}}\right) \tag{4-23}$$

式中，v_{min} 为环件轧制最小进给速度，满足锻透条件；v_{max} 为环件轧制最大进给速度，满足咬入条件。采用式（4-22）和式（4-23）设计的芯辊进给速度满足环件轧制锻透及咬入条件，同时芯辊进给速度还应考虑轧制设备的力能条件，即进给速度需设定在轧制设备所允许的极限范围以内。

4.2 双沟环件冷辗数值计算方法

本节利用 ABAQUS 6.10 软件平台[19]对双沟环件冷辗成型过程进行三维弹塑性有限元计算。采用基于中心差分法的显式求解器 ABAQUS/Explicit 进行有限元方程求解，该求解模块在处理金属三维大变形等高度非线性问题方面独具优势。建模过程包括三维实体模型建立、材料属性赋予、划分网格、定义边界条件等步骤。下面对双沟环件冷辗成型的数值计算方法做一概述。

具体数值计算流程如图 4-7 所示。

4.2.1 几何模型及材料属性

数值仿真首先要建立几何模型，通过 ABAQUS/CAE 的 Part 模块创建各部件。包括驱动辊、芯辊、导向辊和环件。由于轧辊在辗扩过程中变形量极小，设置为三维解析刚体，每个轧辊在其中心定义一个参考点，用于施加载荷和边界条件。环件属性设置为三维可变性体。各部件的几何模型如图 4-8 所示。

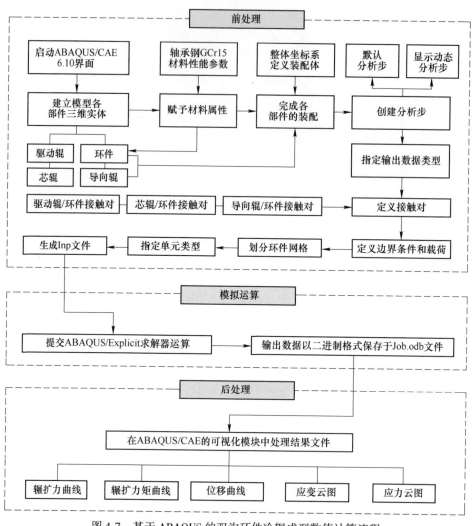

图 4-7　基于 ABAQUS 的双沟环件冷辗成型数值计算流程

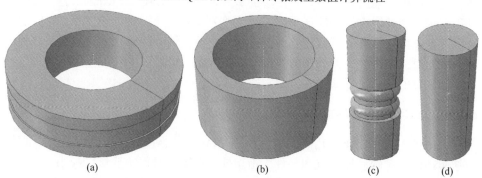

图 4-8　几何模型

（a）驱动辊；（b）环件毛坯；（c）芯辊；（d）导向辊

环件材料选用轴承钢 GCr15，GCr15 钢属于高碳铬轴承钢，广泛应用于生产各类轴承内外套圈，其密度、杨氏模量和泊松比分别等于 7850kg/m³、219.1GPa 和 0.3，材料性能参数见表 4-1。左治江[13]通过实验建立了 GCr15 的本构方程：

$$\sigma = \begin{cases} 219.1 \times 10^3 \varepsilon^e & (\varepsilon \leq 0.001856) \\ 847(\varepsilon^p)^{0.129} + 30.37 & (\varepsilon > 0.001856) \end{cases} \quad (4\text{-}24)$$

式中，σ 为真实应力；ε^e 和 ε^p 分别为真实弹性应变和塑性应变；ε 为真实全应变。将应力应变数据通过表格形式输入到 ABAQUS 材料属性列表，用于模拟材料在冷辗过程中的弹塑性变形行为。

表 4-1　GCr15 材料性能参数

密度 $\rho/\text{kg} \cdot \text{m}^{-3}$	弹性模量 E/GPa	泊松比 ν	塑性应变 $\varepsilon/\%$	0.0	2.7	5.5	8.2	13.6
7850	219.1	0.3	屈服应力 σ/MPa	407	586	657	709	797

4.2.2　接触对及边界条件定义

环节冷辗过程中物体之间存在多个接触面，会产生法向压力和摩擦剪切力。本模型设定了三个接触对，分别是驱动辊和环件外表面，芯辊外表面和环件内表面，导向辊和环件外表面，各接触对定义如图 4-9 所示。其中主控面为刚性轧辊表面，从属面为可变形体表面。采用动态接触算法求解，接触模式选为有限滑移模式。接触面之间的摩擦满足库伦摩擦定律，驱动辊和环件、芯辊和环件接触面之间的摩擦系数设为 0.15[20]。导向辊是空转辊，不承受力矩，作用于环件上的摩擦力可忽略不计，设定导向辊与环件外表面的摩擦为 0。各部件之间的接触关系如图 4-10 所示。

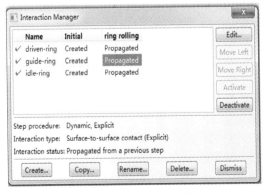

图 4-9　环件冷辗接触对定义

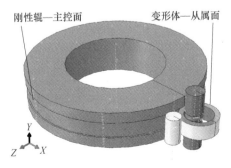

图 4-10　各部件的接触关系

在本节中，所有刚性体的约束和载荷均定义在其参考点上。驱动辊仅有绕其自身轴线 Y 轴的旋转运动，旋转速度等于轧制设备主轴的旋转速度。芯辊设定为沿着 X 轴向驱动辊以一定速度直线进给，该速度需在满足式（4-22）和式（4-23）的合理范围内，芯辊可以在摩擦力作用下绕自身中心轴 Y 轴旋转。通过对第 4.1.2 节中式（4-10）和式（4-11）编程求解，可以得到导向辊在两个辗扩阶段各时刻的坐标值，将坐标数据以列表的形式输入到 ABAQUS 导向辊的幅值曲线中，实现对导向辊在 X 向和 Z 向的运动边界条件定义。由于这里不研究宽展，限制了环件两端面在 Y 方向的自由度。各部件的边界及运动条件见表 4-2。

表 4-2　不同部件的边界及运动条件

部件	X 平动	Y 平动	Z 平动	X 轴转动	Y 轴转动	Z 轴转动
驱动辊	×	×	×	×	√	×
芯辊	√	×	×	×	√	×
导向辊-X	Amp-X	×	√	×	×	×
导向辊-Z	√	×	Amp-Z	×	×	×
环件上端面	√	×	√	√	√	√
环件下端面	√	×	√	√	√	√

4.2.3　网格划分及单元类型

高质量的网格是进行数值仿真的关键。ABAQUS 提供了多种网格划分技术，包括结构化（structured）、扫掠（sweep）和自由划分（free）。此外，针对某些复杂结构还提供了诸如 Bottom-up、As is 和 Multiple 等网格划分方案[21]。本节选用扫掠网格技术生成网格。三维模型中网格形状有六面体、四面体、楔形等，其中六面体网格得到的应力、变形等结果更为准确。本模型选用的毛坯结构简单，因此采用 Hex 方式划分网格，得到的全部为六面体网格，其中在环件内部区域的网格相比外部区域更为细密，划分好的环件网格如图 4-11 所示。网格单元类型选择 3 维 8 节点线性减缩积分单元 C3D8R，可以有效地避免单元剪切闭锁现象。在分析具有网格扭曲的金属大变形问题时常用此类单元。

4.2.4　装配及输出数据定义

在 ABAQUS/CAE 的 Assembly 模块中完成各部件的装配。在 Part 中创建的几何模型实体是在各自的局部坐标系下进行的。在装配过程中，需要将各个独立的部件导入到统一的整体坐标系中进行装配。一个模型只能包含一个装配体，一个装配体可以包含多个部件。定义载荷、边界条件、相互作用等操作都必须在装配体上进行。严格按照双沟环件冷辗各轧辊的初始位置关系进行装配，这对于仿真结束时芯辊的进给总量和环件的最终尺寸有重要影响。同时，装配位置关系还必须满足轧制设备所允许的最小闭合距离（D56G90 冷辗环机最小闭合距离为116mm）以及最大闭合距离（该设备最大闭合距离为128mm），环件冷辗模型的装配体如图 4-12 所示，辗扩初始及结束时装配关系分别如图 4-13 和图 4-14 所示。

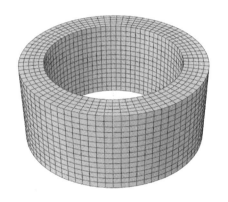

图 4-11　划分网格的环件

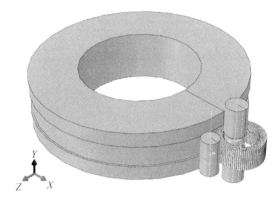

图 4-12　双沟环件冷辗装配体

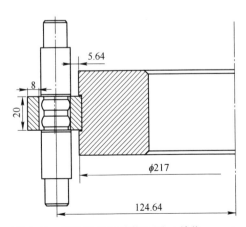

图 4-13　环件辗扩初始装配图（单位：mm）

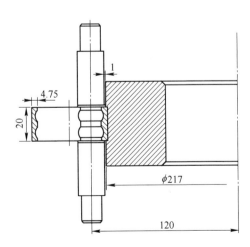

图 4-14　环件辗扩终止装配图（单位：mm）

在双沟环件的冷辗成型数值计算时，ABAQUS/Explicit 需要定义两个分析步：一个是程序默认产生的初始分析步，名称为 Initial Step；另一个是自定义的成型分析步，命名为 Ring _ Rolling Step。在该步中可进行仿真时间和质量缩放等属性的定义，在分析步中还需定义数值计算中的输出结果文件。ABAQUS 中有两种变量结果：一种是场变量（field output），即以较低的频率将全部模型的相关数据输出；另一种是历史变量（history output），即以较高的频率将某些重点区域的结果输出。本节指定芯辊的接触力和力矩、环件内部和动能作为历史输出数据。两种变量均可自定义数据输出频次、数据类型以及输出区域。

4.2.5　数值仿真关键注意事项

此外，为了顺利实现双沟环件冷辗成型的仿真，还需要注意以下关键问题。下面对此做一阐述。

4.2.5.1　动力显式求解算法

环件冷辗过程由于具有几何、物理及材料的高度耦合非线性，传统的隐式算法很难实现。因此采用动力显式算法进行求解。在动力显式方法中，运动方程采用显式中心差分法对时间进行积分：

$$\dot{u}_{i+\frac{1}{2}}^{N} = \dot{u}_{i-\frac{1}{2}}^{N} + \frac{\Delta t_{i+1} + \Delta t_i}{2}\ddot{u}_i^{N} \tag{4-25}$$

$$u_{i+1}^{N} = u_i^{N} + \Delta t_{i+1}\dot{u}_{i+\frac{1}{2}}^{N} \tag{4-26}$$

式中，u^N 为节点 N 处的位移量。在当前增量步开始时的加速度通过式（4-27）进行求解：

$$\ddot{u}_i^{N} = (M^{NJ})^{-1}(P_i^J - I_i^J) \tag{4-27}$$

式中，M^{NJ} 为节点质量矩阵；P_i^J 为节点合外力；I_i^J 为单元内力。

中心差分算法属于显式算法，在求解运动方程时不需进行矩阵的求逆，仅需进行矩阵乘法运算便可对方程求解，因此大大减少了计算量。但中心差分法是条件稳定算法，时间步长 Δt 必须小于问题求解方程所决定的某个临界值，否则算法不稳定。临界时间步长 Δt_{stable} 的计算公式为：

$$\Delta t_{\text{stable}} = \frac{L^e}{C_d} \tag{4-28}$$

式中，L^e 为单元特征长度；C_d 为应力波在材料中的传播速度，对于金属材料有：

$$C_d = \sqrt{\frac{\lambda + 2\mu}{\rho}} \tag{4-29}$$

式中，ρ 为材料密度；λ 和 μ 为拉梅弹性常数，可以通过杨氏模量 E 和泊松比 ν

表示：

$$\lambda = \frac{E\nu}{(1 + \nu)(1 - 2\nu)}, \quad \mu = \frac{E}{2(1 + \nu)} \tag{4-30}$$

4.2.5.2 质量缩放系数的确定

采用动力显式算法对环件冷辗成型过程进行仿真，如果模拟时间是其实际物理时间，则计算量将会很大。对于率相关材料，采用合理的质量缩放系数可以显著提高分析效率。根据式(4-28)和式(4-29)，增大材料密度会降低波速，稳定临界时间将增大，分析所需的增量步减少，从而模拟时间也会减少。但质量缩放系数过大，虚拟惯性力增大，会影响计算精度和收敛性；缩放系数过小提高计算效率的作用又不明显。通过查阅相关文献 ［22］ 及模拟仿真实验，这里选用的质量缩放系数为 200。

4.2.5.3 自适应网格区域设定

自适应网格技术允许单元网格独立于材料移动，从而保证在大变形分析和材料损耗发生时仍能保持高质量的网格，因此特别适合分析诸如轧制、锻压等金属塑性加工大变形问题。同时，为了避免环件冷辗成型过程中存在的弯曲效应及网格畸变引起的零能模式，对网格单元采用沙漏控制（hourglass control）。在本节所建立的双沟环件冷辗数值仿真模型中，将整个金属环件模型设定为自适应网格区域。

4.3 4206 型双沟轴承外圈理论仿真案例

在第 4.1 节和第 4.2 节对双沟环件冷辗成型的理论和数值计算方法进行了系统的阐述，下面应用以上研究成果对某一具体型号的双沟轴承外圈冷辗成型过程进行探讨。考虑到计算成本和实验的可行性，选择 4206 型双沟轴承外圈作为研究案例。目的是得到适合该型号轴承外圈的冷辗成型工艺参数并验证所提出的理论-仿真联合方法的有效性。4206 型双沟轴承外圈理论-仿真联合研究方案路线如图 4-15 所示。

4.3.1 毛坯尺寸优选模型

4206 型双沟轴承是一种在机械装备、汽车配件等领域有着广泛应用的工业轴承，其尺寸和三维模型分别如图 4-16 和图 4-17 所示。按照第 4.1.3.1 节中给出的毛坯设计方法设计毛坯尺寸，在理论指导的范围内设计了四组不同尺寸的毛坯，其尺寸参数和三维模型分别见表 4-3 和如图 4-18 所示。

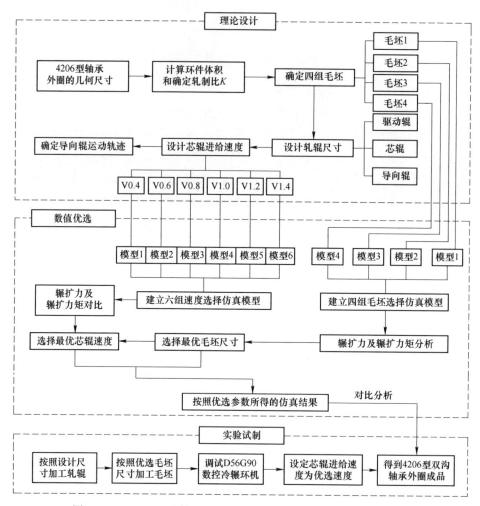

图 4-15 4206 型双沟轴承外圈冷辗扩成型理论-仿真联合研究路线

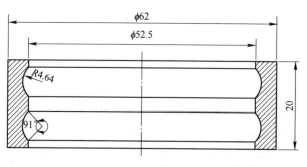

图 4-16 4206 型双沟轴承外圈尺寸图
（单位：mm）

图 4-17 4206 型双沟轴承
外圈三维图

表 4-3 四组毛坯尺寸参数 　　　　　　　　　　　　　　（mm）

编号	1	2	3	4
外径	37.73	40.98	45.64	52.57
内径	21.73	26.98	33.64	42.57
宽度	20	20	20	20
体积	14943.928	14945.185	14943.928	14944.556
壁厚	8	7	6	5

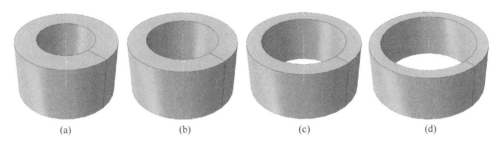

图 4-18 四组毛坯三维图

（a）1 号毛坯；（b）2 号毛坯；（c）3 号毛坯；（d）4 号毛坯

设计得到四组满足工艺规范的毛坯尺寸，分别按照对应的装配关系建立有限元仿真模型，如图 4-19 所示。各模型除了毛坯尺寸不同，其他参数设置均相同，各模型相同参数见表 4-4。毛坯尺寸的不同影响轧制孔型闭合前后轧辊的位移关系，装配体模型参数见表 4-5。四组毛坯模型中导向辊的位移也不同，采用 MATLAB 对第 4.1.2 节中的式(4-10)和式(4-11)进行求解，将得到的位移曲线作为输入数据完成对导向辊运动边界条件的定义。不同毛坯模型的导向辊位移曲线如图 4-20 和图 4-21 所示。

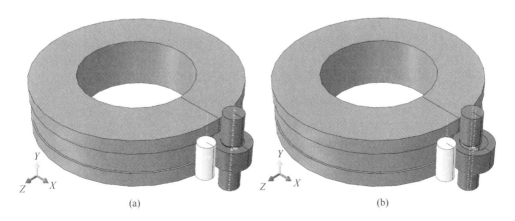

（a）　　　　　　　　　　　　　　　　　　（b）

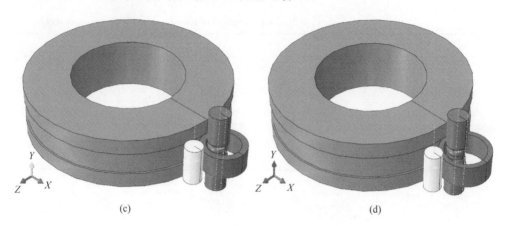

图 4-19 四组毛坯的有限元模型

（a）1 号毛坯模型；（b）2 号毛坯模型；（c）3 号毛坯模型；（d）4 号毛坯模型

表 4-4 各模型相同参数

驱动辊转速 $n_d/r \cdot min^{-1}$	驱动辊半径 R_d/mm	芯辊沟球直径 D_{xb}/mm	导向辊半径 R_g/mm	芯辊进给速度 $v/mm \cdot s^{-1}$	整圆时间 t/s	网格数目
145	106.75	19.78	9	1	2	5600

表 4-5 四组装配体模型参数

编号	孔型闭合前距离/mm	孔型闭合后距离/mm	辗扩时间/s
1	124.64	120	4.64
2	123.64	120	3.64
3	122.64	120	2.64
4	121.64	120	1.64

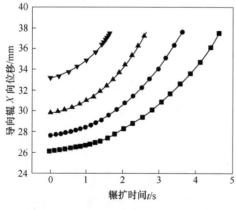

图 4-20 不同毛坯的导向辊沿 X 向位移

（—■—:毛坯1；—●—:毛坯2；—▲—:毛坯3；—▼—:毛坯4）

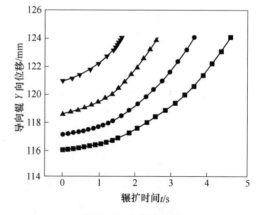

图 4-21 不同毛坯的导向辊沿 Y 向位移

（—■—:毛坯1；—●—:毛坯2；—▲—:毛坯3；—▼—:毛坯4）

4.3.2 芯辊进给速度优选模型

芯辊进给速度对环件冷辗成型的顺利进行有重要的影响，第4.1.3.2节给出了芯辊进给速度的极值范围。根据满足环件锻透条件所要求的最小进给速度公式(4-22)和咬入条件所要求的最大进给速度公式(4-23)，可得芯辊进给速度的极值范围为：$v_{min}=0.17mm/s$，$v_{max}=3.20mm/s$。设计一组如表4-6的进给速度值。

表4-6 芯辊进给速度

编 号	1	2	3	4	5	6
进给速度/mm·s⁻¹	0.4	0.6	0.8	1.0	1.2	1.4
辗扩时间/s	6.6	4.4	3.3	2.64	2.2	1.89

在芯辊进给速度的优选模型中，除了芯辊进给速度，各模型的轧辊尺寸、环件毛坯及成品尺寸均相同，分别见表4-7和表4-8。

表4-7 轧辊尺寸参数 （mm）

驱动辊外直径	驱动辊槽半径	驱动辊槽宽	芯辊外直径	芯辊沟球直径	芯辊槽底直径	芯辊槽宽	导向辊直径	导向辊高度
D_{do}	D_{di}	B_d	D_{xo}	D_{xb}	D_{xi}	B_x	D_g	H_g
217	213.5	21	30	28.78	26	21	18	35

表4-8 套圈及毛坯尺寸参数

外圈外直径	外圈内半径	外圈沟道球径	外圈沟槽圆心角	外圈轴向宽度	毛坯外直径	毛坯内直径	毛坯轴向宽度
D_{oe}/mm	D_{ie}/mm	R_b/mm	$\alpha/(°)$	B_e/mm	D_{oi}/mm	D_{ii}/mm	B_i/mm
62	52.5	4.64	91	20	45.64	33.64	20

根据第4.1.2节中的式(4-10)和式(4-11)计算不同进给速度下的导向辊位移数据，并以此作为对应速度模型的导向辊运动边界条件。图4-22和图4-23分别是不同进给速度下导向辊沿X向和Y向的位移曲线。

4.3.3 毛坯尺寸的仿真结果分析

采用第4.3.1节中设计的四种毛坯，建立好毛坯优选的有限元模型，在ABAQUS的Job模块中提交分析作业，通过数值计算得到了四组毛坯的仿真结果。主要从辗扩力和辗扩力矩两个指标进行讨论，选择出最佳毛坯尺寸。通过MATLAB得到了最大辗扩力和环件毛坯宽径之间的拟合曲线和二阶表达式。

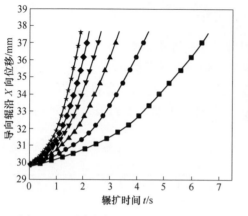

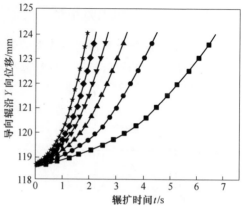

图 4-22　不同速度下导向辊沿 X 向位移

图 4-23　不同速度下导向辊沿 Y 向位移

（ ■ : v=0.4mm/s； ● : v=0.6mm/s；
▲ : v=0.8mm/s； ▼ : v=1.0mm/s；
◆ : v=1.2mm/s； ★ : v=1.4mm/s ）

（ ■ : v=0.4mm/s； ● : v=0.6mm/s； ▲ : v=0.8mm/s；
▼ : v=1.0mm/s； ◆ : v=1.2mm/s； ★ : v=1.4mm/s）

　　四组毛坯模拟仿真得到的辗扩力和辗扩力矩对比曲线分别如图 4-24 和图4-25 所示。由图 4-24 可以看出，四组毛坯的辗扩力变化曲线相似。随着辗扩过程的进行，辗扩力逐渐增大，当轧制孔型闭合后芯辊停止进给，辗扩力增大到最大值。随后进入整圆阶段，其中毛坯 1 和毛坯 2 的辗扩力存在一个稳定阶段，且毛

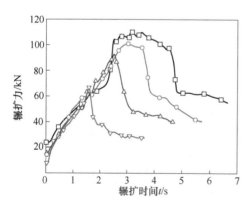

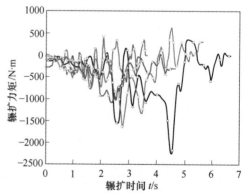

图 4-24　四组毛坯的辗扩力

图 4-25　四组毛坯的辗扩力矩

（ —□— :毛坯1； —○— :毛坯2； —△— :毛坯3； —▽— :毛坯4）

（ —— :毛坯1； —— :毛坯2； —— :毛坯3； —— :毛坯4）

扫码查看彩图

扫码查看彩图

坯1的辗扩力稳定阶段比毛坯2要长，这是由于毛坯较厚，在整圆初始阶段仍有部分沟槽未成型。而毛坯3和毛坯4壁厚较薄，芯辊闭合后沟槽成型较完整，因此辗扩力迅速降低。其中前两组毛坯辗扩力差距不大，峰值分别是110kN和100kN。而后两组毛坯相比前两组毛坯的辗扩力有较大幅度的下降，其中第4号毛坯的辗扩力最小。说明随着环件壁厚的减小，最大辗扩力逐渐降低，辗扩时间缩短，但辗扩力的上升斜率基本保持不变。这与下文中最大辗扩力与宽径比的拟合曲线的变化规律类似。由图4-25的力矩对比曲线可看出，四组毛坯在辗扩过程中，力矩在正负范围内均出现了波动，说明均出现了不同程度打滑现象。毛坯1和毛坯2打滑现象较为严重，且数值相对较大，这对于轧辊和辗扩设备会造成不利影响。相比之下，后两组毛坯的辗扩力矩变化相对平缓，数值也较小。但毛坯4辗扩力矩的波动幅值相比毛坯3的要大，这说明环件过薄，工件刚度减弱，辗扩过程变得不稳定。

通过以上分析可得出，毛坯1和毛坯2的辗扩力及力矩相对较大，波动也比较剧烈，辗扩时间长，生产效率低。毛坯3的辗扩力和辗扩力矩适中，成型情况比较平稳。毛坯4壁厚最薄，辗扩时间最短，所需的辗扩力和辗扩力矩最小，但由于轧制比很小，实际生产中并不常用。因此选择毛坯3为优选对象。

不同毛坯具有不同的宽径比（即毛坯轴向宽度与径向壁厚之比：$\lambda = B_0/H_0$），四组毛坯的宽径比分别为2.5、2.857、3.33、4。通过数值模拟可得，每组毛坯都有其对应的最大辗扩力。图4-26为毛坯宽径比与最大辗扩力之间的拟合曲线，可以看出，随着宽径比增大，即毛坯壁厚减薄，对应的最大辗扩力也逐渐降低。其中，毛坯3和毛坯4的最大辗扩力下降幅度比前两组毛坯的下降幅度要大，这与毛坯宽径比的变化程度有关。

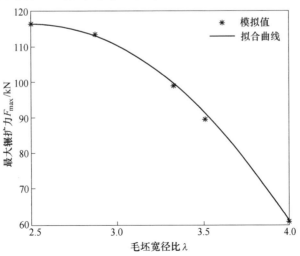

图4-26 毛坯宽径比 λ 与最大辗扩力 F_{max} 的拟合曲线

采用 MATLAB 对上述数据进行二阶多项式拟合，得：

$$F_{max} = -25.137\lambda^2 + 126.152\lambda - 31.937 \tag{4-31}$$

拟合数据的相关性系数为 $K_{max} = 0.9997$，曲线的拟合误差为 $\sigma_{max} = 0.4584$。

4.3.4 进给速度的仿真结果分析

在第 4.3.3 节中得到了优选的毛坯 3，采用第 4.3.2 节中设定的一组芯辊进给速度优选模型进行数值仿真。下面对数值仿真结果进行讨论，通过对辗扩力能的分析得到最佳进给速度。

采用进给速度等于 0.4mm/s 进行仿真，可以发现，在进给速度为 0.4mm/s 时环件无法顺利成型，出现了较大的扭曲变形，因此 $v = 0.4$mm/s 不在选择范围之内。模拟结果如图 4-27(a) 所示，后文实验也采用该速度进行了验证，发现采用该速度开展实验也无法顺利成型出轴承套圈，实验结果如图 4-27(b) 所示。这也从另一方面证实了数值仿真结果具有一定的可靠性。

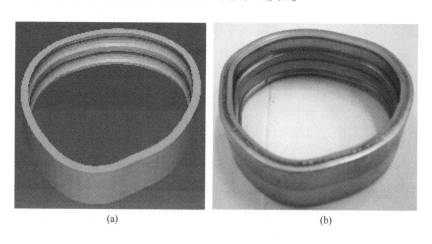

(a)　　　　　　　　　　　　(b)

图 4-27　$v = 0.4$mm/s 时的模拟与实物对比
(a) 模拟结果；(b) 实验结果

分析比较不同进给速度下的辗扩力和辗扩力矩，对比曲线分别如图 4-28 和图 4-29 所示。由图 4-28 可看出，五组速度下的辗扩力变化趋势类似，都是随着辗扩的进行逐渐增大，轧制孔型闭合后达到最大值，在随后的整圆阶段辗扩力迅速下降。其中 $v = 0.6$mm/s 和 $v = 0.8$mm/s 两种速度下的辗扩力存在一个台阶状的稳定阶段，$v = 0.6$mm/s 时稳定时间较长，这是由于每转进给量较小导致每圈进入孔型的金属量较少。由图 4-28 可以看出，随着芯辊进给速度的增加，辗扩力的增长速度变快，在较短的时间内达到了最大值，且峰值辗扩力也随之增大。这是由于进给速度的增加导致在单位时间内进入轧制孔型的金属量增加，这就需要更大的轧制力使金属发生塑性变形并克服冷辗产生的加工硬化。$v=1.4\text{mm/s}$、1.2mm/s、1.0mm/s 这三组进给速度下的最大辗扩力差别不大，分别为 118kN、113kN 和 110kN。而 $v=0.6\text{mm/s}$ 和 0.8mm/s 这两组进给速度下的最大辗扩力相比前三组要低，分别为 89kN 和 92kN。较小的辗扩力有利于延长模具和辗扩设备的使用寿命，但降低了生产效率。辗扩力矩的对比曲线如图 4-29 所示，可以看出，这 5 组速度下辗扩力矩均出现了不同程度的波动，说明打滑现象不可避免。力矩曲线变化状态复杂，这符合冷辗高度非线性、多因素耦合的特点。在进给速度较小的情况下，力矩波动较为平缓，进给速度增加到 1.0mm/s 以上，力矩的波动明显剧烈，出现了较大的峰值力矩。这说明较小的进给速度有利于冷辗过程的稳定进行。

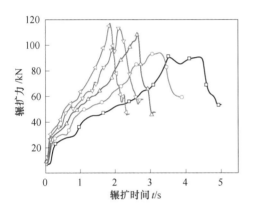

图 4-28　不同进给速度的辗扩力

$(-\square-:v=0.6\text{mm/s}；-\bigcirc-:v=0.8\text{mm/s}；-\triangle-:v=1.0\text{mm/s}；$
$-\triangledown-:v=1.2\text{mm/s}；-\triangleleft-:v=1.4\text{mm/s})$

扫码查看彩图

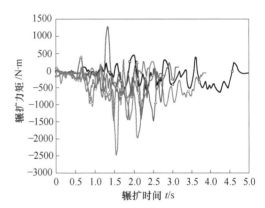

图 4-29　不同进给速度的辗扩力矩

$(-\square-:v=0.6\text{mm/s}；-\bigcirc-:v=0.8\text{mm/s}；-\triangle-:v=1.0\text{mm/s}；$
$-\triangledown-:v=1.2\text{mm/s}；-\triangleleft-:v=1.4\text{mm/s})$

扫码查看彩图

综合以上分析，当进给速度为 $v=0.8\text{mm/s}$ 时的辗扩力及辗扩力矩比较适中，且变化也较为平稳，有利于辗扩过程的稳定进行以及轧辊和设备的受力情况。考虑到生产效率及力能关系等多方面的因素，以 $v=0.8\text{mm/s}$ 的进给速度为优选速度。

随着进给速度的增加，每转进给量增大，最大辗扩力也随之增大。通过数值模拟得到了五组进给速度下的最大辗扩力。采用 MATLAB 进行二次多项式拟合，得到了最大辗扩力和进给速度之间的拟合曲线和拟合公式。拟合曲线如图 4-30 所示。

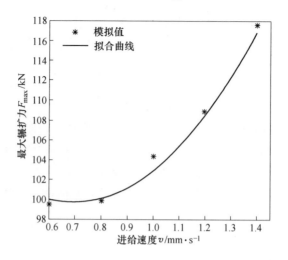

图 4-30　进给速度和最大辗扩力拟合曲线

采用二阶多项式拟合方法，得到进给速度和最大辗扩力的拟合公式为：

$$F_{max} = 34.696v^2 - 48.468v + 130.652 \qquad (4\text{-}32)$$

拟合数据的相关性系数为 $K_{max} = 0.9712$，曲线的拟合误差为 $\sigma_{max} = 1.4134$。

4.4　双沟轴承外圈冷辗扩成型实验

数值计算是有效的辅助研究手段，但不能完全替代实验，脱离实验的数值计算也没有现实意义。为了验证上文数值计算模型和理论研究成果的有效性，对 4206 型双沟轴承外圈冷辗成型进行了实验研究。将实验结果与模拟结果进行对比，并分析各项技术指标之间的差异。

4.4.1　实验设备

本节实验采用的是洛阳国投精密机械有限公司研制的 D56G90 型冷辗环机，设备如图 4-31 所示。D56G90 型精密冷辗环机适合加工以中小型向心球轴承套圈

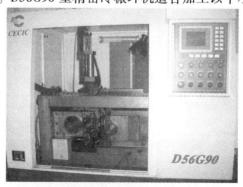

图 4-31　D56G90 精密冷辗环机

为代表的环形零件。总功率为 16kW，最大辗扩力 100kN，主辊转速 146r/min，可加工的最大环件尺寸为 φ90mm（直径）×23mm（宽度）。设备的工作参数见表 4-9。

表 4-9 D56G90 冷辗环机工作参数

最大加工外径 /mm	最大加工宽度 /mm	径向辗压力 /kN	驱动辊主轴转速 /r·min⁻¹	主滑块最大行程 /mm	主滑块进给速度 /mm·s⁻¹	最大闭合中心距 /mm	最小闭合中心距 /mm
90	23	100	146	137	0~16	116	128

4.4.2 毛坯及轧辊的设计加工

实验还需要进行轧辊和毛坯环件的设计加工。轧辊的设计不仅要遵循常规的设计规范，还应遵循以下设计要点。

（1）要求驱动辊和芯辊的最大和最小中心距在设备允许的闭合中心距范围之内（116mm≤L≤128mm），否则不仅无法顺利辗扩成型，对轧辊和设备也会造成破坏。

（2）D56G90 辗环机的安装空间也对驱动辊的尺寸有限制，驱动辊最大外径应比安装空间的尺寸小 3~5mm，否则会造成驱动辊安装拆卸不方便。

（3）轧辊表面的粗糙度 R_a 值应到 0.8μm 或者更小。此外，要求轧辊硬度一般在 HRC60 以上。轧辊在工作状态要承受较大的弯矩，因此要求具有一定的韧性。

轧辊材质选用 W6Mo5Cr4V2（6542），属于钨钼系通用高速钢，具有强度高、耐磨性好等特点，广泛用于制造高负荷下耐磨损的零件。根据以上设计原则最终设计驱动辊和芯辊的加工图如图 4-32 和图 4-33 所示。根据轧辊的加工图纸，由湖北某精密锻造有限公司代为加工的驱动辊和芯辊实物如图 4-34 所示。

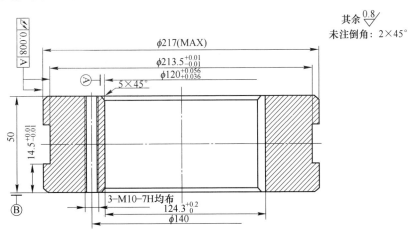

图 4-32 驱动辊模具加工图（单位：mm）

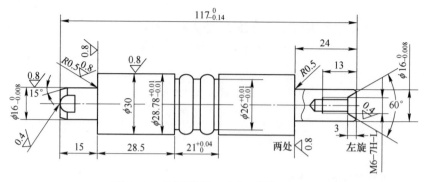

图 4-33   芯辊模具加工图（单位：mm）

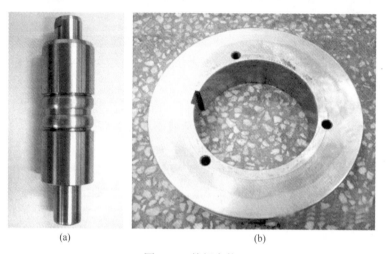

（a）   （b）

图 4-34   轧辊实物

（a）芯辊；（b）驱动辊

环件毛坯材质为轴承钢 GCr15，实验用毛坯的加工过程为：棒料小料→加热至 1150℃→镦粗→预成型孔→780℃退火→车削毛坯。毛坯尺寸选用 4.3.3 节中优选的毛坯 3。毛坯几何尺寸和加工的毛坯实物如图 4-35 和图 4-36 所示。

4.4.3   实验过程

在 D56G90 精密冷辗环机上进行环件轧制。采用油润滑方式，环境温度为室温。首先安装驱动辊和芯辊，调节芯辊的紧固螺丝，保证芯辊沟槽中心与驱动辊型槽中心共线。然后启动设备，输入环件毛坯尺寸、导向辊延迟时间、芯辊进给速度参数、轧辊尺寸参数、最终成品尺寸和整圆时间。为了与数值模拟保持一致，这里输入的参数与数值模型中所采用的相同。将设备空循环一次，若没有问题，将环件毛坯放入机械手入口进行冷辗作业。辗扩过程如图 4-37 所示。进给速度设定为在第 4.3.4 节中优先选定的 0.8mm/s，同时对其他几种进给速度也进行了实验。

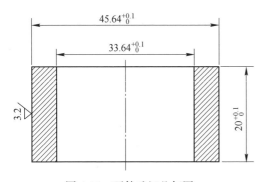

图 4-35 环件毛坯几何图

图 4-36 环件毛坯实物图

图 4-37 环件冷辗扩成型过程

4.4.4 实验结果分析

在芯辊进给速度 $v=0.8$mm/s 的条件下进行双沟环件冷辗扩实验，成功轧制出环件成品。环件成型状况良好，沟槽区充型饱满，尺寸基本符合要求，表面光洁度高。环件实验成品与仿真模拟结果对比如图 4-38 所示，可以看出，在几何形态上，仿真与实验环件非常相似。实验环件轴向出现了一定的宽展变形，而模拟环件却没有宽展，这是由于仿真模型中环件的上下两端面施加了轴向约束限制宽展变形。

选取双沟环件的关键尺寸部位进行测量，如图 4-39 所示，包括环件外径 D_{oe}、内径 D_{ie}、沟槽内壁间距 D_{re}、沟槽轴向间距 B_r 及环件高度 B_e 这五个测量指标。表 4-10 显示了双沟环件这五组测量指标的模拟值与实验值。可以看出，模

图 4-38　模拟环件与实验环件对比

（a）模拟图；（b）实验图

拟值与实验测量值吻合较好，D_{oe}、D_{ie}、D_{re}、B_r 及 B_e 的最大相对误差分别为 -0.47%、-0.36%、-0.11%、-0.90% 及 2.53%，均小于 5%，这说明模拟与实验结果相当接近。由于数值计算模型做了大量的简化假设，如忽略了轧辊的弹性变形、表面粗糙度及润滑条件、环件温度变化等因素，这些影响因素会引起一定的误差，同时在制造及测量阶段也存在误差，这些原因导致的误差在允许范围之内。因此可认为采用本章提出的理论分析+数值计算相结合的研究方法，指导生产出合格的双沟截面环形零件是可行的。

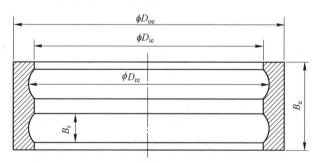

图 4-39　双沟轴承外圈测量尺寸

表 4-10　实验与模拟尺寸数据对比　　　　　　　　（mm）

测量 尺寸	环件 外直径 D_{oe}	环件 内直径 D_{ie}	沟槽 内壁间距 D_{re}	沟槽 轴向间距 B_r	环件 轴向高度 B_e
实验值/mm	61.86	52.46	55.26	6.68	20.52
模拟值/mm	62.15	52.65	55.32	6.74	20
相对误差/%	−0.47	−0.36	−0.11	−0.90	2.53

本章小结

本章在矩形截面环件冷辗成型的研究基础上，将研究对象推广到双沟截面环件，提出了一套适合双沟截面环件冷辗成型的理论分析+数值计算的联合研究方法，并进行了 4206 型双沟轴承外圈试制，证明采用该联合方法可以生产出符合尺寸要求的环件成品。具体研究成果如下。

（1）将双沟环件冷辗成型过程分成两个阶段，即沟球压入阶段和环径长大阶段，分别推导了两个阶段的外径增长公式。在此基础上提出了导向辊的轨迹位移公式，这可用于数值建模时导向辊边界条件的控制。

（2）提出了双沟环件冷辗成型工艺设计方法，用于设计毛坯尺寸，并给出了合理的芯辊进给速度范围。

（3）提出了双沟环件冷辗成型的数值计算方法，建立了相应的三维弹塑性有限元模型。以 4206 型双沟轴承外圈作为案例，采用理论+仿真联合研究方法，设计了合理的芯辊进给速度和毛坯尺寸，考察了对轧制力能参数（轧制力和轧制力矩）的影响，并从中选择了最佳的工艺参数。

（4）采用优选所得的工艺参数，在 D56G90 精密冷辗环机上生产出了符合尺寸要求的 4206 型双沟轴承外圈，证明了针对双沟截面环件提出的理论+仿真联合研究方法是行之有效的，可以用来指导生产出合格的双沟截面环形零件，同时也可为研究其他异形截面环件提供借鉴。

参 考 文 献

[1] 华林，黄兴高，朱春东 . 环件轧制理论和技术 [M]. 北京：机械工业出版社，2001.

[2] 钱东升 . 异形截面环件冷轧力学原理和工艺理论研究 [D]. 武汉：武汉理工大学，2009.

[3] 左治江 . 沟球环件冷辗扩过程中截面变化规律 [J]. 塑性工程学报，2009，16（2）：209-213.

[4] 华林，左治江，兰箭 . 环件冷辗扩中单辊随动导向运动规律研究 [J]. 中国机械工程，2006，17（10）：1082-1086.

[5] Hua L, Zuo Z J, Lan J, et al. Research on following motion rule of guide roller in cold rolling groove ball ring [J]. Journal of Materials Processing Technology, 2007, 187：743-746.

[6] 潘立波，华林，钱东升，等 . 环件辗扩过程的导向辊控制工艺及设备的研究 [J]. 机械设计与制造，2007（1）：95-97.

[7] Li L Y, Yang H, Guo L, et al. A control method of guide rolls in 3D-FE simulation of ring rolling [J]. Journal of Materials Processing Technology, 2008, 205（1）：99-110.

[8] 张文君，张鹏飞，邢渊，等 . 金属环件冷辗扩数值模拟中圆度辊定位的研究 [J]. 锻压装备与制造技术，2005，39（6）：84-86.

[9] 王艳丽，许树勤，汤速 . 环件轧制模拟中导向辊的定位研究 [J]. 锻压装备与制造技术，

2007 (4)：71-73.

[10] Yang H, Guo L, Zhan M, et al. Research on the influence of material properties on cold ring rolling processes by 3D-FE numerical simulation [J]. Journal of Materials Processing Technology, 2006, 177 (1)：634-638.

[11] Guo L, Yang H. Effect of sizes of forming rolls on cold ring rolling by 3D-FE numerical simulation [J]. Transactions of Nonferrous Metals Society of China, 2006, 16：645-651.

[12] 罗洲. 金属环件轧制过程的动力显式算法有限元模拟 [D]. 武汉：武汉理工大学, 2004.

[13] 左治江. 环件冷辗扩变形规律和工艺模拟研究 [D]. 武汉：武汉理工大学, 2006.

[14] Forouzan M R, Salimi M, Gadala M S, et al. Guide roll simulation in FE analysis of ring rolling [J]. Journal of Materials Processing Technology, 2003, 142 (1)：213-223.

[15] 李华, 王斌, 曹铁珍. 环件宽径比对环件冷辗扩工艺的影响规律研究 [J]. 机械设计与制造, 2008 (8)：144-146.

[16] 李兰云, 杨合, 郭良刚, 等. 芯辊进给速度对环件冷轧工艺的影响规律 [J]. 机械科学与技术, 2005 (7)：808-811.

[17] 李华, 张洛平. 芯辊进给速度对环件冷辗扩工艺的影响规律研究 [J]. 煤矿机械, 2007, 28 (5)：101-103.

[18] Lin H, Zhi Z Z. The extremum parameters in ring rolling [J]. Journal of Materials Processing Technology, 1997, 69 (1)：273-276.

[19] ABAQUS Analysis User's Manual. Version 6. 10. Dassult Systèmes Simulia Corp. , 2010.

[20] 王之煦, 许杏根. 简明机械设计手册 [M]. 北京：机械工业出版社, 1997.

[21] 庄茁, 由小川, 廖剑晖, 等. 基于 ABAQUS 的有限元分析和应用 [M]. 北京：清华大学出版社, 2009.

[22] Qian D S, Hua L, Zuo Z J, et al. Application of mass scaling in simulation of ring rolling by three-dimensional finite element method [J]. Journal of Plasticity Engineering, 2005, 12 (5)：86-91.